工业和信息化普通高等教育“十二五”规划教材立项项目

21 世纪高等学校计算机规划教材

21st Century University Planned Textbooks of Computer Science

网页设计与制作

Website Design and Construction

雷伟军 主编

任强 马国峻 副主编

人 民 邮 电 出 版 社

北 京

图书在版编目（CIP）数据

网页设计与制作 / 雷伟军主编. -- 北京 : 人民邮电出版社, 2013.2
21世纪高等学校计算机规划教材
ISBN 978-7-115-30340-0

Ⅰ. ①网… Ⅱ. ①雷… Ⅲ. ①网页制作工具－高等学校－教材 Ⅳ. ①TP393.092

中国版本图书馆CIP数据核字(2013)第016135号

内容提要

本书依据教育部高等学校计算机基础课程教学指导委员会提出的《关于进一步加强高校计算机基础教学的意见》中有关“网页设计基础”课程的教学要求，并结合应用型院校学生特点组织编写。全书共分 12 章，系统地介绍网页的基本知识、规划、制作和网站建设的全过程。主要内容包括 Dreamweaver CS5 基础知识、网页整体设计、站点的建立、文本的制作、使用图像和多媒体、用表格来布置页面、设计框架页面、应用 CSS 样式、网页交互应用、表单的设计以及一个完整网站的设计制作过程。

本书内容丰富，系统性强，构思清晰，结构合理，注重实践能力的培养，实用性和可操作性较强，可作为高等学校计算机专业和其他理工科、文科各专业的“网页设计与制作”课程的教材，也可作为网站建设技术人员、网站管理人员和信息技术爱好者和自学者的参考书。

21 世纪高等学校计算机规划教材

网页设计与制作

◆ 主　　编　雷伟军
　副 主 编　任　强　马国峻
　责任编辑　武恩玉
　执行编辑　王　伟

◆ 人民邮电出版社出版发行　　北京市崇文区夕照寺街 14 号
　邮编　100061　　电子邮件　315@ptpress.com.cn
　网址　http://www.ptpress.com.cn
　中国铁道出版社印刷厂印刷

◆ 开本：787×1092　1/16
　印张：15.5　　2013 年 2 月第 1 版
　字数：405 千字　　2013 年 2 月北京第 1 次印刷

ISBN 978-7-115-30340-0

定价：32.00 元

读者服务热线：(010)67170985　印装质量热线：(010)67129223
反盗版热线：(010)67171154

前 言

随着Internet的快速发展，互联网已经成为人们生活、学习、娱乐和工作不可缺少的组成部分，尤其是随着微移动终端技术的不断发展，上网人数急剧增加。基于互联网上的Web站点和页面已经成为人们网络活动的第一信息来源。现今各政府部门、公司企业、社会组织甚至个人也纷纷建立了自己的（门户）网站。网页设计技术也不再只局限于少数专业设计人员，而成为普遍需要的基础性计算机应用技术。

制作网页的软件很多，但作为普适性的网页制作技术，Dreamweaver CS5是当今流行的网页设计工具，是Adobe公司推出的最新版本，是一个集网站创建与管理于一身的专业网页开发工具。因其界面友好，便于操作，并可快速生成跨平台、跨浏览器的网站，所以深受网页开发者的欢迎。它提供了强大的可视化设计工具，不仅支持代码编辑，还可进行菜单式窗口操作。通过Dreamweaver CS5，无论是对代码编写不是太专业的网页设计者还是程序开发人员，都可以创建基于标准的网站和Web页面。

本书采取理论与实践一体化教学模式，以网站设计与制作为主线，采用由浅入深、循序渐进的方式，从基本概念、网站规划与设计入手，逐步展示网页制作与网站开发的全过程，逻辑性强，层次分明，在兼顾软件功能讲解的同时，加强对重点难点的讲解；图文并茂，展现网页制作的独特魅力，激发学习者的学习兴趣，在讲解中引用例子使内容更加生动；以Dreamweaver CS5为开发工具，从实际应用的角度出发，系统地介绍网页制作的相关技术。注重实践操作，每章后面都给出了精心设计的思考题和上机实践操作，以便学习者能进一步理解和巩固所学知识。本书的最后一章为完整网页的设计案例，以引导和强化学习者的综合运用能力。

全书共12章。第1章为网页制作基础知识，介绍软件的功能、网页基本概念和基础知识；第2章为网页整体设计，主要介绍网页布局类型、网站主题、设计流程和网页颜色搭配等内容；第3章是建立本地站点，主要介绍站点的建立和管理；第4章是文本的制作，介绍了文本的多种处理方法，文本是网页中的重要元素；第5章是图像和多媒体，介绍了图像、动画、视频和音乐的基本处理方法；第6章为网页中的超级链接，介绍了网页中各种超链接的概念和实现的方法；第7章是用表格来布置页面，主要介绍了表格以及表格在页面布局中的用法；第8章是设计框架页面，主要介绍了各种构架及其应用；第9章是CSS样式，主要介绍CSS样式的语法以及应用；第10章是网页交互特效，主要介绍了交互的行为和Spry框架及其应用；第11章是网页表单的应用，主要介绍表单的设计和验证方法；第12章是企业网站综合实例，介绍一个完整网页的设计制作过程。

本书第1章、第5章、第6章和第7章由雷伟军编写；第11章由雷伟军和马国峻编写；第3章、第9章、第10章和第12章由任强编写；第2章、第4章和第8章由马国峻编写。全书由雷伟军负责统稿。

本书编者试图将多年来的教学经验和体会融入教材中，但由于编者水平有限，编写时间仓促，书中难免有疏漏和不足之处，敬请广大读者批评指正。

编 者

2012年11月

目　录

第1章 网页制作基础知识

随着 Internet 技术的应用及普及，越来越多的网站很快建立起来，网络已经渗入人们的生活中，并已成为生活的一个重要组成部分。网页在整个网络中占据了绝对的分量，几乎所有的网络活动都与网页有关。网页的设计技术已成为最热门的计算机技术类别之一，越来越多的人希望学习网页设计与制作的技术，同时很多企业在录用员工时，都希望员工掌握一定的网页设计技术基础。

网页是一种数字化的媒体，相对于传统媒体而言，网页媒体继承了平面媒体的信息量大、内容丰富且具有可保存性的特点，同时又可承载更多类型的媒体内容，例如文本、图像、动画、音频和视频等。

设计网页是一项从艺术设计到页面制作再到后台开发的系统工程，需要应用多种技术，使用各种相关的软件才能完成。在学习设计网页时，需要首先了解网页的各种技术，网页布局、网页配色，以及涉及的软件。除此之外，使用最新版本的网页制作软件也可以最大限度地提高网页制作的效率。

随着国内互联网开发理论的发展，越来越多的网站开始更加注重网页的界面设计，通过优化和美化界面取得竞争的主动权，吸引更多用户。网页界面设计的作用在于为网页提供一个美观且易于与用户交互的图形化接口，帮助用户更方便地浏览网页内容，使用网页的各种功能。同时，优秀的界面设计可以为用户提供一种美的视觉享受。

若想学习网页设计与制作，需先了解一些网页的基本知识，如网页的定义、分类以及网页制作的基本步骤和规则等。

本章将讲解网页制作的基础知识，为以后各章的学习打下基础。

1.1 网页制作基础知识

学习网页制作应先了解网页的基本概念，学好这些知识是制作出规范、美观的网页的前提。

1.1.1 网页的定义和分类

上网时浏览的一个个页面就是网页，网页又称为 Web 页，其中的图像、文字、超级链接等是构成网页的基本元素，图 1-1 所示即为中国诗歌网站的首页。网页可按其在网站中的位置分类，也可按其表现形式分类。

图 1-1 中国诗歌网站首页

1. 按位置分类

按网页在网站中的位置可将其分为主页和内页。主页是指网站的主要导航页面，一般是进入网站时打开的第一个页面，也称为首页；内页是指与主页相链接的页面，也就是网站的内部页面。一些网站的首页并非主页，其作用只是为了欢迎访问者或者引导访问者进入主页，所以首页并不一定就是主页。

2. 按表现形式分类

按网页的表现形式可将其分为静态网页和动态网页，具体含义如下。

（1）静态网页

指用 HTML 语言编写的网页，一般以.htm、.html、.shtml、.xml 等作为扩展名。在 HTML 格式的页面中，可以出现各种动态效果，如 GIF 格式的动画、Flash 动画、滚动字母等。其制作方法简单易学，但灵活性比较差。

静态网页有如下特点：

- 每个静态网页都有一个固定的 URL，网页 URL 以. htm、.html、.shtml 等形式为后缀。
- 网页内容一旦发布到网站服务器上，每个网页都是一个独立的文件。
- 静态网页的内容相对稳定，搜索引擎容易检索到。
- 静态网页没有数据库的支持，因此在网站维护和制作方面工作量都比较大。当网站信息量很大时，完全以静态网页的方式来建立网站是比较困难的。
- 由于静态网页的交互性较差，在交互和实时性方面受到限制。

（2）动态网页

这类网页使用 ASP、PHP、JSP 和 CGI 等程序生成，具有动态效果，其制作方法较静态网页复杂。常见形动态网页是以.aspx、.asp、.jsp、.php、.perl、.cgi 等形式为后缀，动态网页也可以是纯文字内容的，也可以是包含各种动画的内容，这些只是网页具体内容的表现形式，无论网页是否具有动态效果，采用动态网站技术生成的网页都称为动态网页。

动态网页有如下特点：

- 动态网页一般以数据库技术为基础，这对于降低网站的维护工程量大有好处。
- 采用的动态网页技术制作的网站可以实现更多的功能，如在线调查、互动交流等。
- 动态网页是不独立存在于服务器上的网页，只有在请求服务器时才返回一个完整的网页。
- 动态网页中的“？”对搜索引擎检索存在一定的问题，采用动态网页的网站在进行搜索时，只有做一定的技术处理才能适应搜索引擎的要求。

静态网页和动态网页不是以网页中是否包含动态元素来区分的，而是针对客户端与服务器端是否发生交互行为而言的。不发生交互的是静态网页，发生交互的是动态网页。

1.1.2　网页的基本概念

在网页制作过程中常常会遇到一些专业名词，如站点、发布、浏览器、导航条、超级链接、表单、URL、IP 地址以及域名，需掌握其具体含义才能在网页制作过程中轻松操作。下面分别讲解这些专业名词。

- 站点：站点是一个管理网页文档的场所，简单地讲，一个个网页文档链接起来就构成了站点。站点可以小到一个网页，也可大到一个网站。
- 发布：发布就是把制作好的网页上传到网络中的过程。
- 浏览器：浏览器是一种把互联网上的文本文档和其他类型的文件翻译成网页的软件。通过浏览器，可以快捷地连接 Internet。目前使用人数最多的浏览器是 Microsoft 公司的 IE 浏览器，电脑中安装了操作系统都会捆绑安装 IE 浏览器，图 1-1 所示为 IE 浏览器打开的网页。另外，还有很多其他浏览器可供用户安装使用，如腾讯 TT 浏览器、火狐浏览器、360 安全浏览器以及搜狗浏览器等。
- 导航条：导航条就如同一个网站的路标，有了它就不会在浏览网站时“迷路”，如图 1-2 所示。导航条链接着各个页面，只要单击导航条中的超级链接就能进入相应的页面。
- 超级链接：超级链接在网页中起着重要的作用，主要用于将不同页面链接起来，链接的范围可以是同一站点内的页面，也可以是其他网站的页面。超级链接主要有文字链接和图像链接等，通常将鼠标指针移动到网页对象上，如果该对象是一个超级链接，鼠标指针会变为一个手形，如图 1-2 所示。单击超级链接就能打开其指定的目标网页。
- 表单：表单是具有交互性的动态网页，常用于在注册网站会员和申请邮箱等活动时提交用户信息。如图 1-3 所示为申请 126 邮箱的表单。
- URL（Uniform / Universal Resource Locator）统一资源定位器：URL 是指全球资源定位器，即主要用于指明通信协议和地址的方式，如 http://www.163.com 就是一个完整的 URL。“http://”形式的 URL 用于表示网页的 Internet 位置，而“ftp//”则用于表示文件传输的一种 URL 形式。
- IP 地址：IP 地址就是为连接在 Internet 上的每一个主机分配的一个 32bit 地址，Internet 上的每台主机的 IP 地址都是唯一的，就像生活中的门牌号，在网络中就命名为 IP 地址。IP 地址分为 A、B、C、D、E 5 类，常用的是 B 和 C 两类，如 192.168.1.1 为一个 C 类 IP 地址。
- 域名：域名就如同是网站的地址，Internet 中任何网站的域名都是全世界唯一的，所以域名也就是网站的网址，如 www.sina.com.cn 就是新浪网站的域名。域名是由固定的网络域名管理组织在全球进行统一管理的，用户需到各地的网络管理机构进行申请，申请成功后才能获取域名，然后将其与网站服务器的 IP 地址绑定，访问者通过域名就可以访问服务器中的网页了。

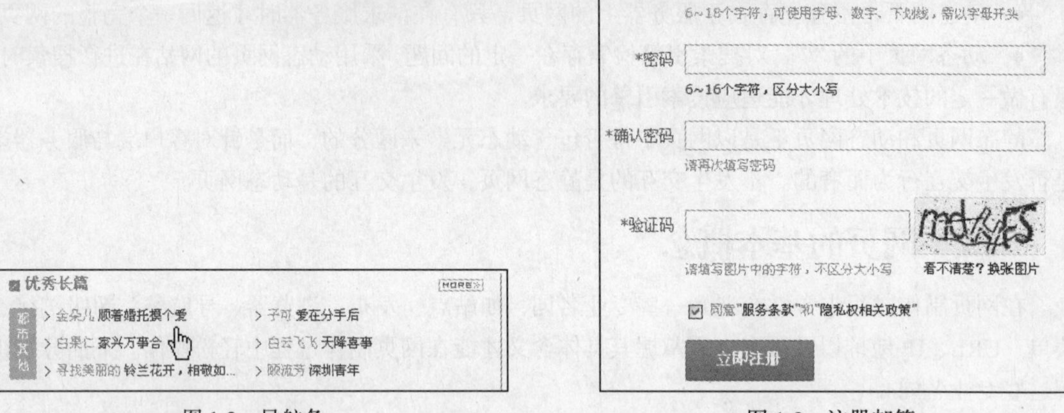

图 1-2 导航条　　图 1-3 注册邮箱

1.1.3 网页的基本组成元素

网页是由多种元素组成的。文本和图像是网页中最基本的元素，更是网页信息的主要载体，它们在网页中起着非常重要的作用。而其他的很多元素（如超级链接等）都是基于这两种基本元素而创建的。

从严格意义上讲，网页也是一种“软件”，其界面也是软件界面的一种。然而，相比各种系统软件和应用软件，网页的界面又有一些不同的地方。网页是由浏览器打开的文档，因此可以将其看作浏览器的一个组成部分。网页的界面只包含内置元素，而不包含窗体元素。以内容来划分，一般的网页界面包括网站 Logo、导航条、Banner、内容栏和版尾等部分。

1. Logo

Logo（意译为标识，标志等）是整个网站对外唯一的标识和标志，是网站商标和品牌的图形表现。其制作要点如下。

Logo 的位置通常位于网页的左上角，也可根据需要将其置于其他任何位置，一般需保证 Logo 醒目，让浏览者能很快看到。

站点的 Logo 虽然有动态的，但不是所有的站点都适宜用动态 Logo，且动态 Logo 的动作频率也不能太大，否则可能会适得其反。Logo 的内容通常包括特定的图形和文本，Logo 具体内容与开发网站的企业文化紧密结合，以体现网站的特色。

一些简单的 Logo 也可以只包含文本，通过对文本进行各种变化来体现网站的特色。

图 1-4 包含 5 个大型知名企业的商标，这些商标往往与其官方网站的 Logo 一致。

图 1-4 Logo 图标

2. Banner

Banner，中文意思为旗帜或网幅，是一种可以由文本、图像和动画相结合而成的网页栏目。Banner 的主要作用是显示网站的各种广告，包括网站自身产品的广告和与其他企业合作放置的广告。其标准尺寸有 468 像素×60 像素、392 像素×60 像素、234 像素×60 像素、125 像素×125 像素、120 像素×90 像素、120 像素×60 像素、88 像素×31 像素及 120 像素×240 像素等。其中，468 像素×60 像素和 88 像素×31 像素的 Banner 使用最多，468 像素×60 像素的 Banner 文件大小应在 15KB 左右，而 88 像素×31 像素的 Banner 文件大小最好在 5KB 左右。除此之外，在一些特殊场合也可使用一些非标准尺寸的 Banner，如图 1-5 所示。

图 1-5　Banner 图标

3. 导航栏

导航栏是网页重要的设计内容，网页中的导航栏是帮助用户快速访问所需内容的辅助工具。根据网站的大小经及内容多少，一个网页可以设置多个导航栏，还可以设置多级的导航栏以显示更多的导航内容。在导航条的设计中，还可以采用 Flash 或脚本等实现的动画元素吸引用户访问。如图 1-6 所示。

图 1-6　按钮式导航栏

导航栏内包含的是实现网站功能的按钮或链接，其项目的数量也不宜过多。一般情况下，同级别的项目数量以 3～7 个为宜。超过这一数量后，应尽量放到下一级别处理。设计合理的导航条可以有效地提高用户访问网站的效率。

导航栏按照放置的位置可分为横排和竖排两种；按照表现形式则有图像导航、文本导航和框架导航等。导航栏的制作需注意以下几点。

- 最好不用图片导航，如必须使用应减小图片大小。
- 内容丰富的网站可以使用框架导航，这样可以快速地在网站内的各栏目之间跳转，且只需下载一次导航页面。
- 在栏目不多的情况下，通常使用一排，如一般的个人网站或企业网站；如果导航栏目太多，可分两排或多排进行排列，如图 1-7 所示。

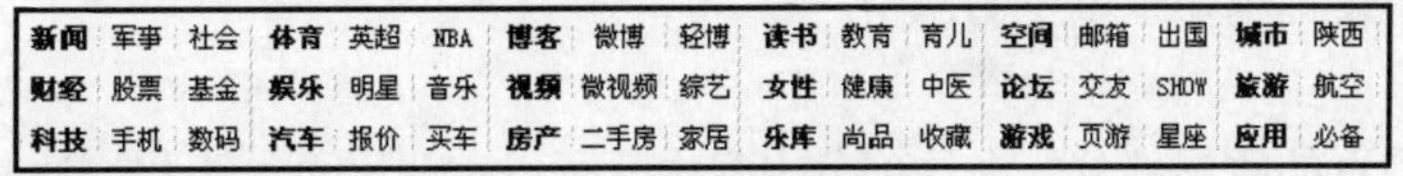

图 1-7　多排导航栏

4. 内容栏

内容栏是网页内容的主体，通常可以由一个或多个子栏组成，包含网页提供的所有信息和服务项目。

- 内容栏的内容既可以是图像，也可以是文本，或图像和文本结合的各种内容。
- 在设计内容栏时，用户可以先独立地设计多个子栏，然后再将这些子栏拼接在一起，形成整体的效果。同时，还可以对子栏进行优化排列，提高用户体验。
- 如网页的内容较少，则可以使用单独的内容栏，通过添加大量的图像使网页更加美观。

5. 文本

文本体积小，在网络上传输速度就快，用户可以快速地浏览和下载，故成为了网页的主要信息载体。网页中文本的样式多变，风格不一，吸引人的网页通常都具有美观的文本样式。文本的样式可通过对网页文本的属性进行设置来调整，在后面的章节将详细讲解这方面的知识。

网页中最主要的元素就是文本，文本编辑操作对网页的整体起着决定作用。编辑文本时需注意以下几点。

- 文本的颜色需要能够明显地与背景区别开来，让浏览者能清楚地看到文本。
- 每行文字最好为 20～30 个汉字的长度，并注意段落的区分和缩进，以便于阅读。
- 同版面文本样式不宜过多，最好在 3 种以内。

6. 图像

图像比文本更具有生动性和直观性，它可以传递一些文本不能传载的信息，如网站标识、背景等一般都是图像。

图像是网页中不可或缺的元素，使用图像时除了美观外，还应考虑它对网页下载速度的影响。在选择图片时应注意以下几点。

- 图像应采用淡色系列的背景，能与主题分离的则用浅色标志或文字背景。
- 图像的主题要清晰可见，所表达的含义要简单明了。
- 图像中的文字要求清晰可辨，不可出现朦胧、辨识不清的情况。

7. 按钮

按钮的大小没有具体的规定，如图 1-8 所示。需注意的是，按钮要和网页的整体效果协调，不要太抢眼。一般采用背景较淡、字体较深的方式，也可采用具有较强对比度的颜色。

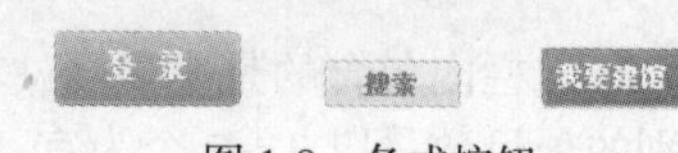

图 1-8 各式按钮

8. Flash 动画

Flash 动画越来越多融入了适合自身风格的动画元素来展现形象或者展示信息的网页中。网络广告的形式不断翻新，越来越多的动画技术被应用在网络广告的推广领域。尤其是互动类纯 flash 网站风靡网络，已成为影响设计师设计风格的一个重要因素，正因为如此，基于 Flash 互动式网站也成为了创意思潮的一个风向标。从静止到动起来，从粗糙的动画到对设计师创意的诠释，从动画展示到动画与功能完美的结合，从枯燥的展示到互动和用户体验理念的融入，从单一的软件运用到视频等其他软件和技术与 flash 的配合，从平面的动态效果到如今三维动画的流行，flash 已经在网页设计中发挥越来越重要的作用。

9. 版尾

版尾是整个网页的收尾部分。在这部分内容中，可以声明网页的版权、法律依据以及为用户提供各种提示信息等。图 1-9 所示为新浪首页的版尾。

除此之外，在版尾部分还可以提供独立的导航条，为将页面滚动到底部的用户提供一个导航的替代方式。

图 1-9　网页版尾

1.2　Dreamweaver CS5 概述

随着互联网的迅猛发展，越来越多的人想在网上构建属于自己的“家”。但以往由于创建网页需要较高的技术支持，导致大多数人的梦想无法实现。后来，越来越多的专业性网页设计软件开始进入人们的视野，在诸多的“所见即所得”的网页设计软件中，Dreamweaver 无疑是使用最广泛，也是最优秀的一款软件。

Macromedia 公司推出的 Dreamweaver 系列软件经过几代的发展，最新的版本是 Dreamweaver CS5。Dreamweaver CS5 一经推出，就以其强大的网页设计功能吸引了所有人的眼光，得到用户的广泛好评。

1.2.1　启动与退出 Dreamweaver CS5

启动 Dreamweaver CS5 进入软件界面，如图 1-10 所示。

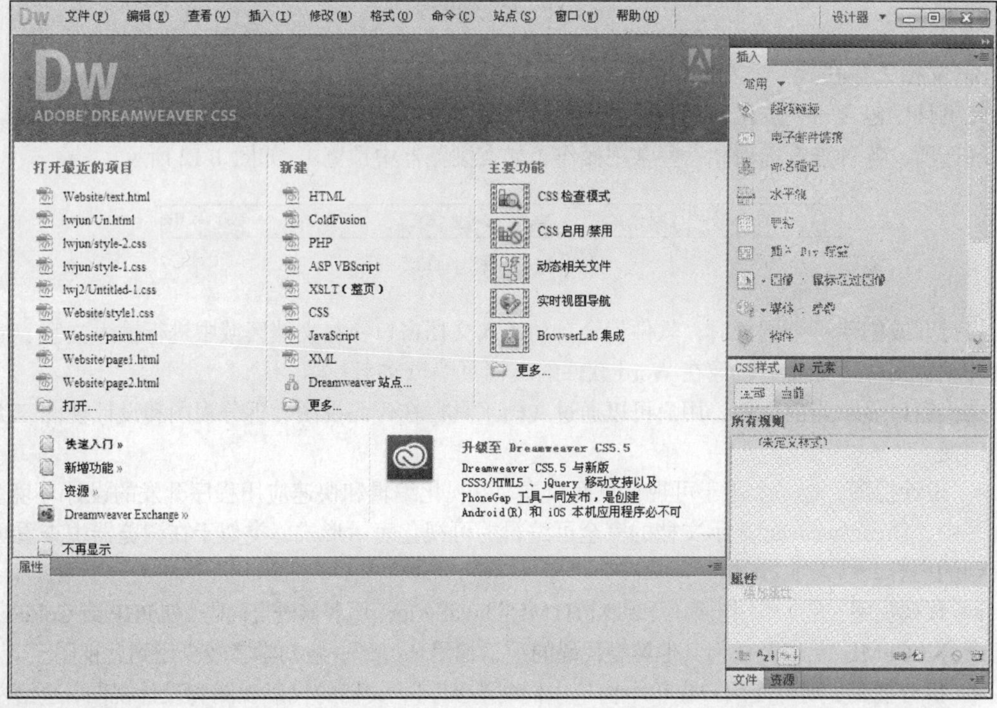

图 1-10　Dreamweaver CS5 界面

若要退出 Dreamweaver CS5 程序，可以在菜单栏中选择“开始”→“退出”命令，或者使用 Ctrl+Q 组合键。

1.2.2 Dreamweaver CS5 的主界面

启动 Dreamweaver CS5 软件，在软件主界面中首先显示一个起始页，在这个页面中包括“打开最近的项目”、“新建”和“主要功能”3 个方便实用的项目栏，很多项目在初学时经常会用到，建议大家保留。在熟练之后可以在窗口底部选中“不再显示”复选框来隐藏它。

我们可以用新建或打开一个网页的方式进入 Dreamweaver CS5 的标准工作界面，如图 1-11 所示。

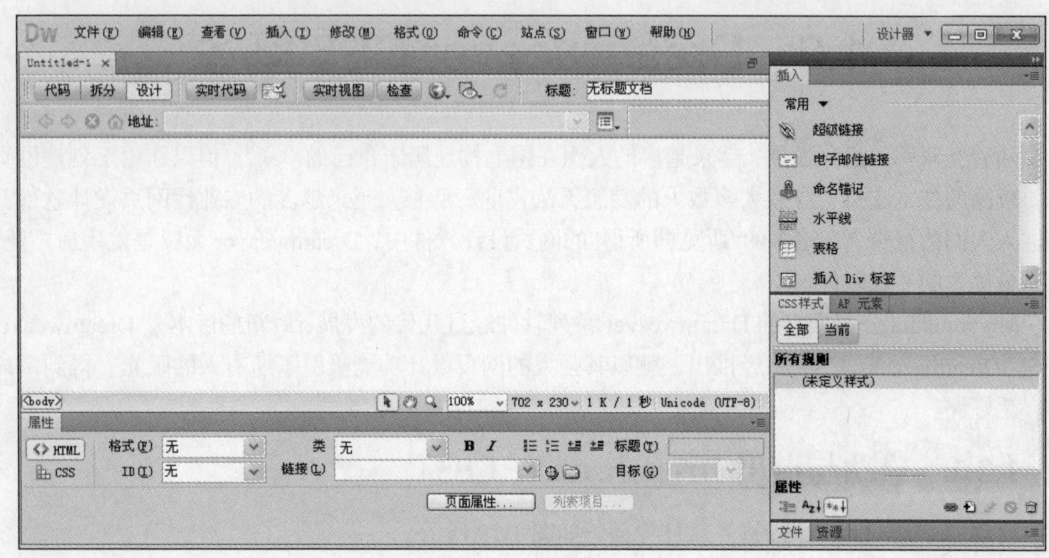

图 1-11 网页编辑窗口

3. 文档工具栏

此工具栏包含一些按钮，它们提供各种“文档”窗口视图（如代码视图、拆分视图和设计视图）的选项、各种查看选项和一些常用操作（如在浏览器中预览），如图 1-12 所示。

图 1-12 文档工具栏

当打开或创建一个网页时，软件就会自动进入文档窗口，在文档区域中进行输入文字、插入表格和编辑图片等操作，就像在 Word 软件的文档页编辑文字一样。

文档窗口显示当前文档，用户可以通过文档工具栏在代码视图、拆分视图和设计视图三类视图中切换。

- **设计视图**：是一个用于可视化页面布局、可视化编辑和快速应用程序开发的设计环境。在该视图中，Dreamweaver 显示文档的完全可编辑的可视化表示形式，类似于在浏览器中查看页面时看到的内容。
- **代码视图**：是一个用于编写和编辑 HTML、JavaScript、服务器语言代码（如 PHP 或 ColdFusion 标记语言（CFML））以及任何其他类型代码的手工编码环境，一般初学者较少用到此视图。
- **拆分视图**：则可使用户在单个窗口中同时看到同一文档的代码视图和设计视图，这给网页编辑提供了很大的方便，而且现在的主流显示器屏幕越来越大，这也大大提高了这一视图的使用概率，拆分视图，在这个窗口下方为状态栏，它提供了与正在创建或打开的文档有关的其他信息。标签选择器显示环绕当前选定内容的标签的层次结构。单击该层次结构中的任何标签都可以选择该标签及其全部内容，而单击正文选择器<body>可以选择文档的整个正文。

5. “属性”面板

“属性”面板主要用来检查和编辑当前选定页面元素（如文本和插入的对象）的最常用属性。“属性”面板中的内容根据选定的元素会有所不同。例如，如果选择页面上的一个图像，则“属性”面板将改为显示该图像的属性（如图像的文件路径、图像的宽度和高度、图像周围的边框等），如图 1-13 所示。如果选择了文本，那么“属性”面板也会相应地变化成文本的相关属性。

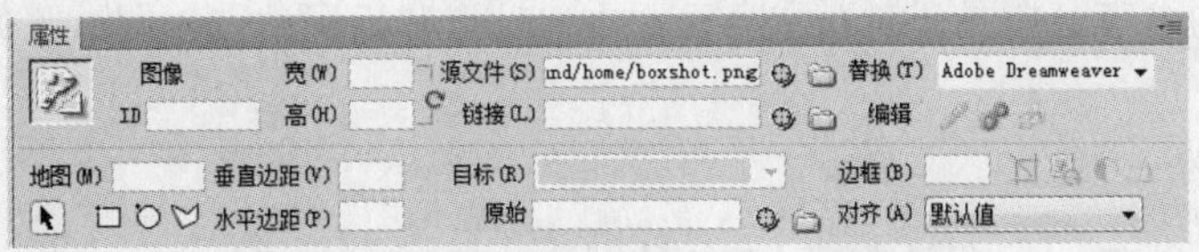

图 1-13“属性”面板

6. 浮动面板组

Dreamweaver CS5 中的其他面板组可统称为浮动面板组，这些面板都浮动于编辑窗口之外，包括“CSS 样式”面板、“插入”面板、“AP 元素”面板、“资源”面板和“文件”面板。在窗口菜单中，选择不同的命令，可以打开设计面板组、代码面板组、应用程序面板组、资源面板组和其他面板组，由于此内容相当丰富，我们将在本章后续节都会有讲解。图 1-14 所示为浮动面板组。如果显示和隐藏浮动面板组，可在菜单选择“窗口”→“插入”（CSS）等，如图 1-15 所示。

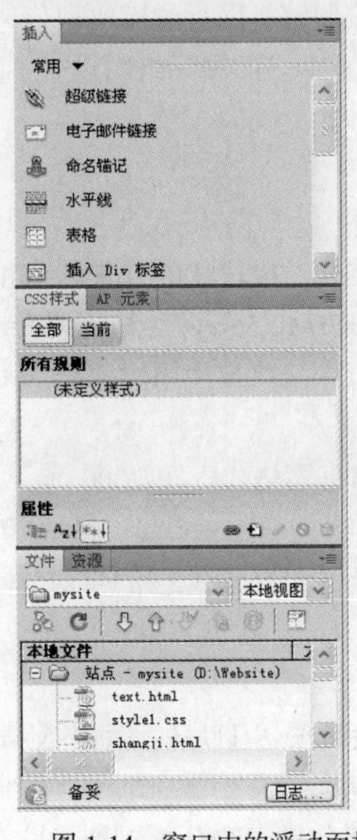

图 1-14　窗口中的浮动面板

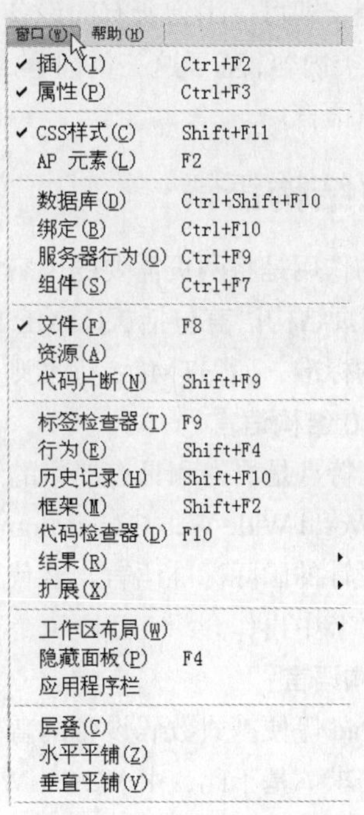

图 1-15　“窗口”菜单

（1）“插入”面板

“插入”面板包含用于创建和插入对象（如表格、图像和链接）的按钮。这些按钮按几个类别进行组织，您可以通过从“常用”弹出菜单中选择所需类别来进行切换，如图 1-14 所示。

（2）“CSS 样式”面板

使用“CSS 样式”面板可以跟踪影响当前所选页面元素的 CSS 规则和属性（“当前”模式），或影响整个文档的规则和属性（“全部”模式）。若要在两种模式之间切换，可单击“CSS 样式”面板顶部的切换按钮。使用“CSS 样式”面板还可以在“全部”和“当前”模式下修改 CSS 属性。

（3）“文件”面板

使用“文件”面板可查看和管理 Dreamweaver 站点中的文件。

在“文件”面板中查看站点、文件或文件夹时，可以更改查看区域的大小，还可以展开或折叠“文件”面板。当折叠“文件”面板时，它以文件列表的形式显示本地站点、远程站点、测试服务器或 SVN 库的内容。在展开时，它会显示本地站点和远程站点、测试服务器或 SVN 库中的一个。

1.3　网页标准技术与 XHTML

随着计算机技术的发展和数码产品的普及，越来越多的数码设备开始支持智能化和网络化，除计算机外，各种 PDA、手机、机顶盒等数码产品也开始支持浏览网页，然而众多的智能终端在解析网页文档时的标准并不统一，在传统的网页设计中，设计者往往需要针对不同的设备、浏览器软件编写大量兼容性代码。

网页标准化技术的意义在于将所有浏览网页的设备解析网页方式统一起来，这样，设计者只需编写一个网页文档，即可应用到所有的设备中。按照解析网页的模块划分，网页体系主要包括结构、表现和行为三类内容，基于这三类内容，W3C 和众多的国际组织建立了网页标准化的规范，定义了标准化的编辑语言。

1.3.1　网页结构语言

网页结构语言的作用是将网页需要的内容以结构化、模块化的方式总结和存储，供表现语言和行为进行调用。网页结构语言包括 XHTML 1.0 和 HTML 5 等两种结构语言。其中，XHTML 1.0 为当前被广泛使用的标准，而 HTML 5 标准则是网页未来将被使用的标准。

1. XHTML 1. 0 结构语言

XHTML 语言的特点是严谨和具有严格的结构与书写格式。在 2000 年 1 月 26 日，XHTML 语言正式被 W3C（World Wide Web Consortium，万维网联盟，一个定制各种互联网标准的非营利组织）批准为网页设计的国际标准语言，替代了早期的 HTML 3.2 和 HTML 4.0。

详细内容将在后节中再作介绍。

2. HTML 5 结构语言

随着 iPhone、iPad 等便携式数码设备的普及，传统的 XHTML 逐渐不能满足人们对网页的图形显示与媒体播放需求。基于此，由 W3C（World Wide Web Consortium，万维网联盟）牵头，苹果等公司通力协作开发出了最新的 Web 结构语言标准，即 HTML 5 标准。目前，HTML 5 标记语言仍处于完善中，但绝大多数最新的 Web 浏览器都已开始支持其部分标签。

相比传统的 HTML 和 XHTML，HTML 5 更专注于用户对娱乐的需求，追求以更高的效率、更丰富的内容和对外部插件（如 Flash、ActiveX 等）更少的需求来展示网页，其具有以下几种特性，如表 1-1 所示。

表 1-1　　HTML 5 的新特性

特　性	说　明
对图形的支持	HTML 5 增强了对图形的支持，相比旧版本的 Web 结构语言，HTML 5 不仅可以绘制水平线和垂直线，还可以绘制更多、更复杂的矢量图形，以求减少对外部图像的需求，使 Web 浏览器能以更快的速度展示图形内容
对多媒体的支持	在 HTML 5 中，用户无需使用 Flash 插件和 ActiveX 控件即可播放视频与音频，因此不再需要开发者针对不同的浏览器编写多种媒体播放代码，也不需要用户在浏览这些多媒体内容时安装插件
语义化的标签	为了方便搜索引擎检索网页内容，HTML 5 新增了多种语义化的标签，使开发者不再局限于使用 div 标签布局，而是使用 article、footer、header、nav、section 等具有明确意义的标签展示网页内容，从而使网页的代码更加直观
对本地离线内容的支持	HTML 5 增强对 Web 前端脚本的支持，丰富了与用户的交互，使一些原本需要服务器来处理的内容可以离线浏览，实现无服务器的动态内容显示
新增的表单控件	在 HTML 5 中，新增加了 calendar、date、time、email、url、search 等表单控件，允许开发者使用更丰富的 Web 元素与用户进行交互

HTML 5 新增了多种语义化的结构标签，允许用户使用这些标签对网页进行划分，从而使网页代码更加直观。同时，HTML 5 还简化了文档类型声明的内容，一个典型的 HTML 5 文档结构如下所示。

```
<!DOCTYPE HTML>
<html>
  <head>
    <meta http-equiv="Content-Type" content="text/html; charset=utf-8">
    <title>网页标题</title>
  </head>
  <body>
    <header></header>
    <--!版头-->
    <nav></nav>
    <--!导航条-->
    <article>
      <section>
        <figure></figure>
        <--!小节-->
      </section>
      <--!区域模块--> </article>
    <--!主体文章内容-->
    <aside></aside>
    <--!侧栏内容-->
    <footer></footer>
    <--!版尾-->
  </body>
</html>
```

与 XHTML 相比，HTML 5 的标签更富有语义化。通过以上的代码，用户可以方便地定制网页中的结构化内容，从而使网页更加模块化，在 Web 浏览器中看起来更加规整。

3. 网页表现语言

网页表现语言的作用是为网页的结构语言定义尺寸、位置、背景，以及文本的各种效果。目前网页表现的国际标准语言为 CSS 样式表技术。

CSS（Cascading Style Sheets，层叠样式表）是一种由 W3C 定义的数据表格式，其作用是为 XML、HTML 以及 XHTML 等结构化的文档添加样式描述，从而实现对文档中内容的排版和美化。

在传统的网页文档中，HTML 语言以混合结构与表现的方式显示内容，由于没有统一的样式管理，每个页面即使是相同的标记都必须一一进行更改，从而大大地增加了维护的时间、成本及效率。随着网站内页面的不断更新、扩展，需要一种技术对页面布局、字体、颜色、背景和其他图文效果的实现提供更加精确的控制，这种技术就是 CSS。

在页面设计时采用 CSS 技术，可以有效地对页面的布局、字体、颜色、背景和其他效果实现更加精确的控制。只要对相应的代码做一些简单修改，就可以改变同一页面的不同部分，或者页数不同的网页的外观和格式。

CSS 为标记语言提供了一种样式描述，定义了其中的元素显示方式。CSS 在设计领域中是一个突破，仅仅通过 CSS 样式表就能够使网页开发人员控制所有出现在网页中的外观及布局，并且可以为每种标记语言的元素和应用该元素的每个页面定义所需要的样式。简单的改变样式，所有与之相关的元素都会自动更新。

CSS 的出现还使网页文档中结构与表现的分离成为可能。将 CSS 与 XHTML 文档相结合，除了可以完全实现 HTML 语言所能实现的功能外，还增强了对各种网页元素的精确控制，从而使网页中各种元素以精确到像素的方式显示，丰富了网页元素的内涵。

4. 网页行为语言

之前的网页结构语言和网页表现语言共同作用可以为用户呈现网页的整体画面，然而，网页是一种交互性的媒体，其除了可以呈现内容外，还可以根据用户的界面操作响应各种事件，此时，就需要用到网页的行为语言。

网页的行为语言包括多种类型，例如，JavaScript、JScript 以及 VBScript 等。由于这些语言之间语法各有特点，且支持的 Web 浏览器各不相同，使得网页设计者往往需要花费大量的精力进行调试，因此，ECMA 国际（European Computer Manufacturers Association，欧洲计算机制造商协会，一个国际性信息和电信标准化组织）以 NetScape（网景）公司开发的 JavaScript 脚本语言为基础，定义了 ECMAScript 脚本语言标准。

ECMAScript 并非具体的脚本编程语言，而是吸收多种脚本语言的特点和规范，制定的一种标准。符合该标准的脚本编程语言都可被称作 ECMAScript。例如，由 Mozilla FireFox 浏览器支持的 JavaScript 和微软 Internet Explorer 支持的 Jscript 等都是符合 ECMAScript 的子集、具体实现或扩展。

注意

在网页设计领域中，所经常提到的 js 并不是一种脚本语言，而是多种脚本语言的结合体。这些脚本语言之间具有很多的相同之处，但并非完全相同。例如，在 IE 浏览器中，所允许使用的就是 Jscript，而在 FireFox、Safari 和 Opera 等浏览器中，则使用的是最早由 NetScape 和 Sun 提供的 JavaScript。除此之外，还有 iCab 浏览器，其所采用的也是符合 ECMAScript 的 InScript 脚本语言等。

ECMAScript 通过一种被称作 DOM（Document Object Model，文档对象模型）的技术实现对各种结构化文档的控制，可以根据程序的指令，动态地改变文档中的内容以及描述文档的 CSS 代码。随着技术的发展，越来越多的网页开始采用 ECMAScript 的子集脚本编写各种特效、交互响应等。

除了直接应用于网页各种 ECMAScript 脚本外，应用于 Adobe Flash 和 Flex 的 ActionScript 脚本语言也是 ECMAScript 的一个子集。在微软的 ASP 程序中，也可以使用符合 ECMAScript 标准的 Jscript 语言进行编写。

1.3.2　了解 XHTML

XHTML（Extensible Hyper Text Markup Language），即可扩展的超文本标记语言，是由 HTML（Hyper Text Markup Language，超文本置标语言）发展而来的一种网页编写语言，也是目前最常见的网页编写语言之一。XHTML 结构语言相比早期的 HTML，最大的特点就是将网页的结构内容与简单的排版表现功能分离，避免了数据内容的臃肿，提高了网页文档被搜索引擎检索的效率。使用 XHTML 编写的网页文档结构更加规范，体积更小，代码也更加精炼。基于这些优点，XHTML 迅速取代了传统的 HTML，成为网络中应用最广泛的结构语言。

1.3.3　XHTML 的基本语法结构

相对于 HTML 而言，XHTML 的语法更加规范和严格，使用 XHTML 书写的代码更加简洁、易于判读。编写 XHTML 文档之前，必须了解 XHTML 的基本结构。常用的是 XHTML 1.0，它规定了三种 XML 文档类型，以对应各自的 DTD。DTD 用来表示文档的类型，例如，XHTML 1.0 Transitional，它包含文档的代码规范。网页浏览器就是根据 DTD 来解析各种语言编写网页，然后反将网页以图形化方式显示出来。

在 Dreamweaver CS5 的“新建文档”窗口，选择“文档类型”，就可设置 DTD 类型，默认为“XHTML 1.0 Transitional”，在如图 1-16 所示。

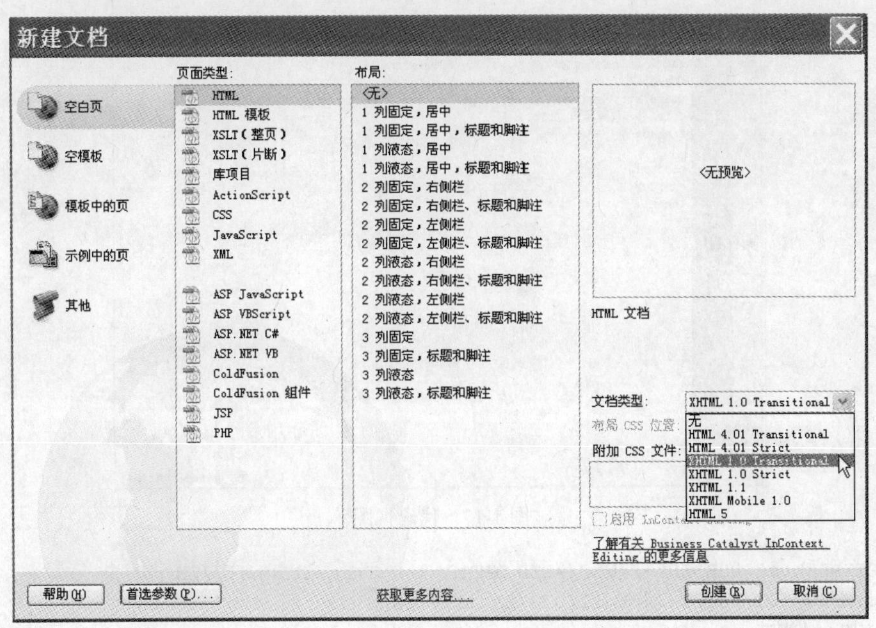

图 1-16　Dreamweaver CS5 新建文档

1. XHTML 1.0 的三种 XML 文档类型

（1）STRICT（严格类型）即 XHTML 1.0 Strict。

如果需要干净的标记，避免表现上的混乱，就选择此文档类型，它一般与层叠样式表（CSS）

配合使用。声明代码如下：

```
<!DOCTYPE html
PUBLIC "-//W3C//DTD XHTML 1.0 Strict//EN"
"http://www.w3.org/TR/xhtml1/DTD/xhtml1-strict.dtd">
```

（2）TRANSITIONAL（过渡类型）即 XHTML 1.0 Transitional。

当不得不要用 XHTML 来表现特性，以及对那些不支持层叠样式表的浏览器时，可选择该文档类型。声明代码如下：

```
<!DOCTYPE html
PUBLIC "-//W3C//DTD XHTML 1.0 Transitional//EN"
"http://www.w3.org/TR/xhtml1/DTD/xhtml1-transitional.dtd">
```

（3）FRAMESET（框架类型）即 XHTML 1.0 Frameset。

该类型是专门为框架网页设计的，若设计网页中需要使用框架，则必须选用这个文档类型。例如，需要使用 HTML 框架将浏览器窗口分割为两部分或更多框架时。

```
<!DOCTYPE html
PUBLIC "-//W3C//DTD XHTML 1.0 Frameset//EN"
"http://www.w3.org/TR/xhtml1/DTD/xhtml1-frameset.dtd">
```

还有其他类型这里不作介绍，有兴趣的读者可以自己去学习。

2. XHTML 结构

XHTML 编写的文档拥有固定的结构，包括声明、根元素、头部元素和主体元素 4 个部分。

打开 Dreamweaver CS5，执行“文件”→“新建”命令，建立一个空白网页文档。单击“文档”工具栏中的“代码”视图按钮，可看到一个典型的 XHTML 代码的文档。如图 1-17 所示。

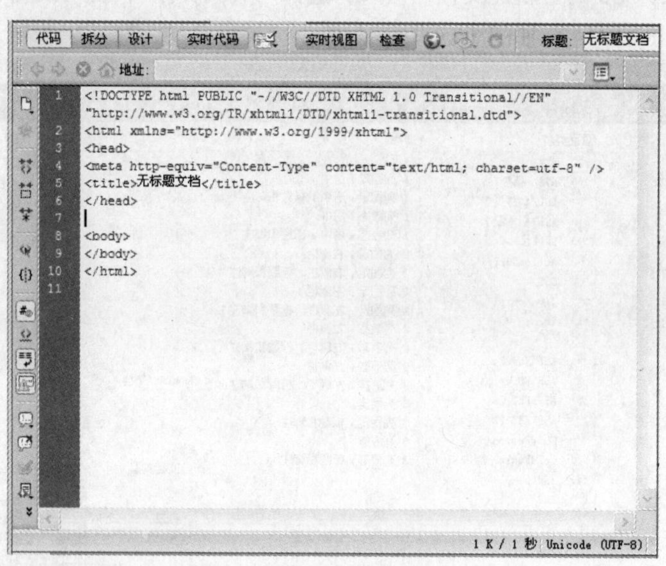

图 1-17　代码视图

```
<!DOCTYPE html PUBLIC"-//W3C//DTD XHTML 1.0 Transitional//EN"
"http://www.w3.org/TR/xhtml1/DTD/xhtml1-transitional.dtd">
<!--声明文档类型-->
<html xmlns="http://www.w3.org/1999/xhtml">
<!--根元素，在 XHTML 中必须在根元素内设置文档的命名空间，即设置 xmlns 属性，将 XHTML 各种标签的规范文档 URL 地址作为 xmlns 属性的值-->
<head>
```

```
<!--头文件-->
<meta http-equiv="Content-Type" content="text/html; charset= utf-8" />
<!--设置文档字符编码-->
<title>无标题文档</title>
<!--文档标题-->
</head>
<!--文档头部元素结束-->
<body>
</body>
<!--文档主体元素部分-->
</html>
<!--根元素结束-->
```

为了便于大家对 XHTML 文档结构标记的进一步理解，用图 1-18 再作一说明。

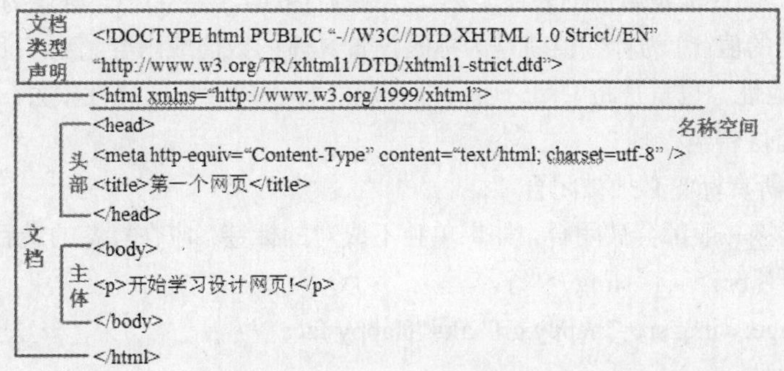

图 1-18　XHTML 文档结构示意

为便于理解，在以上代码中，用“<!--”和“-->”将该文档的每一段都进行了注释。在 XHTML 文档中，标签“<!--”和“-->”以及其之间的内容不会被浏览器解析，也就是说，在浏览状态下这些内容是看不见的，但这些用来对代码进行说明的内容在代码行中可以存在。

3. 声明部分

XHTML 在 HTML 的基础上增加了声明部分，即<!DOCTYPE>标签。在上面的代码中，“<!DOCTYPE……dtd">”部分为文档的 DTD，其他则为 HTML 命名空间部分，也就是 XHTML 的根元素。HTML 的命名空间部分（html 根标签）还包括文档头（head 标签）和文档主体（body 标签）部分。

该标签用于定义文档的类型，并设置 XHTML 的版本。在为 XHTML 文档进行声明时应注意，该标签必须大写。

XHTML 语言编写的文档扩展名与 HTML 文档相同，既可以是 htm，也可以是 html。目前，所有的网页浏览器都可以完全解析 XHTML 文档。

可以编辑 XHTML 语言的软件很多，包括专业网页设计软件（如 Adobe Dreamweaver，Microsoft Expression Web 等）以及各种文本编辑软件（如 Windows 记事本、UltraEdit、Notepad++以及 vi 和 emacs 等）。

一个典型的 XHTML 文档由各种以尖括号“<>”括住的标签组成，主要包括 DTD（Document Type Definition，文档类型声明）、HTML 命名空间等两个部分。

文档头的作用是提供网页文档的媒体标记（meta 标签）、标题标记（title 标签）以及加载的各种外部描述性文档（style 标签）或脚本文档（script 标签）等，而文档的主体部分则用于存储各种显示于网页中的数据。

4. XHTML 标签

XHTML 的所有内容都存放特定的标签中，子级标签被嵌套于父级标签内容。每个标签都包含多个属性和属性的值。

- 标签：是 XHTML 中的元素，它的作用是为文档添加指定的各种内容。例如，简单的换行符标签“
”等。XHTML 文档的根元素“<html>”、头部元素“<head>”以及主体元素“<body>”等都是特殊标签。
- 属性：属性是对标签的定义，它为标签添加一个功能。例如，学生有“学号”、“姓名”、“专业”等。这都是对学生的描述。
- 属性的值：属性值是属性的表述。例如，某学生的学号“001”，姓名为“王小”，专业为“物联网”就是属性的值。作为标签值就是为标签设置具体的数值或内容。例如，图像标签“<img>”设置图像的 URL 地址，也就是将 URL 地址作为属性值，添加到 scr 属性中去。

5. XHTML 语法特色

（1）XHTML 所有标签必须被闭合

对于成对的标签一般都会被闭合，如果单独不成对的标签，应在标签的最后加一个“/”对进行闭合处理，例如，“<br />”、“<img />”等。

例如：An image: <img src="happy.gif" alt="Happy face" />

```
A break: <br />
```

（2）XHTML 所有元素和属性必须小写

这是由 XHTML 规范定义决定的，标签名和属性对大小写敏感，必须是小写的英文字母。例如，“<html>”和“<HTML>”表示不同的标签。

（3）属性值必须加引号

在 XHTML 中必须为属性加引号，例如，“<table width="130"></table>”。

（4）所有属性都要被赋值

与 HTML 不同，XHTML 中，属性必须要赋值，如果属性没有值的话，则以属性名作为属性值赋值。例如，<td nowrop = “nowrop”>。

（5）不要在注释内容中使用“--”

“--”只能出现在注释的开头和结束。

例如：<!—此处是标题-------第一个网页-->的写法是错误的。

而<!—此处是标题：第一个网页-->的写法是正确的。

1.3.4 使用 XHTML 标签

XHTML 文档的核心是 XHTML 标签，标签是用来实现或体现某项内容的最小单位，它几乎涵盖了网页设计的绝大多数需求，所以说在学习 XHTML 语言时，除了要知道语言结构以外，更多是学习掌握这些标签的使用方法要求，并在熟练使用的基础上掌握各自的特点。

为了对 XHTML 语言以及标签有一个整体直观的了解，现看下面的一个例子。

在 Dreamweaver CS5 的启动界面如图 1-10 所示，在菜单栏选择“文件”→“新建”命令，打开如图 1-16 所示的“新建文档”对话框，单击右下角的“创建”得到网页编辑窗口。如果要在网页中实现有文本、表格（表格单元格中还有值）和图像，其结果如图 1-19 所示。在编辑页面内可以通过窗口菜单操作的方式来实现，也可以通过 XHTML 语言代码的方式来实现。本例代码的方式来实现。请大家把设计的结果与代码行进行逐一对照，自己看看标签的大概用法与作用。

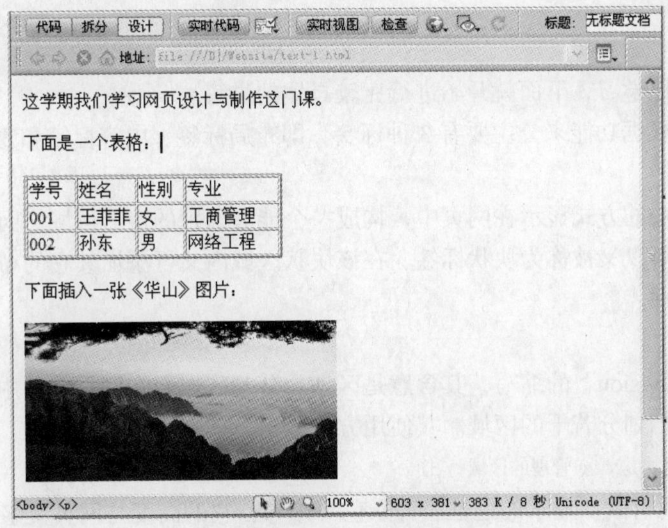

图 1-19　代码运行后设计结果

实现图 1-19 所示的设计结果的代码如下：

```
<html xmlns="http://www.w3.org/1999/xhtml">
<head>
<meta http-equiv="Content-Type" content="text/html; charset=utf-8" />
<title>无标题文档</title>
</head>
<body>
<p>这学期我们学习网页设计与制作这门课。</p>
<p>下面是一个表格：</p>
<table width="241" border="2" cellspacing="1" cellpadding="1">
  <tr>
    <td width="42">学号</td>
    <td width="51">姓名</td>
    <td width="40">性别</td>
    <td width="83">专业</td>
  </tr>
  <tr>
    <td>001</td>
    <td>王菲菲</td>
    <td>女</td>
    <td>工商管理</td>
  </tr>
  <tr>
    <td>002</td>
    <td>孙东</td>
    <td>男</td>
    <td>网络工程</td>
```

```
    </tr>
</table>
<p>下面插入一张《华山》图片：</p>
<p><img src="images/huangshan.jpg" width="290" height="144" /></p>
<p> </p>
</body>
</html>
```

通过以上的对比学习，下面就开始进行比较具体的讲解。

在 XHTML 中根据功能来分主要有 3 种标签，即布局标签、内容标签和复合标签。

（1）布局标签

它是以结构模块的方式显示在网页中，构成一个能够识别的矩形区域。因局部标签定义了一个矩形的区域块，所以又被称为块状标签。在该块状区域内又可添加其它的布局标签。常见的局面标签主有以下几种。

- div 标签

div 是英文“division”的缩写，其含意是区划、分割区域。在网页文档中，“<div>”标签作用是将 XHTML 文档划分若干的区域。其使用方法如下。

```
<div>在此之间这块是 div 管理的区域</div>
```

div 标签本身没有默认显示的边框、背景色等修饰，它的高度与网页文字高度相等，宽度与父标签的宽度相等。

- ul、ol、li

ul、ol 和 li 用来实现普通的项目列表，其分别表示无序项目列表、有序列表和列表的项目等 3 种布局容器。ul 和若干 li 标签结合可以定义无序列表，ol 和若干 li 标签结合可以定义有序列表。例如，分别定义一无序列表和一个有序列表的代码如下。设计结果如图 1-19 所示。

```
<ul>
<li>项目列表</li>
<li>项目列表</li>
<li>项目列表</li>
</ul>
<ol>
<li>项目列表</li>
<li>项目列表</li>
<li>项目列表</li>
</ol>
```

由图 1-20 所示的设计结果来看，用无序列的标签时，看到项目列表内容前加一项目符号。而有序时会自动在列表项目前加上了序号。

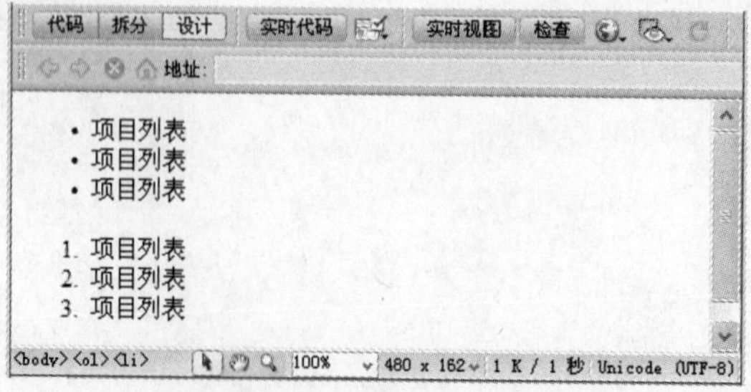

图 1-20 项目列表设计结果

- dl、dt、dd

定义型列表用于对列表条目进行简短说明的场合。在用户需要创建分标题和内容的列表，可使用定义列表，具有定义术语和定义解释。例如，一个定义型列表标记使用例子的代码与设计效果如图 1-21 所示。

定义型列表标记：

```
<DL>
<DT>软件说明
<DD>就是简单介绍软件的功能、基本应用以及操作的基本方法。
<DT>软件界面
<DD>所谓软件界面就是用于选择使用软件时的外观。
</DL>
```

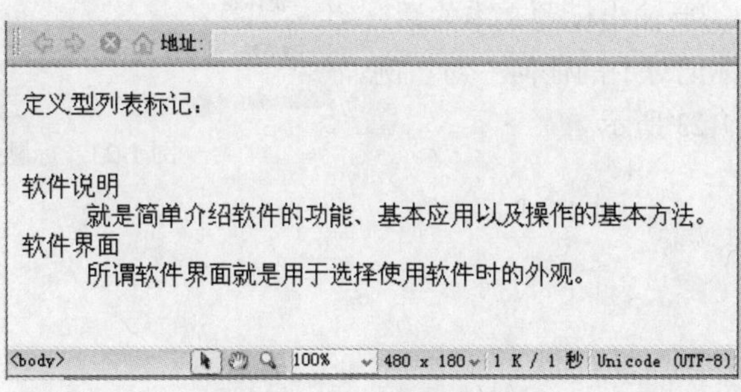

图 1-21　定义型设计结果

- p

使用 XHTML 中的段落标签“<p>”，可以将一个网页中包含的文本与上下文本分开，在默认状态下，段落文本的上方和下方，出现段落默认字体高度 50%的边距，把各段显明隔开。设计结果如图 1-22 所示。

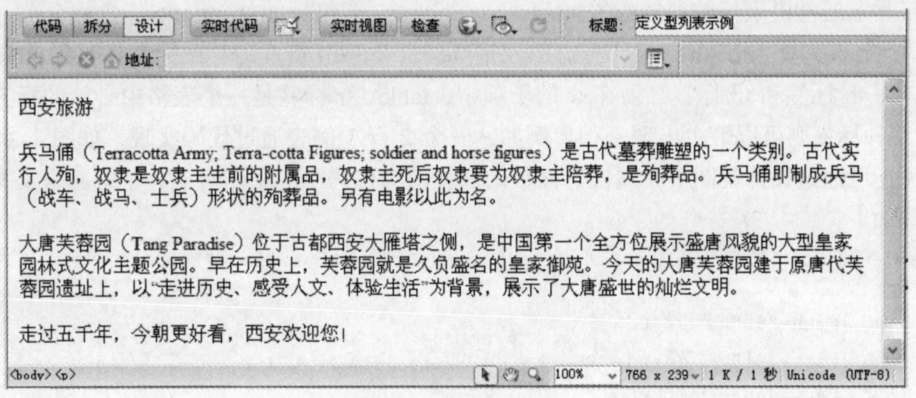

图 1-22　段落设计结果

代码如下：

```
<body>
<p>西安旅游</p>
<p>兵马俑（Terracotta Army; Terra-cotta Figures; soldier and horse figures）是古代墓葬雕塑的一个类别。古代实行人殉，奴隶是奴隶主生前的附属品，奴隶主死后奴隶要为奴隶主陪葬，是殉葬品。兵马俑即制成兵马（战车、战马、士兵）形状的殉葬品。另有电影以此为名。</p>
```

<p>大唐芙蓉园（Tang Paradise）位于古都西安大雁塔之侧，是中国第一个全方位展示盛唐风貌的大型皇家园林式文化主题公园。早在历史上，芙蓉园就是久负盛名的皇家御苑。今天的大唐芙蓉园建于原唐代芙蓉园遗址上，以“走进历史、感受人文、体验生活”为背景，展示了大唐盛世的灿烂文明。</p>

<p>走过五千年，今朝更好看，西安欢迎您！</p>

- h1—h6

HTML 语言提供了一系列对文本中的标题进行操作的标记对：<h1>…</h1>，<h2>…</h2>，…，<h6>…</h6>，共有 6 对标题标记对。<h1>…</h1>是最大的标题，而<h6>…</h6>则是最小的标题，标记中 h 后面的数字代表标题的级别，该数字越大标题文本就越小。如果 HTML 文档中需要输出标题文本的话，便可以使用这 6 对标题标记对中的任何一对。例子如下，设计结果如图 1-23 所示。

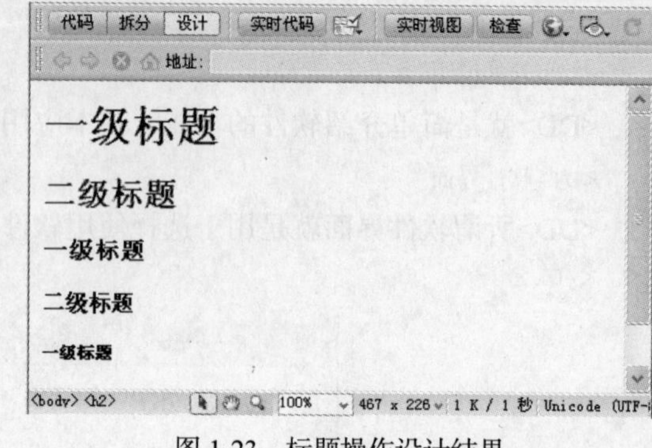

图 1-23　标题操作设计结果

代码如下：

```
<h1>一级标题</h1>
<h2>二级标题</h2>
<h3>一级标题</h3>
<h4>二级标题</h4>
<h5>一级标题</h5>
<h6>二级标题</h6>
```

会自动默认 6 种标题标标签的文本加粗，可以看出并按 h1 到 h6 的顺序定义从大到小的字体尺寸。

- table、tr、th、td、thead、tbody、tfoot

表格元素通常由表格的容器标签<table>…</table>、表格标题<caption>…</caption>、表格行<tr>…</tr>、表头单元格<th>…</th> 、单元格<td>…</td>组成。其中 tr 标签必须在 table 标签的子项中，而 th 标签和 td 标签必须在 tr 的子项中，table、tr 标签是一个表格中必须的标签，而 th 和 td 这两种标签则可以最少出现一种。例如，一个 2 行 3 例表通过代码实现，如图 1-24 所示，同时大家还可通过设计视图中“属性”面板的属性值与代码中应用作对比，了解其含义与用法。

代码如下：

```
<table width="300" border="2" cellspacing="1" cellpadding="2">
  <tr>
    <td width="89">英语</td>
    <td width="91">高数</td>
    <td width="89">计算机</td>
  </tr>
  <tr>
    <td>88</td>
    <td>85</td>
    <td>95</td>
  </tr>
</table>
```

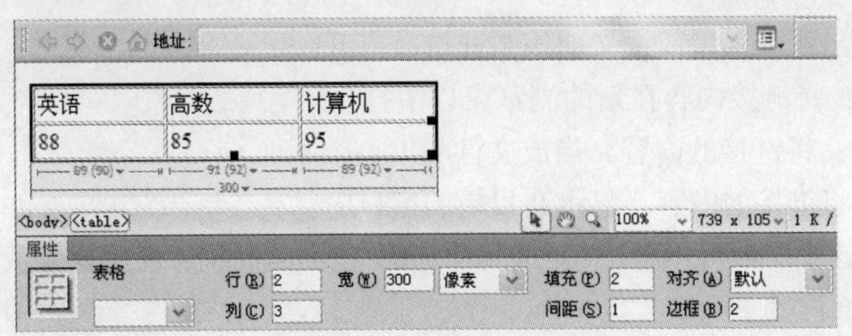

图 1-24　2 行 3 列表

除了以上标签外，表格还可以使用头部描述标签 thead、主体描述标签 tbody 以及尾行技术标签 tfoot 等嵌套在 tr 标签以外，来对表格的内容进行划分。为用户提供定义其样式属性提供方便。例如，包含 1 行表头、1 行表格主体和 1 行表格尾行的的表代码如下。实现设计效果如图 1-25 所示。

图 1-25　设计效果

```
<table width="300" border="2">
 <thead>
   <tr>
     <th>111</th><th>222</th>
   </tr>
 </thead>
 <tfoot>
   <tr>
     <td>333</td><td>444</td>
   </tr>
  </tfoot>
  <tbody>
   <tr>
   <td>555</td><td>666</td>
   </tr>
  </tbody>
</table>
```

Thead、tbody 以及 tfood 这 3 个标签属于隐含在网页代码的标签，它们在网页浏览器中不会显示出来。只用于表格样式的分类定义。

（2）内容标签

内容标签是用来显示网页中各种内容的标签。其特点是基于行内布局，相邻的内容标签不会产生换行。在一个行中可以显示多个内容标签。常见内容标签主要有以下几种。

- a

a,是 anchor（锚）的第一个字母，a 标签是成对出现的，即<a>…</a>。标签用于给网页中添加超级链接，它包含的内容可以是文本或图像，是一种典型的没有固定形状大小的标签。

常用属性：

href---代表一个 url 链接源（就是链接到什么地方）：

•url 除了是网页外，还可以是其他的文件（如文本文件、pdf 文件等）。

•url 还可以是指向 HTML 文件中的一个位置。

•url 还可以是 E-mail 地址。

target---用来指出哪个窗口或框架应该被此链接打开：

•target=_blank：将链接内容在新的浏览窗口中打开。

•target=_parent：将链接的内容，当成文件的上一个画面。

•target=_self：将链接的内容，显示在目前的窗口中。

•target=_top：这个参数可以解决新内容被旧框窗包围的困扰，使用这参数，会将整个画面重新显示成链接的画面内容。

title---代表链接的附加提示信息，定义当鼠标滑过超级链接时，显示的工具提示文本。

一般情况下超链接应至少追念 href 和 title 两种属性。

例如，链接到一主页面的超链接代码如下：

<a href="古城西安风光/index.html" title="西安风光"> 返回网站首页</a>

代码实现设计的效果如图 1-26 所示，在浏览器中的效果如图 1-27 所示。若单击“返回网站首页”可打开“西安风光”主页面。

图 1-26　代码实现的设计效果

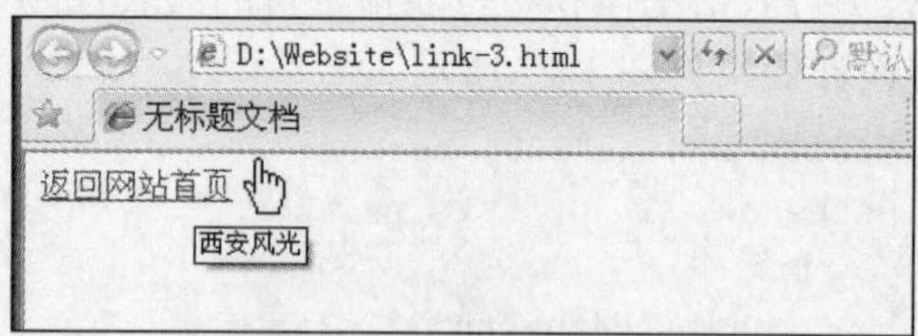

图 1-27　浏览器运行效果

● br

br 标签表示一个简单的换行符，因为 br 标签是一个单独的标签，所以在使用时必须通过“/”对其进行关闭，代码如下所示。

```
<br />
```

● img

img 是 image(图像)的缩写，img 标签的作用是为网页显示各种图像内容。img 标签是一个单独的标签，也要用“/”对它进行闭合。

img 标签的常用属性有以下几种：

•alt—代表图像的替代文字。

•src—代表一个图像源（就是图像的位置）。

•border—代表图片边框的宽度。

•height—代表一个图像的高度。

•width—代表一个图像的宽度。

在页面插入图像的格式为：（具体操作例子见上机练习）。

<img src="图像名称或图像存放路径/名称"alt="值"width="值"height="值"/>

● span

span 标签用于表示范围，通常为文本或者内联标签定义特殊的样式，修饰特定内容可局部区域等。

例如，在下面一段文字中为某些关键词语或语句应用不同的文字样式，代码如下所示。

<p>设计网页是一项从艺术设计到页面制作再到后台开发的<span style="color:red">系统工程</span>，需要应用多种技术，使用各种相关的软件才能完成。在学习设计网页时，需要首先<span style="text-decoration:underline">了解网页的各种技术</span>，网页布局、网页配色，以及涉及的软件。除此之外，<span style="font-size:24px">使用最新版本的网页制作软件也可以最大限度地提

高网页制作的效率</span>。</p>

经过代码设计，文中“系统工程”文字变成红色，同时相应的文字加下划线和字号变大。如图 1-28 所示。

在 XHTML 中有 90 多种标签，本章只介绍了几个常用和比较简单的标签，通过对 XHTML 基本结构了解和标签的学习，为大家从事更加复杂的页面设计制作起到引导和启发的作用。对于有兴趣的读者可以进一步参考相关材料学习更多的内容。

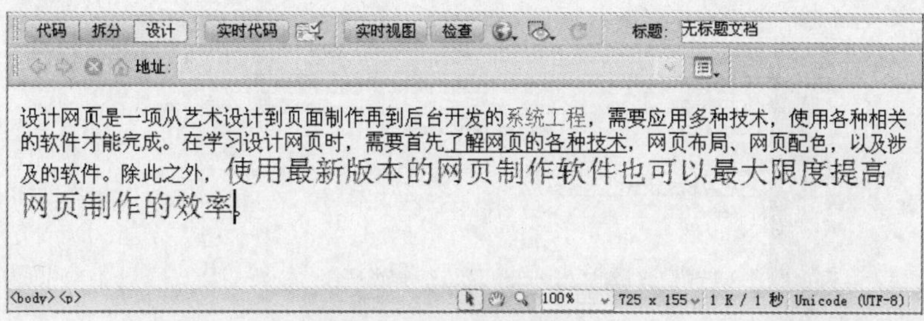

图 1-28　代码实现效果

1.4　上机练习：编写代码实现简单网页

上机练习一：上网浏览一个网页，并查看其源代码

（1）任意打开一个网页，例如，126 网易免费邮箱网页。

（2）在浏览网页的窗口菜单栏选择“查看”→“源文件”命令可看到当前网页的源代码。

（3）将此代码“复制”并“粘贴”到打开的记事本程序的文档中。

（4）在代码中仔细找一找本章讲过的有关标签，看这些标签在网页中的作用。

（5）想一想，能不能对此源代码进行修改而变成自己的网页呢！

上机练习二：在记事本中编写代码实现一个简单网页

（1）打开记事本应用软件。

（2）在其中编写如下代码，如图 1-29 所示。

（3）先保存为 shici.txt 文件后，再将其.txt 扩展名改为.html 文件，即 shici.html。

（4）双击即可浏览到如图 1-30 所示的结果。注意观察代码中的“诗一首”到哪去了。

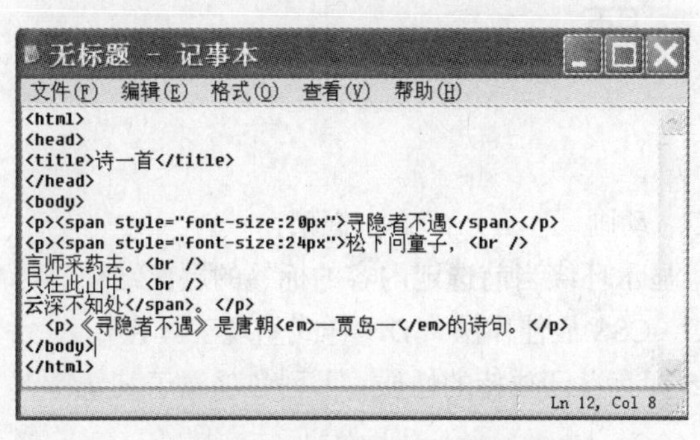

图 1-29　记事本中编写的代码

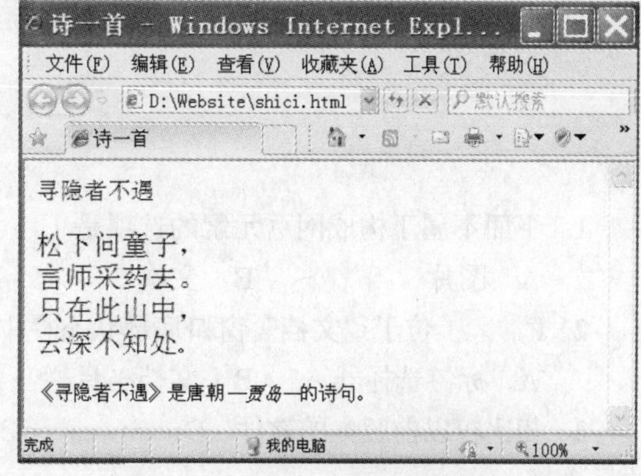

图 1-30　浏览器运行结果

上机练习三：在网页编辑窗口"代码"视图中编写代码实现图像的插入

（1）打开 Dreamweaver CS5 的页面编辑"代码"视图，如图 1-31 所示。

（2）在"浏览..."中添加要插入的图片或自己直接进行输入图片名称或路径。如：

```
<img src="images/huangshan.jpg" alt="西岳华山" width="760" height="500">
```

（3）代码书写完成后，在本窗口切换到"设计"视图，即可看到什么？

（4）保存网页文档。按 F12 键进行浏览，查看结果。

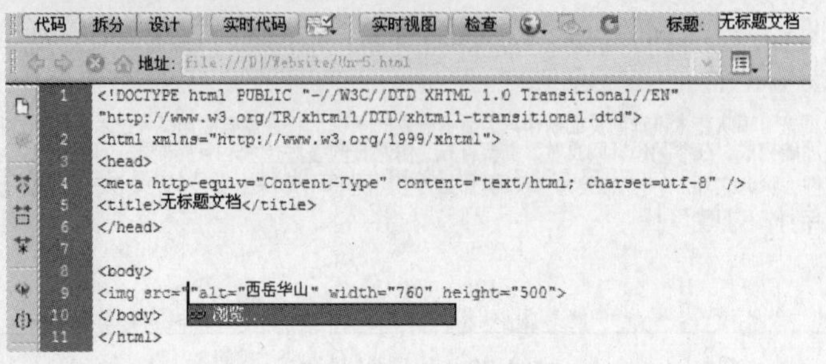

图 1-31　编写代码

小　结

网页分为动态和静态网页，动态网页一般有数据库的支持，采用动态网站技术生成的网页都称为动态网页。这类网页使用 ASP、PHP、JSP 和 CGI 等程序生成，具有动态效果，其制作方法较静态网页复杂。静态网页是指用 HTML 语言编写的网页，一般以.htm、.html、.shtml、.xml 等作为扩展名。本书主要讲述静态网页的设计与制作。看到网页上有动画，就绝对地称其为动态网页是不正确的。了解 Dreamweaver CS5 的窗口结构，为以后进一步熟练操作打下一些基础；在 Dreamweaver 网页设计中，既可以用"菜单"窗口操作的方式来完成一个基本的网页制作，也可用 HTML 以及 XHTML 等语言代码的方式来实现网页的制作。用代码的方式更加灵活、功能也会更强大，对设计制作复杂的网页非常有帮助。本章主要对目前常用的 XHTML 语言进行了简要的介绍，希望能引起大家对学习 XHTML 语言的重视，有兴趣的话可进一步加深学习。

习　题

1. 下面不属于构成网页元素的选项是（　　）。

　A. 图片　　B. 文本　　C. 动画　　D. 框架

2. （　　）位于"文档"窗口底部状态栏中，显示环绕当前选定内容的标签的层次结构。

　A. 标签选择器　　B. 文档工具栏　　C. CSS 最佳作法　　D. 样式呈现工具栏

3. 相比较以前版本的软件，Dreamweaver CS5 拥有自己独特的性质，下列各项属于其新特点的是（　　）。

A. 所见即所得的软件　　B. 设计模式的视窗显示

C. 增强的 CSS 面板功能　　D. PHP 自定义类代码提示

4. 不满足 Dreamweaver CS5 的系统安装要求的是（　　）。

A. Intel(r)Pentium(r)4 或 AMD Athlon(r)64 处理器

B. 1GB 以上的磁盘空间

C. 256MB 的内存

D. 1280 像素×800 像素显示分辨率以上的显示器

5. Dreamweaver CS5 界面包含的主要部分是（　　）。

A. 标题栏　　B. 菜单栏　　C. 工具栏　　D. 浮动面板

6. 浮动面板组中包含的面板有（　　）。

A. CSS 样式面板　　B. 应用程序面板　　C. 插入面板　　D. 文件面板

7. 下面哪一项菜单命令，可以打开“插入”面板（　　）。

A. 菜单栏“文件”→“新建”菜单命令

B. 菜单栏“窗口”→“插入”菜单命令

C. 菜单栏“插入”→“布局对象”菜单命令

D. 菜单栏“插入”→“创建面板”菜单命令

8. HTML 文件标题标记是（　　）。

A. <html>　　B. <head>　　C. <title>　　D. <body>

第2章 网页整体设计

2.1 网页设计基础

网页设计基础知识包括 html 超文本标记语言、CSS 层叠样式表、javascript 客户端脚本语言、一些美工作图基础及网络基础知识，更深入一些则需要掌握一些 php、asp、jsp 等服务器端脚本语言。

2.1.1 网页布局类型

网页布局很多，大致可分为上中下型、拐角型、标题正文型、左右型、封面型、Flash 型、综合型等，下面分别进行论述。

1. 上中下型

这是很多网站所喜欢的类型，即最上面是网站的标题以及横幅广告条，接下来就是网站的主要内容，最下面是网站的一些基本信息，如联系方式、版权声明等。这种结构基本上是我们在网上见到的最多的一种结构类型，如图 2-1 所示。

2. 拐角型

这种结构与上一种结构只是形式上的区别，其实是很相近的，上面是标题及广告横幅，接下来左侧是一窄列链接等，右侧是很宽的正文，下面也是一些网站的辅助信息。在这种类型中，一种很常见的类型是最上面是标题及广告，左侧是导航链接，如图 2-2 所示。

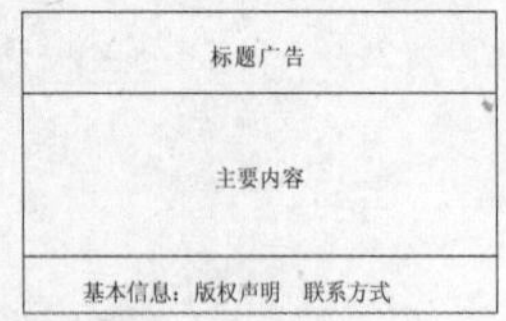

图 2-1　上中下型

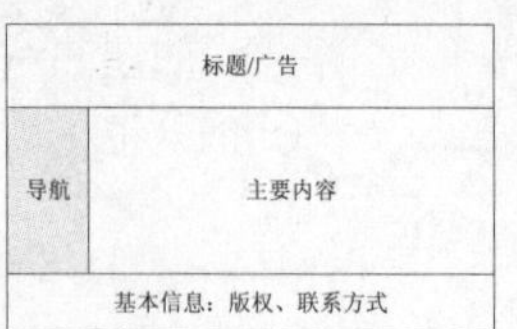

图 2-2　拐角型

3. 标题正文型

这种类型即最上面是标题或类似的一些东西，下面是正文，如一些文章页面或注册页面等就是这种类型。

4. 左右型

这是一种左右分为两页的框架结构，一般左面是导航链接，有时最上面会有一个小的标题或标志，右面是正文。我们见到的大部分的大型论坛都是这种结构，有一些企业网站也喜欢采用。

这种类型结构非常清晰，一目了然，如图 2-3 所示。

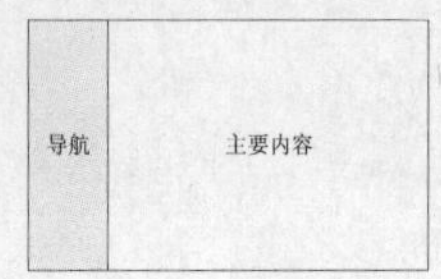

图 2-3 左右型

5. 封面型

这种类型基本上出现在一些网站的首页，大部分为一些精美的平面设计结合一些小的动画，放上几个简单的链接或者仅是一个“进入”的链接，甚至直接在首页的图片上做链接而没有任何提示。这种类型大部分出现在企业网站和个人主页，如果处理得好，会给人带来赏心悦目的感觉。

6. Flash 型

其实这与封面型结构是类似的，只是这种类型采用了目前非常流行的 Flash，与封面型不同的是，由于 Flash 强大的功能，页面所表达的信息更丰富，其视觉效果及听觉效果如果处理得当，绝不差于传统的多媒体。

7. 综合型

综合型即上面几种类型的结合与变化，如某网页在视觉上是很接近拐角型的，但所实现的功能实质上却是那种上、左、右结构的综合框架型。

2.1.2 网页整体造型

网页整体造型是指页面的整体形象，这种形象是图形与文本的组合。页面元素的基本形状有矩形、圆形、三角形、菱形等。这些形状的组合可以表达丰富的页面形象。

采用形状时，往往要考虑形状的基本特性，从而根据要表达的页面意义来选择不同的形状。例如，矩形代表着正式、规则，很多 ICP 和政府网页都是以矩形为整体造型；圆形代表着柔和、团结、温暖、安全等，因此许多时尚站点喜欢以圆形为页面整体造型；三角形代表着力量、权威、牢固、侵略等，许多大型的商业站点为显示它的权威性，常以三角形为页面整体造型；菱形代表着平衡、协调、公平，一些交友网站常运用菱形作为页面整体造型。实际网页制作多数是结合多个图形加以设计，并结合动态网站设计技巧。

2.1.3 网页设计要素

网页最基本的功能是为用户提供浏览信息和进行交互操作。因此，网页设计的基本要素是内容、美观、简便和高效。

1. 内容

网页必须有实质性的信息，并且能恰当、完全地展现出来。没有实质信息内容或信息展现不全的网页是不受欢迎的。

2. 美观

网页的外观是用户的第一印象，一个设计美观的网页能给用户带来愉悦的体验，相反，不美观的网页给用户的是痛苦的体验。美观不等于花哨，有时简朴却能恰到好处。

3. 简单

这一点是非常关键的，是和用户交互直接相关的。主要涉及导航和输入等方面，糟糕的体验会使用户迷失方向，不知道如何操作，从而产生挫败感，造成用户的反感。

4. 高效

这一点涉及网页的实现技术层面。好的网页要求能高效地被浏览器解释执行。网页不能以牺牲用户浏览、操作的时间来换取界面的美观效果。一个慢腾腾的网页一定会让用户产生反感。

2.2 确定网站主题

首先明确建站的目的，得出网站的需求分析，然后根据需求确定网站的风格、业务逻辑、网站规模等。网站的主题是一个网站的核心，创建网站前要先确定站点的主题，只有主题确定之后才会有目的地去寻找相关资料。

2.2.1 网站的设计流程

1. 收集网站前期资料以及所需文档

网站策划人员先期分析建站的目的，并分析出网站的功能情况、定位以及初步栏目整体的规划；然后根据策划方案去收集相关资料。前端开发人员开始进行前期的首页设计。

2. 根据网站的模式和特点以及网站制作规范定制出最适当的标准样式

主要负责人与策划人员、主要网站制作人员定制标准样式，并打印给小组成员，人手一份。

3. 设计人员进行二级页面设计工作

依照网站设计规范和标准样式，小组负责人确定设计进程时间并派任务单，主要设计人员开始设计工作，递交审核，通过后主要负责人签字。

4. 制作人员开始制作工作

依照网站设计规范和标准样式，小组负责人确定制作进程时间并派任务单，主要制作人员开始内容建设工作，与程序方面配合人员协调工作，递交审核，通过后主要负责人签字。

（1）定义站点

开发网站的首要工作就是要定义该站点，即明确建立网站的目的，确定网站提供的内容及网站资料的搜集。网站制作完毕，还要把它上传到因特网供人浏览，因此还需要配制服务器。目前 Windows 中常用的服务器主要是 Windows 2000/XP 下的 IIS 服务器，对于中小企业和个人爱好者而言，IIS 的费用是个不小的开销，所以推荐大家使用免费开源的开发环境 WAMP（Windows+Apache+MySQL+PHP）。

（2）建立网站结构

网站的主要构件包括首页、列表页和内容页。首页是指浏览者访问网站时首先看到的网页，其中的内容种类丰富，是其他各个栏目的缩影，主要用于引导用户进行浏览。对于初学者而言，最容易出现的问题是用其他栏目的内容把主页填充得满满的，看似信息量很大，但是对于用户体验上给人一种非常混乱的感觉；列表页是对网站下某一类内容的归纳整理；内容页是网站具体内容的承载页，是制作网站的重点，也是体现网站主题的主体。

（3）首页的设计和制作

首页的制作也需要先绘制一张草图，草图应包括网站的标志、广告条、菜单栏和友情链接等一些基本的部分，而且需要合理地布置它们。首页的内容一般都是比较概括性的文字，起引导性的作用，所以文字不应该太多。首页的草图设计好后，即可使用 Dreamweaver 动手制作。在首页中，注意不要使用太多的图像及音频和视频等，因为这些素材的数据量都比较大，是制约网页下载速度的重要因素之一。如果首页的下载速度比较慢，浏览者对这个网站可能就不会有太大的兴趣。

（4）制作其他页面

其他页面的设计和制作不如首页复杂，但设计与制作的方法和首页设计一样，需要注意的是：要和首页保持相同的风格，要有返回首页的超链接，目录结构最好不要超过 3 层。

（5）完成

网站策划人员把所有有关网站的备份文件以及原程序备份，并书写一份网站跟踪报告。说明此网站建设工作的开始到结束所用资源人力以及执行情况。

（6）调试与测试

验证与调试网站：在网站的验证与调试阶段，要尽最大努力找出网站中的所有错误。在验证与调试期间，要注意浏览器的兼容性，因为不同类型的浏览器的差异，一定要在几个不同的浏览器中进行测试。

测试网页：兼容性测试，超链接测试，实地测试。

（7）网站的发布与维护

网站发布：当一个网站制作完成，并且验证与调试正确后，即可将该网站通过 FTP 发布到 Internet 服务器上，即通常所说的上传网站。

网站维护：在服务器上发布网站以后，还需要对网站做定期维护、内容的更新和版面的扩展等，以吸引更多的浏览者。网站绝不是一次性的投入，没有得到良好维护的网站是没有生命力的。

2.2.2　网站主题的确定

互联网上具有相似性质、共同内容的一组信息资源就是一个网站，构成网站的基本元素是文件及存放文件的文件夹。网站的主题是一个网站的核心，创建网站前要先确定站点的主题，只有主题确定之后才会有目的地去寻找相关的资料，因此确定网站主题非常重要。

网站选题的主要工作是要根据网站的建设目标和访问网站的用户群确立网站的主题，并给网站起一个简练响亮的名字，然后围绕这个主题搜集素材和相关资料，并把它们通过网页的形式呈现出来。个人网站的选题可以涉及我们的学习、生活、社会等方方面面，企业型的网站应该选择贴近企业发展的主题。网站名字的确定是建立网站过程中非常重要的一环，名称的确定需要切题，一个好的网站名称可以是朴实的或者是想象力丰富的，容易令人印象深刻，一个别具一格的网站名称不但能让用户了解网站主题的内容，而且还能吸引更多浏览者。

2.3　前期规划与内容组织

2.3.1　网站的需求分析

网站需求分析的主要目的是要搞清楚要做什么，从而来确定网站的主题以及实现细节。需求分析的主要任务有如下几个。

1. 确定对网站的综合要求

① 功能需求，这方面的需求指定网站必须提供的服务。通过需求分析应该划分出网站必须完成的所有功能。

② 性能需求，该需求指定网站必须满足的定时约束或容量约束，通常包括速度（响应时间）、信息量速率、主存容量、磁盘容量、安全性等方面的需求。

③ 可靠性和可用性需求，这类需求定量地指定网站的可靠性。可用性与可靠性密切相关，它

量化了用户可以使用网站的程度。

④ 出错处理需求，这类需求说明网站对环境错误应该怎样响应。例如，如果它接收到违反协议格式的消息，应该如何处理等。

⑤ 接口需求，这类需求描述应用网站与环境通信的格式。常见的接口需求有：用户接口需求；硬件接口需求；软件接口需求；通信接口需求。

⑥ 约束，设计约束或实现约束描述在设计或实现网站时应遵守的限制条件。在需求分析阶段提出这类需求，并不是要取代设计（或实现）过程，只是说明用户或环境强加给项目的限制条件。常见的约束有：精度；工具和语言约束；设计约束；应该使用的标准；应该使用的硬件平台。

⑦ 逆向需求，该需求说明网站不应该做什么。理论上有无限多个逆向需求，我们应该仅选取能澄清真实需求且可消除可能发生的误解的那些逆向需求。

⑧ 将来可能提出的要求，应该明确地列出那些虽然不属于当前网站开发范畴，但是据分析将来很可能会提出来的要求。

2. 分析网站的数据要求

任何一个网站本质上都是信息处理系统，网站必须处理的信息和系统应该产生的信息在很大程度上决定了网站的面貌，对网站设计有深远影响，因此，必须分析网站的数据要求，这是软件需求分析的一个重要任务。

3. 导出网站的逻辑模型

综合上述两项分析的结果可以导出网站详细的逻辑模型，通常用数据流图、实体-联系图、状态转换图、数据字典和主要的处理算法描述这个逻辑模型。

4. 修正网站开发计划

根据在分析过程中获得的对网站更深入更具体的了解，可以比较准确地估计网站的成本和进度，修正以前制定的开发计划。

2.3.2 网站的内容组织

在明确网站的需求之后，接下来的工作就是网站制作了。首先需要确定网站的总体设计情况，如主要的栏目排版等。主要工作有以下几点。

1. 规划草图

对于一般的商业网站来说，一个项目通常得从一个简单的界面开始，但如果要把所有的内容组织到一起并不是很容易办到。首先，要起草一张网站的草图，勾画出客户想要显示的所有东西，并把它们安排在合适的位置。然后，将它详细地描述给美工人员，让他们根据草图就可以知道在每一屏上都要显示哪些内容。

2. 规划页面结构

设计好草图后，网站策划人员就可以制作出网站页面的结构图。网站页面是很重要的，它是企业网站营销策略的最终表现层，也是用户访问网站的直接接触层。但是，网站页面的规划也最容易让项目团队产生分歧，此时项目经理要调解好各个人员之间的关系。

3. 规划站点结构

规划站点结构时，要设计出它的外观以及它如何工作。第一步要建立一张站点草图，它描述的基本上是一个内容组织的流程图。在站点草图中应当规划站点所有的关键页面以及它们和其他页面的关系，其中也应当包括技术要点和主要的链接。然后决定如何去引导浏览者在站点中漫游。索引要结构清晰，易于导航。网站结构像建筑框架，构筑起网站的整体框架，它的表现形式各异，最好不要让用户在其中迷失，尤其是内容丰富的网站更应注意。能否合理地组织编排要发布的信息内容，以便浏览者能够快速、准确地检索到需要的信息，是一个网站成功与否的关键。

4. 网站内容的组织

网站的内容是网站访客停留时间的决定要素，是吸引用户的关键，对于内容空洞的网站，用户便不会停留，只有内容充实丰富的网站才能吸引用户细细品读，从而深入了解企业的产品和服务，产生合作的意向。网站内容的组织有：根据时间、主题和展示对象组织内容。

2.4　色彩基础知识

色彩是人的视觉最敏感的东西，它是漂亮而丰富多彩的，能唤起人类最原始的心灵感知。网页的色彩如果处理得当，如同锦上添花，达到事半功倍的效果。为了更好地把握色彩的搭配及应用，我们应首先了解色彩的一些基本概念。

2.4.1　色彩理论

1. 色彩基本概念

自然界中的颜色可以分为非彩色和彩色两大类。非彩色指黑色、白色和各种深浅不一的灰色，除此之外，其他所有颜色均属于彩色。任何一种彩色都具有以下 3 种属性。

（1）色相

色相（Hue）也称色泽，是颜色的基本特征，反映了颜色的基本面貌。

（2）饱和度

饱和度（Saturation）也称纯度，指颜色的纯洁程度。

（3）明度

明度（Brightness 或 Lightness 或 Luminousity）也称亮度，指颜色的深浅程度。

而非彩色只有明度特征，没有色相和饱和度之间的区别。

2. 色彩的三原色

电脑屏幕的色彩是由 RGB（红、绿、蓝）3 种色光所合成的，而我们可通过调整这 3 个基色来调校出其他的颜色。在许多图像处理软件里，都提供了色彩调配功能，可输入三基色的数值来调配颜色，也可直接根据软件提供的调色板来选择颜色。

3. 电脑影像的色彩

电脑影像的色彩是由位元（BIT）计算和组合而来，单纯的黑白图像看似是最简单的色彩结构，在电脑上用到 1 位元的资料，即使只有黑色和白色，仍能将黑与白组合成近似视觉上的灰色调阶。

灰阶（Grayscale）的影像共有 256 个阶调，类似传统的黑白照片；除黑、白之外，还有 254 种深浅的灰色，电脑必须用 8 位元的资料显示这 256 种阶调。

全彩（Fullcolor）是指 RGB 三色光能显示的所有颜色，每一种色光以 8 位元表示，各有 256 种阶调，三色光交互增减，这样就可以显示 24BIT 的 1677 万色（256 × 256 × 256=16777216），这就是电脑所能表示的最高色彩，也就是一般所说的 RGBTureColor。

8 位元色是指有 256 种阶调或者是 256 种色彩的影像，而常常见到 GIF 格式的图像文件就是带有 256 种色彩的图像文件。要是把 24 位元的全彩图片转成 256 色的 8 位元，一般必须经过索引的步骤，也就是在原本 24 位元的 1677 万色中首先建立颜色分布表，然后找出最常用的 256 种颜色，定义出新的调色盘，最后再以新色盘的 256 色取代原图。

4. 色轮的主要组成

所有的色彩能在一个色轮中呈现。在色轮中，我们一般把颜色分成 3 大块：原色、辅助色和第三颜色。原色分别是红色、绿色和蓝色。这 3 种色彩是基础色，它们组成了色轮上的所有其他颜色。把原色混合在一起，就可以得到辅助色，它们分别是橙色、绿色和紫色。

第三颜色是由中间色组成的，由一个原色和一个辅助色混合组成，如黄绿色和蓝绿色。

色轮的效果如图 2-4 所示。

图 2-4　色轮的主要组成

5. 颜色的关系

有大量的术语来描述颜色，了解这些术语将有助于我们分析色彩，搭配色彩和了解色彩的情感含义。互补色是互补互调的色彩，它们在色轮上对立的位置。互补色分别是蓝色和橙色、紫色和黄色，以及红色和绿色。邻色是色轮上相毗邻的色彩，邻色一起使用是很好的搭配，但不会有明显的对比。

6. 基于情感的色彩群体

一些色彩群体是和人的情感联系在一起的，好比温暖、清冷和中立。暖色能让人感觉到温暖，例如红色、黄色和橙色。冷色让人联想到凉爽和凄冷，例如蓝色和绿色。中性色，顾名思义，并不代表人和情感，例如灰色和棕色。了解色彩代表的情感可以帮助设计师在设计网页时不用文字就能表达特定情感，并彰显优势。

7. 设计中颜色的类型

基本颜色的搭配如图 2-5 所示。

RGB 是这个色彩系统中 3 个基本色“红、绿、蓝”的英文缩写，这 3 种基本色是光的三原色。RGB 现在被运用在电视电脑屏幕和任何其他类型的屏幕上。

图 2-5　基本颜色的搭配

CMYK 是“青色、洋红、黄色、黑色”的英文缩写，它们是颜料的原色，CMYK 被运用于印刷。

网页上的设计是以 RGB 色彩系统为基础的。

8. 明智地选择色彩、传达意义

色彩理论是运用颜色背后的情感意义给用户带来感官体验。这种实践经验再加上一些自己的知识和独特想法后可以运用到网页的设计中去。

网站的产品选择颜色时要慎重对待，不要漫无目的地使用多种颜色。所选择的颜色要适合你的用户，能表达企业要给客户传达的信息，能符合希望用户在此网站所获得的整体感受的期望。色彩的搭配原则简单介绍如下：

① 暖色调：即红色、橙色、黄色、褐色等色彩的搭配。暖色调的运用可使主页呈现温馨、和谐、热情的氛围。暖色能给人一种积极向上的情绪，应该用在希望带来幸福快乐感觉的网站上。

② 冷色调：即青色、绿色、紫色等色彩的搭配。冷色调的运用可使主页呈现宁静、清凉、凄美、高雅的氛围。冷色用在想要表达出专业或整洁感觉的网站上是最好的，这可以给用户呈现出一个冷静的企业形象。冷色表达出权威、明确和信任的感觉。例如，冷静的蓝色用在许多银行的网站上，给人一种厚重感，比如大通银行。冷色最好不要用在以乐观为主题的网站上，因为用户可能产生错误的印象。

③ 对比色调：就是把色调完全相反的色彩搭配在同一个空间里。例如，红与绿、黄与紫、橙与蓝等。对比色调的搭配可以产生强烈的视觉效果，给人刺激、亮丽、鲜艳、喜庆的感觉。但是，页面的底色（背景色）的深浅也要考虑，这里借用摄影中的一个术语“高调”和“低调”，底色深的称为高调。

2.4.2　216 网页安全颜色

216 网页安全色是指在不同硬件环境、不同操作系统、不同浏览器中都能够正常显示的颜色集合（调色板），也就是说，这些颜色在任何终端浏览用户显示设备上的现实效果都是相同的。所以使用 216 网页安全色进行网页配色可以避免原有的颜色失真问题。

216 网页安全色是根据当前计算机设备的情况通过无数次反复分析论证得到的结果，这对于一个网页设计师来说是必备的常识，且利用它可以拟定出更安全、更出色的网页配色方案。

216 网页安全色在需要实现高精度的渐变效果或显示真彩图像或照片时会有一定的欠缺，但用于显示徽标或者二维平面效果时却是绰绰有余的。实际中，很多站点利用其他非网页安全色也可以做到新颖独特的设计风格，所以我们并不需要刻意地追求使用局限在216网页安全色范围内的颜色，而是应该更好地搭配使用安全色和非安全色。

2.5 配色方案

配色方案是根据网站的主题和目的以及该网站希望给人怎样的感受来决定使用什么颜色，不同的色彩传达的感情色彩是不一样的。首先要从色彩的心理入手，使之符合主题，接着再去选择其他的颜色，选择其他颜色也要根据网站的设计主题来定，例如网站要设计的内容是关于科技的，那么很可能会选择蓝色系，此时就可能用蓝色为主色调来参考配色方案。本节就来讨论配色相关的内容。

2.5.1 色彩分析

在搭配网页的颜色时，要特别注意色彩的鲜明性、独特性、合适性和联想性。鲜明亮丽的色彩容易引人注目；独特的色彩能给人深刻的印象；合适的色彩能够与表达的内容气氛相适合；联想的色彩会使人产生不同的联想。所以在选择色彩时，还应该注意要使所选色彩与网页的内涵相关联。

色彩本身是没有思想、没有灵魂的，它只是一种物理现象，但人们却能通过色彩的搭配感受到色彩代表的情感，因为人们长期生活在一个多彩的世界中，有着许多视觉经验，一旦视觉经验与外来色彩搭配在一起发生呼应时，人就会在心理上产生某种情绪。下面就来讨论不同色彩的视觉特点。

- 红色

红色的波长是最长的，它是强有力的色彩，是热情、奔放的色彩，在蓝绿色背景下，红色就像炽烈燃烧的火焰；在绿色背景下，红色就会变成一种冒失的、莽撞的闯入者，激烈而又寻常；在橙色的背景下，红色似乎被郁积着，暗淡且无生命，好像被焦干了。

- 橙色

橙色的波长仅次于红色，因此它也有长波长引起的特征：可以使人脉搏加速，并伴有温度升高的感觉。它是十分活泼的光辉色彩，是暖色系中最温暖和睦的色彩，它给人的感觉就像是金色的秋天、丰硕的果实，的确是一种富足的、快乐而幸福的色彩。橙色如果混入一点点黑色或白色，会变成一种稳重、含蓄文明快的暖色，橙色中加入较多的白色会产生一种甜腻的味道；但混入较多的黑色后，就会有一种烧焦的感觉；橙色如果与蓝色搭配，则会构成最响亮、最欢快的色彩。

- 黄色

黄色是亮度最高的色，在高明度下有很强的纯度。黄色象征着灿烂、辉煌，有着犹如太阳般的光辉，因此被誉为照亮黑暗的智慧之光。黄色代表金色的光芒，因此又代表着财富和权利，它是高贵与骄傲的色彩。黄色加入黑色或紫色可以无限扩大力量的强度。淡淡的粉红色可以像美丽的少女一样将黄色这骄傲的王子征服。但是黑色或者白色都可以将黄色吞没，这两个色只要稍微渗入，黄色马上就会失去光辉。

- 绿色

鲜艳的绿色非常美丽优雅而且生机勃勃，用现代化学技术创造的最纯的绿色是非常漂亮的。

绿色很宽容、大度，可也容纳很多色彩的搭配，无论蓝色还是黄色的渗入，仍旧十分漂亮。黄绿色单纯、年青、有活力；蓝绿色清秀、豁达、明朗；含灰的绿色宁静、平和，好似暮色中的森林或晨雾中的田野那样恬静温柔。

- 蓝色

蓝色是博大的色彩，最辽阔的天空和大海的景色都是蔚蓝色。无论深蓝色还是淡蓝色，都会给人一种一望无垠的感觉，因此，蓝色也是永恒的象征。蓝色同时也是最冷的色，也会给人冰川上的蓝色投影的感觉。蓝色在纯净的情况下代表一种平静、理智与纯净，而不是感情上的冷漠。真正令人的情感缩到冷酷悲哀的色是污秽混浊的蓝色。

- 紫色

波长最短的可见光是紫色波。通常，我们会觉得身边好多都是紫色，因为红色加少许蓝色或蓝色加少许红色都会成为明显的紫色，所以标准的紫色很难定义。紫色是非知觉的色，神秘的感觉让人印象深刻，但是有时会给人以压迫感，并且如果对比不同，会时而富有威胁性，时而又富有鼓舞性。紫色也是虔诚的色相，当紫色深化暗化时，就会有蒙昧迷信的味道，一般潜伏的大灾难就常从暗紫色中突然爆发出来，当紫色逐渐被淡化，光明与理解就照亮了蒙昧的虔诚之色，我们就会陶醉于优美可爱的晕色。

- 黑、白、灰色

无彩色在心理上与有彩色具有同样的价值。黑色与白色是对色彩的最后抽象，代表色彩世界的阴极和阳极，例如，太极图案就是以黑白两色的循环形式来表现宇宙永恒的运动。黑白具有的抽象表现力及神秘感甚至可以超越任何色彩的深度。康丁斯基认为，黑色意味着空无，像太阳的毁灭，像永恒的沉默，没有未来，失去希望；而白色的沉默不是死亡，而是有无尽的可能性。黑白两色是极端对立的色，但是有时候我们又感觉它们之间有着令人难以言状的共性。白色与黑色都可以表达对死亡的恐惧和悲哀，都具有不可超越的虚幻和无限的精神，它们似乎是整个色彩世界的主宰。

色彩的感情好多是通过对比来表达的，有时色彩的对比五彩斑斓、耀眼夺目，显得华丽，有时对比在纯度上含蓄，明度上稳重而又显得朴实无华。要想表达所需要的感情，就完全依赖于自己的感觉、经验以及想象力来设计颜色的搭配，没有什么固定的格式。

网页中常用色彩分析如下。

- 色环

色环指色彩按红、黄、绿、蓝、红依次过度渐变呈现出来的不同颜色，就可以得到一个色彩环。色环通常包括 12 种不同的颜色。

- 原色

原色包括红、黄、蓝 3 种颜色。自然界中的色彩种类繁多、变化丰富，但这 3 种颜色却是最基本的原色，原色是不能由其他颜色调配出来的。除白色外，如果把三原色相互混合，就可以调和出其他种颜色。根据三原色的特性确定配色方案，就会有最迅速、最有力、最强烈的传达视觉信息的效果。

- 间色

间色又称“二次色”，它是由两种原色调配出来的。例如：红与黄调配出橙；黄与蓝调配出绿；红与蓝调配出紫。橙、绿、紫 3 种颜色又叫“三间色”。在调配颜色时，原色在份量不同时可以产生丰富的间色变化。

间色是由三原色中的两原色相互调配而成的，因此相对于三原色缓和了视觉刺激的强度，是比较容易搭配的色彩。间色尽管是二次色，但仍有比较强的视觉冲击力，可以带来轻松、明快、愉悦的气氛。

● 复色

复色又称“复合色”。复色是由原色和间色或间色和间色相调而成的“三次色”，复色的纯度最低，其中含灰色成份。复色包括了除原色和间色以外的所有颜色。

复色是由原色和间色或两种间色混合而成的，因此色相比较微妙、不明显，视觉刺激度相对缓和，若是搭配不当，页面便会出现易脏、灰蒙蒙、沉闷、压抑之感，属于不易搭配之色。但有时复色搭配深色能很好地显示神秘感、纵深感和空间感；明度高的多复色多用来表达宁静、柔和、细腻的情感，比较适合长时间浏览。

● 邻近色

邻近色指在色环上任意一种颜色同其毗邻之色。邻近色也是类似色关系，只是范围稍微缩小了。例如：红色和黄色，绿色和蓝色，它们互为邻近色。

相邻色系之间的视觉反差不大，统一的颜色形成协调的视觉韵律美，相较显得安定、稳重而且不失活力，是一种恰到好处的配色类型。

● 补色

补色指广义上的对比色。在色环上划直径，正好相对（即在一条水平线上）的两种色彩互为补色。例如：红色是绿色的补色；橙色是蓝色的补色；黄色是紫色的补色。

补色最能传达强烈、个性的情感。纯度稍低的绿色大面积使用用作背景，对比并突出了前景纯度明度较高的面积较小红色的图形，视觉中心重点突出，使主次特别分明。

红绿、橙蓝、黄紫这 3 组补色中，前两种使用得最多。这 3 组补色搭配出的最终效果和目的就是强烈！

● 同类色

同类色指比邻近色更加接近的颜色，它主要是在同一色相中不同的颜色变化。例如，红色中有粉红、紫红、深红、玫瑰红、大红、朱红、橘红等，黄色中有深黄、土黄、中黄、橘黄、淡黄、柠檬黄等。

同类色色彩调和统一，可以起到微妙变化的作用。首先会给人温柔、雅致、安宁的感觉，便可知同类色系非常调和统一。只运用同类色系配色是十分谨慎稳妥的，但是可能会产生单调感。添加少许相邻或对比色系，就能体现出页面的活跃感、层次感和强度。

● 暖色

暖色指的是红、橙、黄这类颜色。暖色系的饱和度越高，越显温暖，暖色可以使人感到兴奋，体温升高。

高明度高纯度的色彩搭配会使页面鲜艳炫目，有强烈刺激的视觉表现力，充分体现了暖色系的饱和度越高，温暖特性越明显。

● 冷色

冷色指的是绿、青、蓝、紫这类颜色，冷色系亮度越高，特性越明显。冷色可以使人的心情平静、清爽、恬雅。

冷色系的亮度越高，特性越明显。单纯冷色系比暖色系舒适，不易造成视觉疲劳。蓝色、绿色是组成冷色系的主要色系，在设计中是比较常用的颜色，同时也是自然之色，给人一种清新、祥和、安宁的感觉。

2.5.2　色彩对比

色彩对比就是对比颜色之间的差别而产生的感觉。通过色彩的对比，会产生各种各样的效果，由于色彩对比时相互作用的缘故，与单一的颜色是不一样的。这种是由视觉残像引起的。如果人短时间注视某一色彩图形后，再看白色背景时，则会出现色相，就是明度关系大体相仿的补色图形。如果背景不是单一色彩的，残像色将与背景色相混合。因此，在进行配色设计时，就应该考虑由于补色残像下形成的视觉效果，并对它做出相应的处理。色彩对比包括色相、纯度、明度、冷暖、补色、面积等几方面的对比。

1. 色相对比

色相对比是指因色相颜色之间的差别而形成的对比。如果要增强色彩的表现力，就要先确定主色相，然后再考虑其他色彩与主色相之间的联系以及它们要表现的内容及效果。不同色相对比得到的效果不同，如果两种颜色相近，对比效果就会越柔和；补色之间越接近，对比效果越强烈。

2. 纯度对比

纯度对比是指不同色彩之间由于纯度的差别而形成的对比。色彩的纯度可分为高纯度、中纯度和低纯度。未调和的原色纯度是最高的，中纯度则是间色，复色本身纯度偏低，因此属低纯度色彩范围。不同纯度的色彩并列放置进行对比，高纯度色彩会比较鲜明，而低纯度色彩就可能显得比较灰浊。

3. 明度对比

明度对比是色彩明暗程度的对比，又叫色彩的黑白色对比。如果两种不同明度的色彩混合使用，就会出现暗色更暗、明色更明的情况；如果在黑底或白底上放同样明度的灰色，就会显得黑底上的灰色比白底上的灰色要亮。

4. 冷暖对比

冷暖对比是指不同色彩之间由于冷暖的差别而形成的对比。色彩分为冷、暖两大类，暖色系有红、橙、黄；冷色系有蓝、绿、紫。冷暖色系基本上互为补色。如果两种色系在同一画面上时，则会使对比效果更为强烈。

5. 补色对比

补色对比是指将红与绿、黄与紫、蓝与橙等具有补色关系的色彩彼此并置，使色彩感觉更为鲜明，纯度增加。

6. 面积对比

面积对比是指两个或更多色块的对比，相当于两个对立面之间的对比。中高低明度差的面积变化或者中高低纯度差的面积变化都可以称为面积对比。对于同一种色彩，面积越小，明度、纯度越低；反之则越高；如果占的面积越大，亮的色彩更轻，暗的色彩更重，这种现象被称为色彩的面积效果。如果两种色彩面积相同，它们之间的对比就会比较强烈；如果色彩的面积不等，则面积小的色彩就会成为陪衬，凸显出面积大的色彩。大面积色彩和小面积陪衬色彩还可以显出主次关系。

2.5.3　色彩调和

网页页面中一般由具有某种内在联系的不同颜色组成一个完整统一的整体，最后形成页面色彩总的趋向，称之为色调。色彩独有的感情与氛围是影响配色视觉效果的决定因素。

两种或两种以上的色彩通过配色方案合理搭配，产生和谐统一的效果，称为色彩调和。色彩调和是为了达到视觉统一，使人们心理平衡。

下面介绍的 4 种方法能够达到调和页面色彩的目的，即达到页面的统一。

1. 同种色的调和

相同色相、不同明度和纯度的色彩调和会产生渐进的秩序，在明度、纯度的变化上弥补同种色相带来的单调感。

2. 对比色的调和

对比色的调和方法有：

- 提高或降低对比色的纯度；
- 在对比色之间插入分割色（如金、银、黑、白、灰等）；
- 运用双方面积大小各异的处理方法；
- 对比色之间加入相近的类似色。

3. 渐变色的调和

渐变色实际上也是一种调和方法，是颜色按层次逐渐变化的过程。色彩渐变就像两种颜色相互之间的混色，它可以在多种颜色中进行。暗色和亮色之间的渐变会有远近感和三维的视觉效果。

4. 类似色的调和

在色环中，色相越靠近则越调和，主要靠类似色之间的共同色来产生效果。

2.6 网站中的色彩应用

色彩的运用在网页中的作用是非常重要的，有的网页制作得十分典雅、有品位，令人赏心悦目，但是页面结构简单、图像得当，主要是色彩运用恰到好处。

2.6.1 网页色彩规则

在网站设计中，大多数企业往往过多地看重网站布局，但却忽略了网站色彩的搭配。网站的色彩搭配其实对用户浏览时的体验有着很重要的影响，它有一定的规则和技巧，只有熟练掌握这些规则和技巧，才能制作出一个优秀的网站。

网页的配色规则是根据网页不同位置、不同功能而设定的。以下是按照网页标题、网页链接、网页文字及网页标志的层次依次进行介绍。

1. 网页标题

网页标题是网站的指路灯，浏览者要想在网页间随意跳转或者了解网站的结构和网站的内容，必须通过导航或者页面中的一些小标题，因此网站可以用稍微具有跳跃性的色彩来吸引浏览者的视线，让人感觉网站层次分明，清晰明了，但是如果色彩相近度过高，则会让人感到混乱。

例如，A5 网站如图 2-6 所示，背景是白色，因此导航标题采用了相近度较远的深蓝色，这样配色可以冲击用户的视觉，使用户在看到第一眼时就感觉导航标题非常重要。

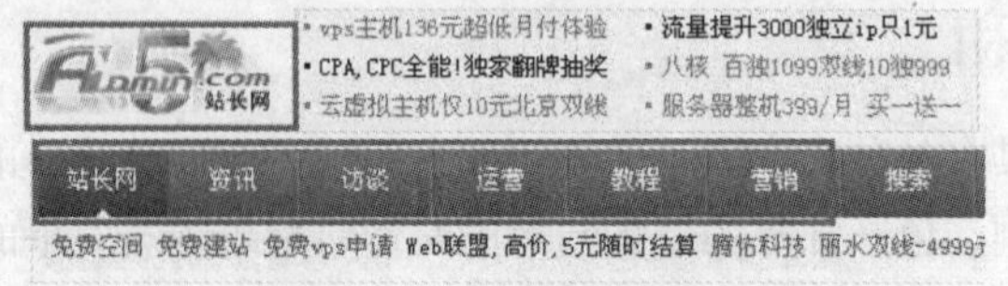

图 2-6　A5 网站的导航栏

2. 网页标志

网页标志是网站宣传最重要的部分之一，所以这部分一定要很明显地凸显出来。将 Logo 和 Banner 做得鲜亮来突出显示，也就是把色彩方面和网页的主题色分离开来，这样做是为了使网页标志更突出，同时也可以选用与主题色相反的色彩。

A5 网站的网页标志采用非常醒目的红色，刚好在白色背景和深蓝色导航的衬托下显得非常显眼。A5 网站对白色、蓝色、红色的协调运用美观大方，使人印象深刻。

3. 网页文字

一个网站如果使用了背景颜色，就必须考虑背景颜色与前景文字的搭配。通常网站侧重的是文字，因此背景可以选择纯度或明度较低的颜色，文字则用较为突出的亮色，让人一目了然，印象深刻。

4. 网页链接

任何网站都不可能只有单一的一页，所以文字和图片的链接是网站中不可或缺的，如果是文字的链接，它和文字不同，因此文字链接的颜色和文字的颜色绝对不能一样。

现代人的生活节奏都很快，人们浏览网页时都是大概看看，没有人会花很多时间寻找网站的链接，所以，设置独特的链接颜色，体现出它的独特性，从而驱使用户点击链接。

2.6.2 网站色彩分析

色彩作为传达网站形象的首位视觉要素，会在浏览者脑中留下深刻的印象。即使浏览者没有清楚地记住自己访问过的网站的外形特征，至少能够轻易快速地想起网站的色彩。因此，色彩作为最直接的视觉语言，在网站宣传效果中具有重要的意义。

1. 红色

（1）分析

红色色感温暖，性格刚烈外向，是一种对视觉冲击很大的颜色。红色最容易引起注意，是兴奋、激动、紧张、冲动的代名词。红色在各种媒体网站中被广泛应用，除了具有较佳的明视效果外，更用来传达活力、积极、热诚、温暖和前进的企业形象与精神。此外，红色也常用作警告、危险、禁止等标识色。

（2）应用搭配

在网页颜色搭配中，单纯以红色为主色调的网站比较少，一般用于辅助色、点睛色，以达到陪衬、醒目的效果。红色如果与少量黄色搭配，就会显现热力、强盛，趋于躁动、不安，极富动感和张扬的个性。红色与黑色的搭配在网页设计中也比较常见，这种配色方案在商业设计中被誉为商业成功色。红黑搭配经常用于较前卫时尚、个性的娱乐休闲区网页。红色与灰色、黑色等暗色调搭配，给人现代、激进的感觉。粉红色属于红色系中的冷色系，这种颜色的组合多用于女性主题，例如化妆品、服饰等，鲜嫩而充满诱惑，给人柔情、娇媚、温柔、甜蜜、纯真、诱惑和艳丽的感觉。

2. 橙色

（1）分析

橙色的波长居于红和黄之间，橙色是最暖的色彩，也是光辉色彩，给人华贵而温暖、兴奋而热烈的感觉，也能使人为之振奋。橙色具有健康、活力、勇敢和自由等意义，给人以庄严、尊贵、神秘的感觉。橙色适用于时尚网站，因为它对视觉要求较高；也常用于食品网站，因为橙色也是容易引起食欲的颜色。

（2）应用搭配

橙色是可以通过变换色调营造出不同氛围的典型颜色，它不但能表现出青春的活力，而且能展现稳重的效果，因此橙色在网页设计中的使用是非常频繁的。高亮度的橙色网页通常有种明朗和新鲜的感觉，但是将橙色与浅黄色、黄色、黄绿色等邻近色搭配使用，通过不同明度和纯度的变化，可以得到更好的视觉效果，只要在视觉上处理得当，整个页面看起来就会显得华丽、新鲜、充满活力。将橙色与浅绿色、浅蓝色、蓝色等颜色搭配使用，能够产生最明亮、最欢乐的色彩。橙蓝对比色虽然少见，但是给人印象深刻，使人很容易记住它。

3. 黄色

（1）分析

黄色是有彩色中最明亮的色彩，给人留下明亮、辉煌、灿烂、愉快、高贵和柔和的印象，也容易引起味觉上的条件反射，给人以甜美和香酥感。黄色有着灿烂的光芒，象征着希望与功名，还象征着土地、权力，同时有种神秘的宗教色彩。黄色可以给人甜蜜和幸福的感觉，在很多网站设计中，黄色都被用来表现高贵和华丽的商品。

（2）应用搭配

黄色在网页配色中也是使用最为广泛的颜色之一，它与其他颜色搭配很活泼，很温暖，象征快乐、希望、智慧和轻快。黄色通常较适合活泼跳跃、色彩绚丽的配色方案。高亮度的黄色与黑色搭配在网页设计中比较常见，能达到清晰整洁的效果。同时黄色与绿色搭配也会显得很有朝气和活力。一般商品网站中使用黄色与红色搭配来渲染热闹气氛。淡黄色几乎能与所有的颜色相搭配，但是将淡黄色放在其他的浅色上，尤其是白色上，人们什么也看不见，就会影响醒目效果。深黄色一般不和深红色及深紫色相搭配。

4. 绿色

（1）分析

在商业网站制作中，绿色代表清爽、理想、希望和生长，较符合服务业、卫生保健业、教育业、农业类网页设计的要求。绿色经常使人联想到健康方面和环保意识的事物，它与人类息息相关，是自然本色，象征着生命与希望，也充满了青春与活力。它生机勃勃，象征着生命，因此经常被用于与自然、健康相关的网站设计。此外，绿色还常被用于一些公司的儿童或教育网站设计。绿色同时兼具黄色和蓝色两种成分，因此它的性格最为平和、安稳，是柔顺、恬静、满足及优美的代名词。

（2）应用搭配

绿色处于黄色和蓝色之间，是较中庸的颜色，偏向自然美，宁静、生机勃勃、宽容，有和平的意味，与多种颜色搭配都会达到和谐的效果，同时也是网页中应用最广泛的颜色之一。绿色与红色、蓝色与黄色两组对比色搭配在一起，虽然颜色很杂，但是搭配得当，就会有意想不到的效果。适当运用不同纯度的深绿和浅绿并不会显得刺眼，反而会使页面充满朝气和活力。

5. 蓝色

（1）分析

蓝色给人以沉稳安静的感觉，象征着深远、永恒、沉静、博大、理智、诚实和寒冷。同时，蓝色还能表达和平、淡雅、洁净及可靠等意向。在商业设计中，如果强调科技、商务的企业形象时，都会用蓝色当标准色。蓝色是冷色系中最有代表性的，在网站设计中也是用得最多的颜色之一。它会使人不由自主地想起大海和天空，有一种爽朗、开阔和清凉的感觉。

（2）应用搭配

浅蓝色有淡雅、清新、凉爽、浪漫和高贵的特性，经常用于化妆品、女性、服装网站的设计中。在网页中浅蓝色和绿色、白色的搭配是比较常见的，这种搭配可以使页面干净清澈，从而体现出柔顺、淡雅和浪漫的气氛。蓝色是冷色系中的典型代表，而黄色和红色是暖色系中的典型代表，冷暖色系对比度大。深蓝色是沉稳的且较常用的颜色，给人一种沉稳、冷静、严谨和成熟的心理感受。它主要用于安稳、可靠及略带有神秘感的站点中，通常用于企业宣传类的网站设计中。

6. 紫色

（1）分析

紫色给人创造、谜、忠诚、神秘及稀有的感觉。象征着女性化，代表着高贵和奢华、优雅与魅力、神秘与庄重、神圣和浪漫。它一般被用于以女性为对象或以艺术品介绍为主的站点，但是现在很多大公司的站点中也经常使用蕴含着神秘、尊贵和高尚的紫色。

（2）应用搭配

紫色如果渗入少量的白色，就会产生一种十分优美、柔和的色彩，随着白色的不断加入，不同层次的淡紫色也就随之产生，白色能使紫色的沉闷性格消失，变得优雅、娇气，而且充满女性魅力。不同色调的紫色可以显现出浓郁的女性化色彩，紫色在灰色的衬托下，则会显示出更大的魅力。紫色与紫红色都是非常女性化的颜色，都能营造一种浪漫、柔和、华丽和高贵优雅的氛围，而紫红色更是女性化的代表色彩。高彩度的紫红色能显现出超凡的华丽，而低彩度的紫红色能显现出高雅的气质。如果紫色搭配时尚的卡通人物，就会使页面具有非常强烈的现代感，让人过目不忘。

7. 黑色

（1）搭配

黑色的内涵最为丰富和复杂，它有很强的感染力，有独特的高贵，显得严肃、庄严和坚毅。此外，黑色还给人恐怖、烦恼、忧伤、消极、沉睡、悲痛甚至死亡的感觉，而黑色用在宗教网站中则会显出严肃和庄严。

（2）应用搭配

黑色是一种流行色，可以和许多色彩搭配。黑色给人高贵、稳重、科技的感觉，作为许多科技网站的主色调，搭配其他颜色的辅助色，营造出科技的神秘感。此外，一些音乐网站中也经常把黑色作为主色调，借此来营造出炫酷的氛围。

8. 白色

（1）分析

白光是所有颜色光线的集合，它反射出包括赤橙黄绿青蓝紫 7 种颜色，它反射所有的光线，不吸收任何可见光，因此白色给人纯粹、虚无、轻盈、光明及金属的感觉。在商业设计中，白色就是洁白、明快、纯真和清洁的象征。它是网页设计中通用的颜色，可以和任何颜色搭配，具有容易突出彩度的特性，如果一个页面设计中未使用白色，就会使感觉空间减弱，易给人造成彩度不够明确、页面沉闷等感觉。

（2）应用搭配

纯白色的网页是不太常见的，通常白色都是和其他色彩搭配使用。黑色与白色显现的是两个极端的亮度，这两种颜色搭配使用给人都市化、现代的感觉，因为黑色和白色的搭配可以营造特殊的严肃感，因而也经常被用于庄重严肃的场合。

9. 灰色

（1）分析

灰色介于黑色与白色之间，属于中等明度。灰色是色彩中最中性、最被动、最安静的色彩，有很强的调和对比的作用，但是受其他颜色影响很大，只是依靠邻近的色彩获得生命。灰色如果邻近鲜艳的暖色，则能显出冷静的品格；如果邻近冷色，则能产生温和的暖灰色。

（2）应用搭配

灰色是中性色，可以与任何色彩搭配，也可以在两种对比强烈的色彩中起和谐过度的作用。现代许多高科技产品，特别是与金属材料有关的产品，几乎都采用灰色来凸显高科技的形象，因此灰色也是网页设计中较为流行的颜色。

2.6.3 网页元素之间色彩搭配

1. 网页色彩搭配的基本原理

- 色彩的鲜明性，网页色彩要尽量鲜明，以此引人注目。
- 色彩的独特性，要采用与众不同的色彩，增加浏览者对网站的印象。
- 色彩的合适性，采用的色彩一定和网站表达的内容气氛相合适，绝对不能背道而驰，例如，用粉色体现女性站点的柔性。
- 色彩的联想性，不同的色彩会产生不同的联想，例如蓝色联想到天空，黑色联想到黑夜，红色联想到喜事，橙色联想到丰收的硕果等。选择色彩一定要和网站要表现的内涵相关联。

2. 黑白灰色彩的应用

灰色是万能色，可以和任何色彩搭配，在一些颜色明度较高的网站，配以黑色可以适当地降低明度。

白色是网站用得最普遍的颜色之一。甚至很多网站用大块的白色空间作为网站的一个组成部分，这应该就是留白艺术。留白，就是给人一个遐想空间，让人可以充分发挥想象力，网页设计中恰当的留白对于协调页面的均衡也有相当大的作用。

3. 确定主题色

一个网站不可能单一地运用一种颜色，否则就会让人感觉单调、乏味、无聊，但是将所有的颜色都运用到网站中也是很忌讳的，会给人轻浮、花哨的感觉，所以一个网站必须有一种或两种主色调，这样不会让客户迷失方向，也不至于单调、乏味。确定网站的主色调需要遵循以下几点：

① 用一种色彩，首先选定一种色彩，然后调整透明度或者饱合度（将色彩加深或减淡），从而产生新的色彩用于网页，这使网站页面看起来色彩统一，有层次感。

② 用两种色彩，首先选定一种色彩，然后选择它的对比色，例如蓝色和黄色。因为这样搭配使整个页面色彩丰富但不显花哨。

③ 用一个色系，简而言之，就是应用一个感觉的色彩，例如淡蓝、淡黄、淡绿，或者土黄、土灰、土蓝等一个色系的颜色。

切忌将所有颜色都用到，尽量控制在 3 种颜色以内。背景和前文色彩对比尽量要大，背景绝对不要用花纹繁复的图案，这样才能突出主要文字内容。

④ 根据企业不同的文化背景适当地选择颜色。

2.7 上机练习：饰品销售网站主页整体设计

主页总体设计的主要工作是根据网站的主题，确定设计网页的布局以及色彩搭配，并结合美工设计一个效果图，主要工作如下。

1. 网站主题

饰品销售网站的特点是商业性质的，同时考虑到销售的内容是精美的饰品，因此网站风格又带有艺术特性，这样能更好地展示产品，同时给浏览者以美的感受。

2. 主页布局

主页布局是从网站的主题和网页的功能角度来考虑的。首先，要考虑到商品销售，因此要有便捷的导航和检索模块，其次，要考虑商品检索结果的呈现模块，同时要考虑到基本信息的呈现。因此主页布局采用拐角型布局。最上面是网站的名称等基本信息，或网站的推荐信息和广告等，还可以放检索栏目；左边是导航栏；右边是检索结果列表，或网站主动呈现的商品列表；下面是网站的一些其他基本信息，如连续方式等。

3. 色彩搭配

为了能优美地展现饰品，同时体现网站的个性特点，主页采用淡蓝色为基准，给人一种宁静的感觉，饰品背景采用白色，突出饰品，同时使整个界面简洁干净。

4. 效果图

小　　结

本章主要讲述了网页设计的基础，网页的布局类型，网页设计的要素，网站的设计与规划，色彩的基础知识，配色方案以及网页中色彩的应用。最主要的目的就是让大家熟悉网页整体设计所要考虑的元素，以及网站设计时应该注意的问题。

习　题

一、选择题

1. 一些企业网站和个人主页，其大部分为一些精美的平面设计结合一些小的动画，放上几个简单的链接，常会给人带来赏心悦目的感觉。这种布局类型属于（　　）。

A. 综合型　　B. 拐角型　　C. 封面型　　D. 上下型

2. 代表柔和、团结、温暖、安全的基本形状是（　　）。

A. 圆形　　B. 三角形　　C. 菱形　　D. 正方形

3. 划分网站必须完成的所有功能属于（　　）。

A. 性能需求　　B. 功能需求　　C. 接口需求　　D. 安全需求

4. 下面选项中不属于色彩基本属性的是（　　）。

A. 色相　　B. 饱和度　　C. 明度　　D. 灰度

5. 下面选项中不属于 RGB 色彩系统的 3 个基本色的是（　　）。

A. 红　　B. 绿　　C. 蓝　　D. 紫

6. 下面选项中不属于暖色调的是（　　）。

A. 红色　　B. 橙色　　C. 黄色　　D. 绿色

7. 下面色彩中波长最长的是（　　）。

A. 蓝　　B. 紫　　C. 红　　D. 绿

二、简答题

1. 建设网站的流程可分为哪几个阶段？
2. 网页设计需遵守的原则有哪些？

第 3 章 建立本地站点

在制作一个能够被用户在浏览器上浏览的网站前，首先需要在本地磁盘上制作这个网站，然后将这个网站上传到互联网的 Web 服务器上，这样用户通过 Web 服务器的域名或 IP 地址就可浏览这个网站。放置在本地磁盘上的网站称为本地站点，处于互联网上 Web 服务器里的网站称为远程站点。

3.1 创建本地站点

一个网站通常包含若干个文件夹和文件，在 Dreamweaver 中定义一个站点与网站文件夹对应，这样可以充分利用 Dreamweaver 的站点功能对网站进行管理和维护。

3.1.1 什么是站点

1. 站点概念

在 Dreamweaver 中，站点是指属于某个 Web 站点的文档的本地或远程存储位置。简单地说，一个站点通常对应一个本地或远程的文件夹（包含网页文档及相关文件）。

2. 站点类型

在 Dreamweaver 中，常用的站点类型有两种。

（1）本地站点，即本地文件夹，存储正在处理的文件，此文件夹通常位于本地计算机上，但也可能位于网络服务器上。

（2）远程站点，即远程文件夹，存储用于测试、生产和协作等用途的文件，远程文件夹通常位于运行 Web 服务器的计算机上。远程文件夹包含用户从互联网访问的文件。

如图 3-1 所示，左侧为一个本地计算机上的本地站点文件夹示例，右侧为一个 Web 服务器上的远程站点文件夹示例。使用 Dreamweaver 或 FTP 工具将本地站点对应的文件夹上传到 Web 服务器上，也就是说，本地站点文件夹中的文件夹和文件应与远程文件夹中的文件夹和文件一一对应。

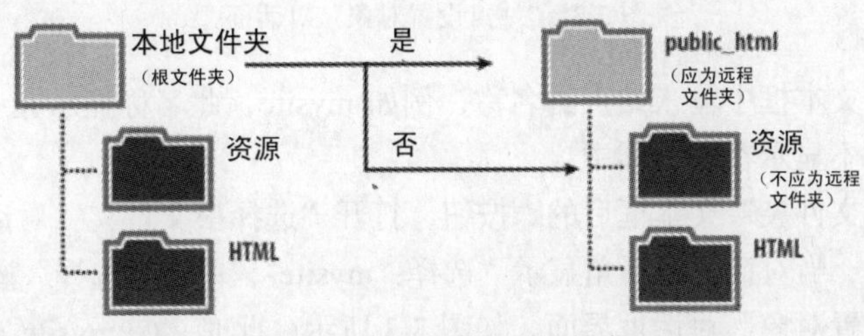

图 3-1　本地站点和远程站点

3.1.2 创建本地站点

1. 创建站点文件夹

建立本地站点就是在某台电脑硬盘上建立一个文件夹，然后将所有与制作网页相关的文件（图片、视频等）都存放在里面，以便进行网页的制作和管理。

通常一个网站包含多种类型的文件，如图片、视频、CSS、脚本文件，为了方便上传和维护，在建立站点文件夹时，应注意以下几点：

- 不要将所有的文件都存放在根文件夹下，否则容易混淆，不利于管理和上传；
- 按照文件的类型建立不同的子文件夹；
- 根文件夹、子文件夹、文件的命名最好使用简短而又有一定含义的小写英文或拼音。

按照以上原则在磁盘上建立一个文件夹，例如 C:\mysite，用于存放站点中所有文件夹和文件，然后在 mysite 文件夹下新建 3 个名称为 images、videos 和 styles 的子文件夹。images 用于存放站点中所有装饰网页的图片文件，videos 用于存放站点中的所有视频文件，styles 用于存放所有的 css(层叠样式表)文件，如图 3-2 所示。

图 3-2　站点文件夹结构

2. 使用向导建立站点

下面利用 Dreamweaver CS5 的向导构建一个本地站点，具体操作步骤如下。

（1）打开 Dreamweaver CS5，在菜单栏中选择“站点”→“新建站点”菜单命令，弹出“站点设置对象”对话框，如图 3-3 所示。

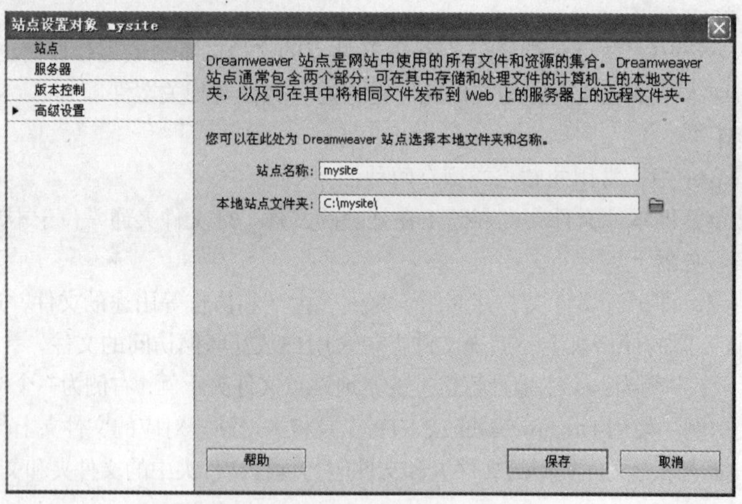

图 3-3　“站点设置对象”对话框

在“站点名称”文本框中输入站点的名称，例如 mysite，此名称显示在“文件”面板和“管理站点”对话框中，不显示在浏览器中。

单击“本地站点文件夹”文本框后的按钮，打开“选择根文件夹”对话框，选择“mysite”文件夹作为根文件夹，当对话框左下角显示“选择：mysite”，单击“选择”按钮，如图 3-4 所示。这时回到了“站点设置对象”对话框界面，如图 3-3 所示。此时“C:\mysite”文件夹与“mysite”

站点相对应，存放本站点的所有文件夹和文件。

在“本地站点文件夹”文本框中可直接输入站点对应文件夹的路径。

（2）单击图 3-3 中的“保存”按钮。在 Dreamweaver CS5 界面右下角会出现“文件”面板，如图 3-5 所示，表示“mysite”站点已经建立成功。

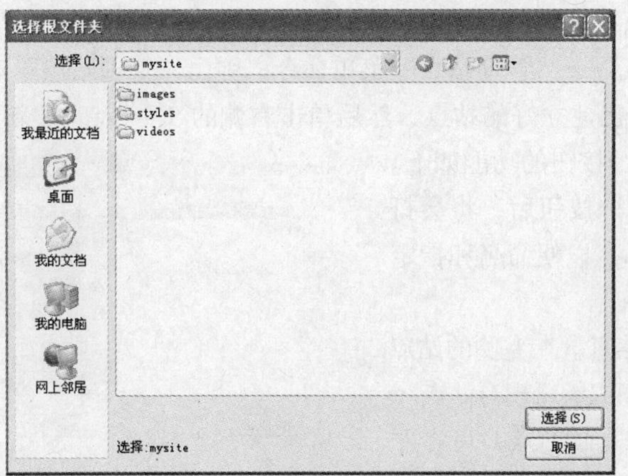

图 3-4 “选择根文件夹”对话框

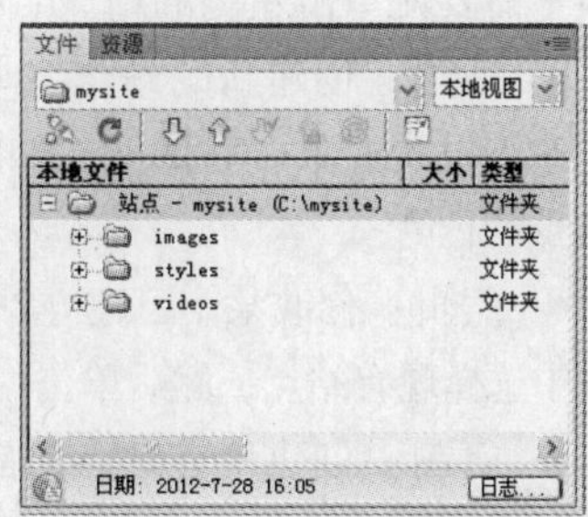

图 3-5 “文件”面板

假如“文件”面板没有出现，选择菜单栏“窗口”→“文件”菜单命令。

以上操作步骤仅仅介绍了新建站点向导的最基本设置，还有很多设置设计服务器技术和选择动态网站开发语言等，因为与本书内容关联不大，所以这里不再赘述。

3.2 管理本地站点

在制作多个网站时，需要对各个网站进行管理，这就需要使用 Dreamweaver CS5 中专门的工具来完成站点的切换、添加、删除等操作。

3.2.1 切换站点

在对网站进行编辑或进行管理时，每次只能操作一个站点。

单击右侧“文件”面板左边的下拉列表框，选中某个已创建的站点，如图 3-6 所示，就可以切换到对这个站点进行操作的状态。

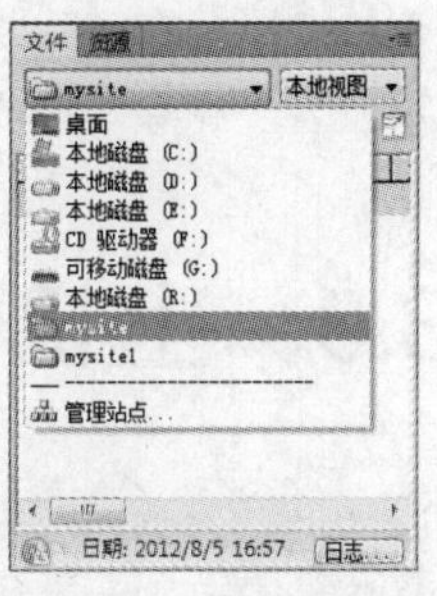

图 3-6 切换站点

在所有磁盘盘符后显示的文件夹图标是已建立的多个站点名称，例如，当前 Dreamweaver 含有 mysite、mysite1 两个站点。

3.2.2 站点的其他操作

1. “管理站点”对话框

“管理站点”对话框是进入 Dreamweaver 站点功能的通路。从这个对话框中可以启动创建新站点、编辑现有站点、复制站点、删除站点或者导入或导出站点设置的过程。

要对站点进行管理，选择菜单栏“站点”→“管理站点”菜单命令，弹出“管理站点”对话框，如图 3-7 所示，选中左侧列表框中某个已建立好的站点，然后单击右侧的 5 个按钮（“新建”按钮不需要先单击左侧的站点名称）。这 6 个按钮的功能如下。

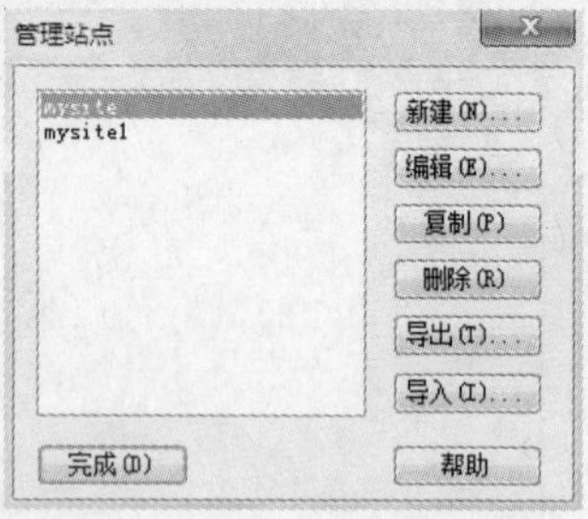

图 3-7 “管理站点”对话框

- 新建：创建新的站点。单击“新建”按钮后，将会打开“站点设置对象”对话框，如图 3-3 所示，以便命名和指定新站点的位置。
- 编辑：修改某个已建立站点的设置信息。在左侧的站点列表中选择现有站点，然后单击“编辑”按钮以编辑现有站点。
- 复制：创建现有站点的副本。若要复制站点，可在左侧的站点列表中选择该站点，然后单击“复制”按钮。复制的站点将会显示在站点列表中，站点名称后面会附加“复制”字样。若要更改复制站点的名称，可选中该站点，然后单击“编辑”按钮。注意，默认情况下，复制而得的新站点对应的文件夹和被复制站点对应的文件夹相同。
- 删除：从 Dreamweaver 站点列表中删除选定的站点及其所有设置信息，这并不会删除磁盘上站点对应的文件夹和文件，如果希望将站点文件从计算机中删除，则需要手工删除。若要从 Dreamweaver 中删除站点，可在站点列表中选择该站点，然后单击“删除”按钮。注意，此操作是无法撤销的。
- 导出：将选中的站点设置信息导出为 XML 文件（扩展名为*.ste），以后在 Dreamweaver（正在使用的计算机或别的计算机）中可快速导入站点的设置信息。
- 导入：将导出的保存站点设置的.ste 文件再次导入所用计算机的 Dreamweaver 中。注意：导入功能仅导入以前导出的站点设置信息，它不会导入站点文件夹和文件以创建新的 Dreamweaver 站点，所以需要手工将站点对应文件夹复制到相应盘符及文件夹中。

2. 在“文件”面板中管理文件夹和文件

可以在已建立站点的“文件”面板中对文件夹及文件进行常规管理,只需在文件、文件夹或空白区域上单击鼠标右键，从弹出的快捷菜单中选择相应命令，例如，新建文件夹、剪切、复制、粘贴、重命名、删除等操作。

3.3 上机练习：建立本地站点和切换站点

对网站设计者来说，利用 Dreamweaver 可以先在本地计算机的磁盘上建立一个本地站点，控制站点结构，管理编辑站点中的每个文件，在完成对站点文件的编辑后，利用 Dreamweaver 或 FTP

软件将本地站点上传到 Web 服务器供别的用户浏览。

操作步骤如下。

（1）新建站点。在 Dreamweaver CS5 中选择菜单栏“站点”→“新建站点”菜单命令，弹出“站点设置对象”对话框，在“站点名称”文本框中输入“xawlxy”，在“本地站点文件夹”文本框中输入“C:\xawlxy\”，如图 3-8 所示。单击“保存”按钮。

如果 C 盘上没有“xawlxy”文件夹，Dreamweaver 会自动建立这个文件夹。

（2）新建子文件夹。在 Dreamweaver 右侧“文件”面板的“站点-xawlxy(D:\xawlxy)”上单击鼠标右键，在弹出的快捷菜单中选择“新建文件夹”，新建的文件夹“untitled”为蓝底白字，如图 3-9 所示，此时直接输入“images”，在空白区域单击。

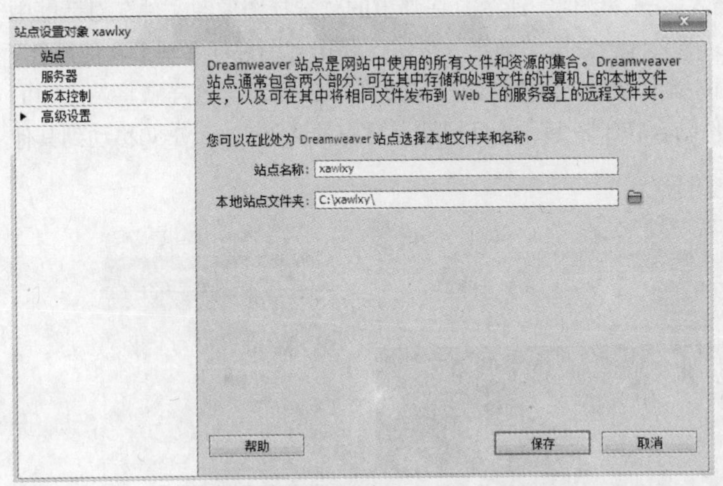

图 3-8　“站点设置对象 xawlxy”对话框

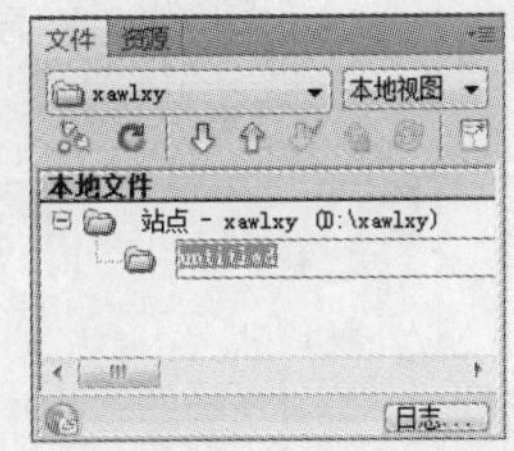

图 3-9　在“文件”面板中新建文件夹

假如此时没有重命名，在“untitled”上单击鼠标右键，在弹出的快捷菜单上选择“编辑”→“重命名”命令，如图 3-10 所示。

假如要对站点中文件夹和文件进行其他编辑，方法如上。

（3）新建网页文件。在“文件”面板的“站点-xawlxy(D:\xawlxy)”上单击鼠标右键，在弹出的快捷菜单中选择“新建文件”，将新建的文件重命名为“index.html”，如图 3-11 所示。

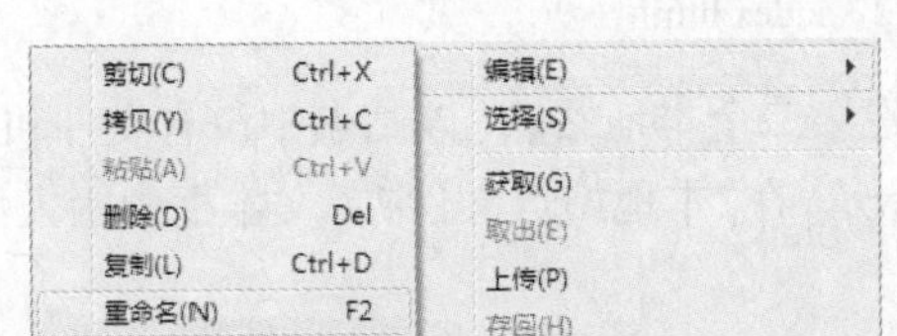

图 3-10　“文件”面板的快捷菜单“编辑”子菜单

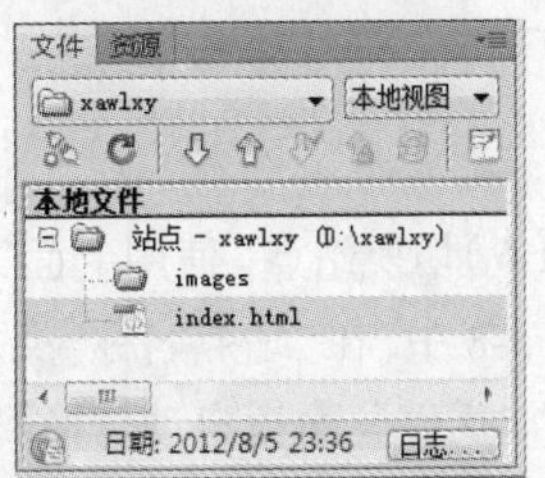

图 3-11　在“文件”面板中新建网页

选择菜单栏“文件”→“新建”命令，在弹出的对话框中单击“新建”按钮，也可新建网页。

（4）拷贝图像到“images”文件夹里。在计算机硬盘上或网络中搜索一幅扩展名为.jpg 的图片，在图 3-11 中“images”文件夹上单击鼠标右键，在弹出的快捷菜单中选择“浏览（X）…”命令，弹出“images”文件夹的资源管理器窗口，将搜索到的图片（如 mdl.jpg）复制到“images”文件夹中，然后单击“文件”面板中的刷新按钮。此时可看到“images”文件夹中多了一幅图片文件。

将网站所用装饰性图片都保存在“images”文件夹下，方便以后维护和管理。

（5）插入 images 文件夹下的图像。双击图 3-11 中的“index.html”文件，即在文档编辑区域中打开了此文件，选择菜单栏“插入”→“图像”命令，在弹出的“选择图像源文件”对话框中选择“images”文件夹下的“mdl.jpg”文件，单击“确定”按钮，弹出“图像标签辅助功能属性”对话框，单击“确定”按钮，此时一副图像被插入网页中，如图 3-12 所示。这样就将站点中的“index.html”文件和“mdl.jpg”文件结合在了一起，并且把站点对应的文件夹(xawlxy)移动到其他计算机上也能正常显示出图片。

图 3-12　index.html

（6）切换站点。使用上面第一步的方法新建第二个本地站点（该站点中没有文件和子文件夹），在图 3-8 中，在“站点名称”文本框中输入“wdwz”，在“本地站点文件夹”文本框中输入“D:\wdwz”，此时“文件”面板自动切换到“wdwz”站点。

假如想要切换回“xawlxy”站点，只需单击“文件”面板下拉列表（见图 3-6）中的“xawlxy”文件夹。

小 结

Dreamweaver 的重要功能之一就是站点的维护，而站点管理器是站点建立、维护的核心工具，几乎所有的操作都要从站点管理器开始，新建站点、导入已有的站点、多站点管理是开始操作之前必须掌握的。

习 题

1. 下面哪一项菜单命令可以打开“站点设置”对话框（　　）。

   A. 菜单栏“文件”→“新建”菜单命令

   B. 菜单栏“文件”→“打开”菜单命令

   C. 菜单栏“文件”→“保存”菜单命令

   D. 菜单栏“站点”→“新建站点”菜单命令

2. 下面哪一个按钮不属于“站点设置”对话框（　　）。

   A. “上传”　　B. “新建”　　C. “编辑”　　D. “导出”

3. 在 Dreamweaver 中，关于“站点设置”的说法错误的是（　　）。

   A. 定义新站点，首先打开“站点设置”对话框

   B. 在“站点设置”对话框中，可以设置本地网站的保存路径，而不可以设置图片的保存路径

   C. 在“站点设置”对话框的站点名称中填写站点的名称

   D. 本地站点的定义比较简单，基本上选择好目录就可以了

4. 下面哪些操作是不能在 Dreamweaver 的“文件”面板中完成，而必须在“站点管理”对话框中完成的（　　）。

   A. 创建新文件　　B. 文件移动、删除

   C. 显示站点地图　　D. 删除站点

5. 下面说法正确的是（　　）。

   A. 在通常情况下，都是在本地站点中编辑网页，再通过 FTP 上传到远程服务器

   B. 在“文件”面板中不可以自由切换站点

   C. 在 Dreamweaver 中只能创建一个站点

   D. 在 Dreamweaver 中每次可以对多个站点进行操作

6. 下面说法正确的是（　　）。

   A. 规划文件夹结构时，文件夹的层次（嵌套）不能太浅

   B. 按文件的类型建立不同的文件夹

   C. 目录名尽量使用中文

   D. 将所有文件都放在站点根文件夹下

第4章 制作文本

4.1 创建文档

文档是网页的基本形式，一个网页就是一个文档，本节主要讨论文档的创建工作，包括文档的新建和保存。

4.1.1 新建文档

启动 Dreamweaver CS5 后将出现图 4-1 所示的起始页，在“新建”选项下单击所需创建的文档类型，就能创建一个文档，在基本页中单击“html”，就能创建一个 html 网页文档。html 的基本页如图 4-1 所示。

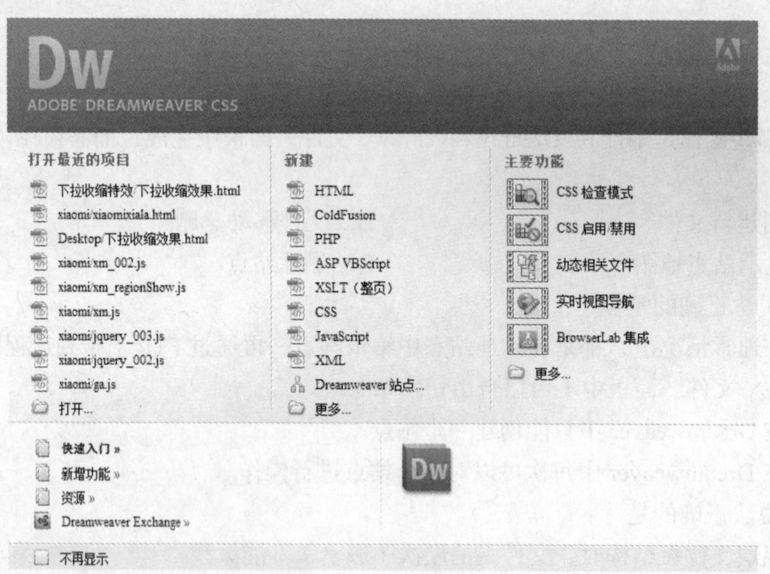

图 4-1　html 的基本页

在 Dreamweaver CS5 主窗口中选择“文件”→“新建”菜单命令，打开“新建文档”对话框，选择“空白页”选项卡，接着选择网页类型，单击“创建”按钮，就能创建相应类型的网页文档。

在启动界面中的“创建新项目”组合框中选择需要的文件类型，也能直接进入文档窗口进行编辑。

选择主菜单中的“文件”→“新建”命令，此时系统就会弹出“新建文档”对话框。

按下“Ctrl+N”组合键，系统就会弹出“新建文档”对话框。

在外观中还可以对新建文档的页面属性进行设置。页面属性面板如图 4-2 所示。

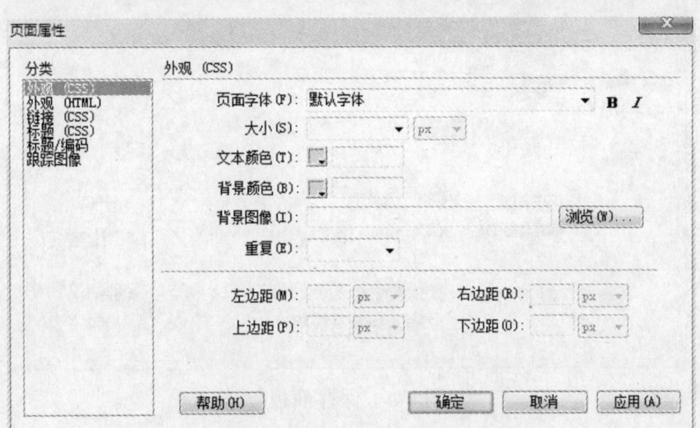

图 4-2　页面属性面板

也可以在起始页中利用模板创建网页，建立模板面板，如图 4-3 所示。

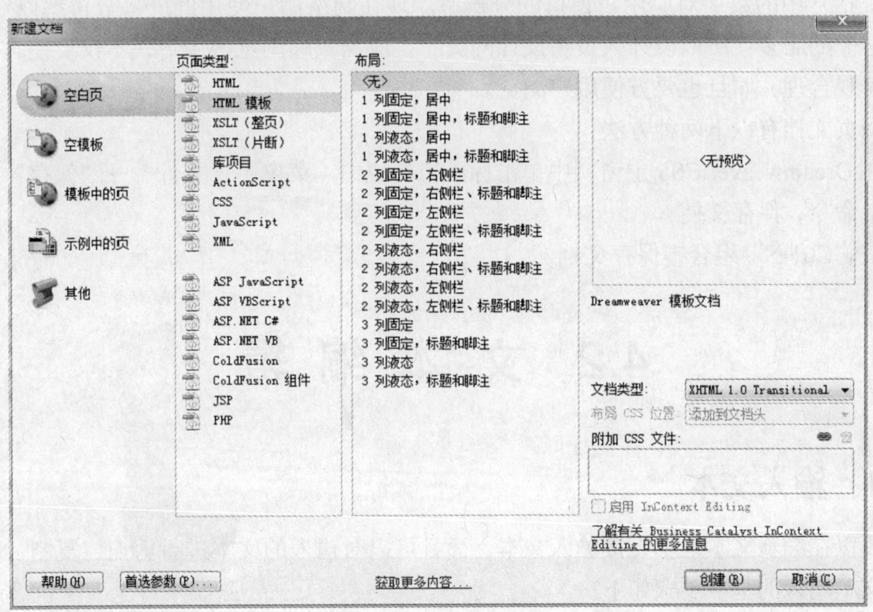

图 4-3　建立模板面板

4.1.2　保存文档

文档新建好以后，选择主菜单的“文档”→“保存”命令，就可打开“另存为”对话框。此时选择保存路径，给文档命名后，选择保存类型，然后单击“保存”按钮就可以保存文档。保存面板如图 4-4 所示。

图 4-4　保存面板

文档建立并保存后，选择“文件”→“在浏览器中预览”→“在 IE 浏览器中预览”命令，可以预览新建的网页。

窗口底部状态栏上有一组数字，单击之后会弹出一个菜单。此处这些数字是用来定制文档窗口的大小，括号中的数字对应用户窗口的分辨率。现在网络用户使用的屏幕分辨率以 800×600 和 1024×768 的居多，所以设计人员在设计网页时，应当兼顾浏览的用户，不仅要使自己网页布的局大方美观合理，而且也要方便用户浏览。

保存网页文档有以下两种方法：

（1）在 Dreamweaver CS5 主窗口中单击标准工具栏中（菜单）“文件”→“保存”或“全部保存”菜单命令，保存文档；

（2）按“Ctrl+S”组合键保存文档。

4.2　文 本 编 辑

4.2.1　输入文本

我们可以在编辑文本框中直接输入文本，而且可以对输入的文本进行剪切、复制、粘贴等基本操作。文本输入的基本步骤如下。

（1）将光标移至页面中需要输入文本的位置单击，此时窗口中就会出现闪动的光标，光标停留的位置表示输入文字的起始位置，然后选择合适的输入法，即可在网页中输入文字。另外，在 Dreamweaver 中也可以从其他应用程序中复制文本，将插入点定位在“文档”窗口的“设计”视图文本框中，然后执行“编辑”→“粘贴”菜单命令。

（2）执行“窗口”→“属性”菜单命令，打开“属性”面板，用鼠标或键盘选中要修饰的文字，单击“属性”面板上的 CSS 按钮，这样“属性”面板上显示的就是当前文字的属性。

（3）网页中的文本分为标题和段落两种格式。在 Dreamweaver 的设计视图中用鼠标选中一段文本，单击“属性”面板上的“格式”下拉列表，选择“段落”选项，此时就可以对选中的文字设置段落格式。另外，在“属性”面板上的“格式”下拉列表中的“标题 1”到“标题 6”依次代表各级标题，被应用于网页的标题部分，它们对应的字体由大到小，标题的文字默认全部加粗。在代码视图中，当使用“标题 1”时，文字两端应该用<h1></h1>标记；当使用“标题 2”时，文字两端应该用<h2></h2>标记，依次类推。如果手动删除这些<h*n*></h*n*>标记，文字的样式也会随即消失。

（4）拖动光标选中需要修改的标题文本，在“属性”面板上的“格式”下拉列表中选择“标题 *n*”选项，设置标题的标记。

（5）设置完文本格式以后，也可以设置文本的字体。单击“属性”面板上的 CSS 按钮，在“字体”下拉列表中给文本设置字体组合，选择需要的字体类型。

（6）Dreamweaver 默认的字体设置是“默认字体”，如果选择“默认字体”，那么网页被浏览时，文字字体显示的就是浏览器默认的字体。在 Dreamweaver 中预设的可供选择的字体组合一共有 13 种。

（7）如果想使用这 13 种字体组合外的字体，则必须要编辑新的字体组合。此时只需要在“字体”下拉列表中选择“编辑字体列表…”菜单命令，就会弹出“编辑字体列表”对话框，在其中进行编辑即可。另外，在“编辑字体列表”对话框中的“字体列表”列表框中就会显示当前已有的所有字体组合，在“选择的字体”列表框中显示了包含的字体名称，在“可用字体”列表框中显示的是当前所选的或可用的所有字体名称。

（8）如果需要编辑现有文字列表中的字体组合，此时就可以从“字体列表”列表框中选择要编辑的字体组合项。如果需要创建新的字体列表，那么就可以从列表框中选择“在以下列表中添加字体”项来创建字体列表。如果没有出现该项，单击对话框左上角的“+”按钮也可以实现。

（9）如果需要往字体组合项中添加新字体，可以从“可用字体”列表中选择需要的字体名称，然后单击“<<”按钮，此时被添加的字体就会出现在左方“选择的字体”列表中。

（10）如果需要从字体组合项中删除字体，可以从左方“选择的字体”列表中选择要删除的字体名称，然后单击“>>”按钮，此时被删除的字体就会从左方“选择的字体”列表中移除。

（11）如果想要改变某个字体组合项在字体列表中的位置，可以先在“字体列表”列表框中选中该字体组合项，然后单击列表右上方的箭头按钮来改变其位置。

（12）如果想要删除某个字体组合项，可以先在“字体列表”列表框中选中该字体组合项，然后单击列表左上角的“—”按钮。

（13）在完成“编辑字体列表”对话框的设置以后，单击“确定”按钮，确认以上所有操作。另外，在“属性”面板中还可以设置文字的字号、颜色、加粗、斜体、水平上对齐等内容。首先选择需要修改的文字，直接用鼠标单击“粗体”或者“斜体”按钮就可以改变文字外观。另外，“属性”面板上有 4 种对齐方式，分别是左对齐、右对齐、居中对齐和两端对齐。

4.2.2　设置文本格式

文字格式的设定可以直接从 HTML 语言入手，也可以通过 Dreamweaver 功能来实现，我们先介绍基于 HTML 语言的设置方法，这样可以更好地理解工具设置的原理。

1．通过 HTML 语言设置

HTML 语言对文本格式的设置主要是通过 HTML 的 H1，…，H6 元素来实现的，基本表达方式如下：

```
<H1>如何表达文字</H1>
```

例如：

```
<H1>如何表达文字</H1>
<H2>如何表达文字</H2>
<H3>如何表达文字</H3>
<H4>如何表达文字</H4>
<H5>如何表达文字</H5>
<H6>如何表达文字</H6>
```

效果如图 4-5 所示。

2. 通过 Dreamweaver 来设置

可以通过 Dreamweaver 的属性面板来设置格式，如图 4-6 所示。

如何表达文字

如何表达文字

如何表达文字

如何表达文字

如何表达文字

如何表达文字

图 4-5 字体效果

图 4-6 设置格式

4.2.3 设置文本样式

文本样式是网页设计的基础。文本是网页页面信息的主要载体。如何设计或者处理网页文本的呈现效果，在一定程度上可能影响浏览者对于网页信息的关注和阅读兴趣。网页字体样式包括文字的类型、字体的显示大小、字体的显示颜色以及各种字体样式。同时字体样式又包括粗体、斜体、下画线等。同样，文字格式的设定可以直接从 HTML 语言入手，也可以通过 Dreamweaver 功能来实现，我们先介绍基于 HTML 语言的设置方法。

1. 通过 HTML 语言设置

HTML 语言对文本样式的设置主要是通过 HTML 的 font 元素来实现的，基本表达方式如下：

<font>如何表达文字</font>

（1）face 属性，文字的字型属性 face 是用来设定文字的字体——（属性值有“宋体”，“黑体”，“楷体”，“仿宋”，等等）。基本格式为：<font face=属性值>，例如：

```
<font face=宋体>我是宋体的</font>
<font face=黑体>我是黑体的</font>
<font face=楷体>我是楷体的</font>
<font face=仿宋>我是仿宋的</font>
```

效果如下：

我是宋体的 **我是黑体的**

我是楷体的 我是仿宋的

（2）size 属性，文字的大小属性 size 用来设定文字的字号——（属性值是从 1 到 7 或是从+1 到+7，或是从-1 到-7），文字的字号没有绝对意义上的大小，只是相对于默认字体而言的大或小。

基本格式为：<font size=属性值>，例如：

```
<font size=7>我是 7 号字</font>
<font size=6>我是 6 号字</font>
<font size=5>我是 5 号字</font>
<font size=+1>我是+1 号字</font>
<font size=-1>我是-1 号字</font>
```

效果如下：

我是 7 号字 我是 6 号字 我是 5 号字 我是+1 号字 我是-1 号字

（3）color 属性，文字的颜色属性 color 是用来设定文字的色彩——（属性值不仅可以是英文的颜色单词，而且也可以是十六进制代码）。基本格式为：<font color=属性值>，例如：

```
<font color=#000000>我是黑色的#000000</font>
<font color=black>我也是黑色的 black</font>
<font color=blue>我是蓝色的 blue</font>
```

效果如下：

我是黑色的#000000

我也是黑色的 black

我是蓝色的 blue

我们来看一个综合练习设置效果：

```
<font face=楷体 size=5 color=#0000ff>练习 1</font>
<font face=仿宋 size=7 color=#ff0000>练习 2</font>
<font face=黑体 size=2 color=red>我</font>
<font face=楷体_GB2312 size=6 color=blue>也</font>
<font face=宋体 size=3 color=#000000>来</font>
```

效果如下：

练习 1 练习 2 我也来

2. 通过 Dreamweaver 设置

通过 Dreamweaver 可以很容易地设置字体的样式。可以选中文本后单击鼠标右键，在弹出的菜单中选择“样式”进行设置，如图 4-7 所示；也可以通过属性面板来设置，如图 4-8 所示。

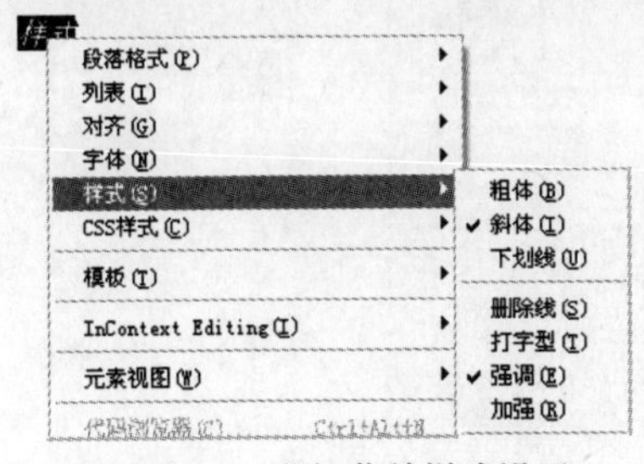

图 4-7　鼠标菜单样式设置

图 4-8　属性面板样式设置

3. 通过 CSS 设置

层叠样式表（CSS）是一系列格式设置规则，它们被用来控制 Web 页面内容的外观。在使用 CSS 设置页面格式时，内容和表现形式是相互分离的。页面的内容（即 html 代码）位于自身的 html 文件中，但是用来定义代码表现形式的 CSS 规则则位于另一个文件（外部样式表）或者 html

文档的<style>…</style>中间。使用 CSS 设置规则可以非常灵活地控制页面的外观，更好地控制从精确的布局定位到特定的字体和样式等。

CSS 规则定义了两个属性：font 和 font-family，这两个属性就是为了设置字体类型（其中，font 是复合属性，也就是说，应用该属性能够设置多个属性值，这样相当于合并了多个属性设置，这些合并了的多个属性值之间以空格分离。font 属性至少应该设置字体大小和字体类型，而且 font 属性必须要放在后面，否则无效）。

CSS 规则可以控制许多仅用 html 无法控制的属性。例如，可以通过使用 CSS 规则为所选文本指定不同的字体大小和单位（像素、磅值等），不但可以以像素为单位设置字体大小，而且还可以确保在多个浏览器中以更统一的方式处理页面布局和外观。

CSS 格式设置规则由选择器和声明两部分组成。选择器是用来标识已设置格式元素（如 p、h1、类名称或 id）的术语，而声明则是用来定义样式元素的。在下面的例子中，h1 是选择器，大括号（{}）之间包含的所有内容都是声明。

此处是引用的内容：

```
h1{
     font-size:16px;
     font-family:Helvetica;
     font-weight:bold;
}
```

声明由属性（如 font-family）和值（如 Helvetica）两部分组成。上面的例子为 h1 标签创建了 CSS 样式：所有链接到此样式的 h1 标签的文本像素大小都将是 16，并且它们都使用 Helvetica 字体并且加粗。

术语“层叠”是指对同一个元素或同一个 Web 页面应用多个样式的能力。例如，设计的时候可以创建一个 CSS 规则来应用颜色，创建另外一个规则来应用边距，最后将两者同时应用于一个页面中的同一文本。这样所定义的样式“层叠”到同一个 Web 页面上的元素，并最终创建页面要实现的设计。

CSS 规则的主要优点是比较容易更新，只要对文本中的一处 CSS 规则进行更新，那么使用该定义样式的所有文档的格式都会自动更新成为新样式。

在 Dreamweaver 中可以通过工具来定义文本样式，如在“CSS 样式”面板中单击位于面板右下角的“新建 CSS 规则”，效果如图 4-9 所示。

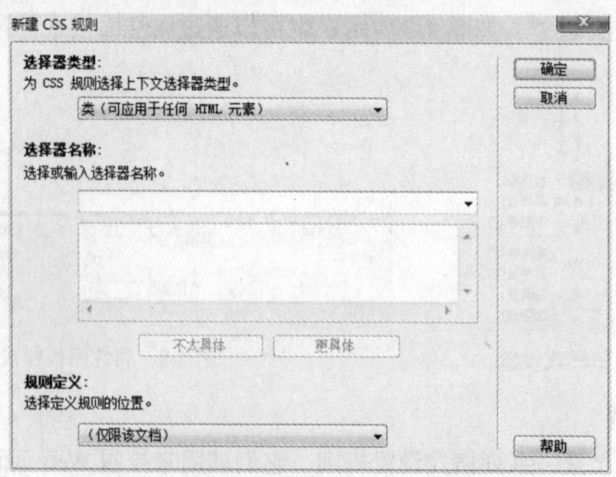

图 4-9　新建 CSS 规则

在“新建 CSS 规则”对话框中，在“选择器类型”选项中选择“类”，一般该选项默认是选中的。

在“名称”文本框中输入 bold。首先要确保在单词“bold”前键入句点(.)，在此需要注意的是所有类样式必须以句点开头。

在“定义在”弹出式菜单中选择 cafe_townsend.css 样式，该文件默认也应该是选中的。效果如图 4-10 所示。

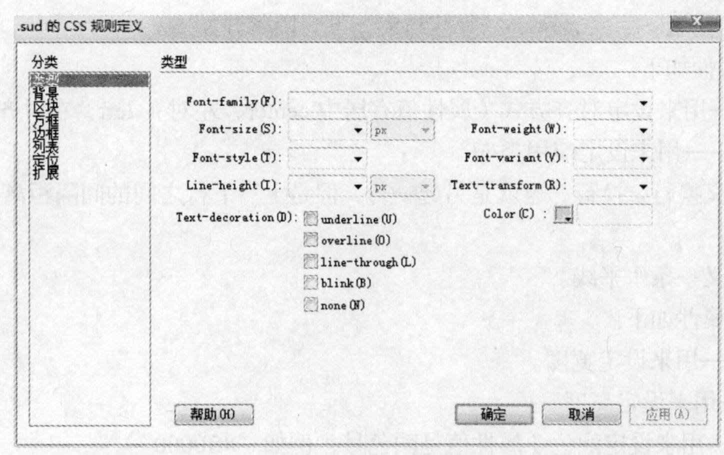

图 4-10　CSS 规则定义

单击“确定”按钮就会出现“CSS 规则定义”对话框，这代表正在 cafe_townsend.css 文件中创建一个名为 bold 的类样式。

在“CSS 规则定义”对话框中执行如下所示的操作：

① 在“字体”文本框中依次输入 Verdana, sans-serif;

② 在“大小”文本框中输入 11，表示 CSS 规则的大小是 11，并且在紧靠其右的弹出式菜单中选择像素；

③ 在“行高”文本框中输入 18，表示 CSS 规则的行高是 18，并且在紧靠其右的弹出式菜单中选择像素；

④ 在“粗细”弹出式菜单中选择“粗体”选项；

⑤ 在“颜色”文本框中输入#990000;

⑥ 单击“确定”按钮。

单击“CSS 样式”面板中位于顶部的“所有”按钮。此时就可以看到，Dreamweaver 已经将 bold 类样式添加到在外部样式表中定义的规则列表中了。这时如果在“所有规则”窗格中单击 bold 规则，那么该规则的属性将会出现在“属性”窗格中，而且新规则还可能出现在“属性”检查器的“样式”弹出式菜单中。

4. 附加样式表

如果想要将样式表附加到 Web 页面中时，则在样式表中定义的规则都会应用到页面上的相应元素。例如，如果已经将 cafe_townsend.css 样式表附加到 index.html 页，Dreamweaver 就会根据定义的 CSS 规则设置所有段落文本的格式。

4.2.4 段落编辑

段落是一段文本的布局，网页段落的编辑可以通过 HTML 语言来实现，也可以通过 Dreamweaver 来编辑。

1. 用<P>标记定义段落

<P>与</P>标记的功能就是用来定义段落，这就相当于在文本中添加了一个回车符，当两个段落之间间距较大时，就相当于插入一个空白行。

<P>可以单独使用，用来表示上一段落结束，下一段落开始。

<P>的主要属性如下。

（1）align——用来设定对齐方式（属性值有居中 center，左对齐 left，右对齐 right）

（2）class/id——用来设定应用类/id。

用来定义换行。换行，也就是另起一行，但是上、下行之间的间隔距离不变，并且仍然属于同一个段落。

<hr/>用来定义一条水平线。

<hr/>的主要属性如下。

（1）width——用来设定宽度。

（2）size——用来设定高度。

（3）color——用来设定颜色（属性值是颜色号，例如"#ff0000"）。

例如：

```
<p align=center>我要居中</p>
<p align=left>我在左边</p>
<p align=right>我在右边</p>
```

效果如图 4-11 所示。

注意

有时可能会忘记使用结束标签，但是大多数浏览器也可以正确地将 html 显示出来。

如果需要在不产生一个新段落的情况下进行换行（新行），那么可使用
标签，例如：

<p>To break
lines
in a
paragraph
use the br tag.</p>，效果如图 4-12 所示。

图 4-11 段落设置

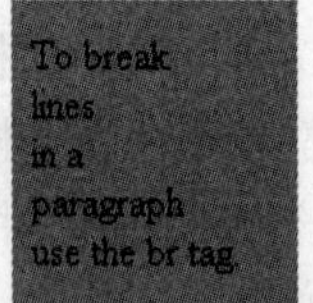

图 4-12 换行

2. 通过 Dreamweaver 来设置段落

使用 Dreamweaver 可以设置段落的对齐方式等段落格式，如图 4-13 所示。

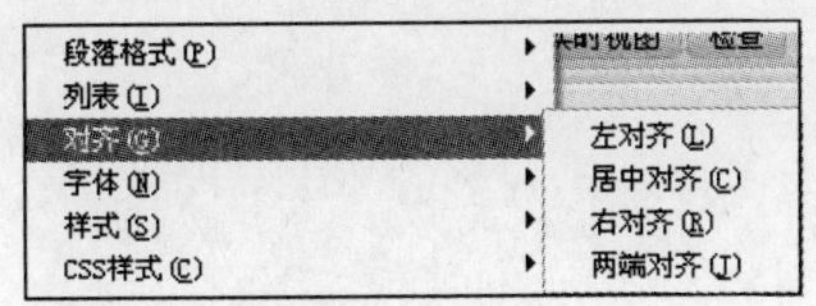

图 4-13 用 Dreamweaver 设置对齐方式

4.2.5 为文本添加其他页面元素

1. 内容注释

“<!--”和“--!>”标记是用来添加内容注释的，它中间就是注释内容。注释通常可以插入文本的任何地方，但是在浏览网页时，注释内容不显示。

2. 插入图像

在网页中插入图像，实际上就是在网页文件中插入一个链接。

<img>标记是用来定义图像嵌入网页，还可以设定图像的属性。

例如：

```
<img src="./images/DSC00456_JPG.jpg" width="180px" height="58px" border=0>
```

<img>是一个单标记，它的主要属性如下。

① src——用来指定图像文件的 URL。

② height 和 width——分别用来设定显示图像的高度和宽度。

③ align——用来设定图像对齐方式。

④ border——用来设定图像边框宽度。

提示

浏览器通常支持 JPEG、GIF 和 PNG 等格式的图像文件。

3. 网页背景

在设定<body>标记属性项的值时，还可以定义网页的背景。

一般定义网页背景有两种形式：一种是设定背景颜色；一种是设定背景图像（用一幅图像作为网页的背景）。例如：

① 设定背景颜色

```
<body bgcolor="#FFFF99">
```

② 设定背景图像

```
<body background="images/indtextb.jpg">
```

提示

其实也可使用<style>标记来定义网页背景。

③ 定义背景颜色

```
<style>
    body {background-color: #FFFF99;}
</style>
```

④ 定义背景图像

```
<style>
    body {background-image: url(./images/indtextb.jpg);}
```

```
</style>
```

4. 文字的修饰标记

① 粗体标记 B 或者 strong

```
<b>加粗字体--b</b>
<strong>加粗字体</strong>
```

② 斜体标记 i 或 em 或 cite

```
<i>倾斜字体--i</i>
<em>倾斜字体--em</em>
<cite>也是倾斜字体--cite</cite>
```

③ 下划线标记 u

<u>下划线---u</u>

④ 删除线标记 s 或 strike

```
<s>删除线---s</s>
<strike>删除线---strike</strike>
```

⑤ 换行标记
(换行标记
是一个比较特殊的标记，它只是用于文字的换行，添加多少个
就换多少行，它可以叠加使用，但是它只是单一的，并没有结束方式）

⑥ 水平线的标记<hr/>（水平线标记<hr/>也是一个比较特殊的标记，它也没有结束方式，但是水平线标记却可以添加附属属性）

5. 插入水平线

<hr/>添加水平线，水平线标记的附属属性：

（1）width（表示水平线宽度，它的属性值可以是像素，也可以是百分比）；

（2）size（表示水平线的高度，它必须使用绝对的像素单位）；

（3）noshade（表示水平线去掉阴影）；

（4）color（表示水平线颜色）；

（5）align（表示水平线的排列属性，它的属性值有 3 种类型：center、left 和 right)。

4.3 在文本中添加项目符号和编号

项目符号是指放在文本前用以添加强调效果的点或其他特殊符号，也就是在各项目前所标注的符号。在比较大的文档中可以建立或取消项目编号，用来使文档更加有条理。本节主要介绍项目列表的添加和修改。

4.3.1 添加项目符号和编号

1. 使用 HTML 语言来添加项目符号或编号

在网页制作中，HTML 语言提供了一些可以用来设计列表的标记，通过使用这些标记，就能得到一个段落清晰、内容整齐有序的网页。HTML 语言编制的网页列表大致可分为以下 4 种形式。

① 编号列表（有序列表）：编号列表项前面会带有编号，用来指出各个列表项之间的次序关系。

② 项目列表（无序列表）：项目列表项前面可以带有特定符号（称为项目符号），但是各个列表项之间具有平等的地位，它们之间不表示某个特定的次序关系。

③ 定义列表：定义列表是一种非常有用的列表，其中每一个列表项都分为两部分：词语部分和定义部分。定义列表从形式上看，和用定义部分对词语部分进行定义很类似，所以它就被称为定义列表。

④ 嵌套列表：嵌套列表就是在列表内部再嵌入一级或多级列表。

在网页中加入一个有编号的列表，例如球赛的最终排名、工程的项目分类等其他任何需要带编号的项目。设计者此时可以使用 html 提供的有关标记来完成。在编号列表中需要使用到两个标记，即<ol>和<li>。<ol（li）>和</ol（li）>配对使用，它们用来标记整个编号列表的开始和结束，也就相当于表格标记<table>和</table>。

<li>和</li>配对使用，它们用来标记每一个编号列表项，并且给出每一个列表项的编号。其实在标记符<li>后面的文本并不一定是纯文本，它可以插入其他的 html 标记符，例如可以使用<B>标记，或者使某个列表项中的文本显示粗体，或者用标题标记<Hn>来增大列表项文本的字体，或者可以使某个列表项中含有指向其他 Web 页面的超链接。

例如：建立一个编号列表。

```
<ol>
    <li>动画制作</li>
    <li>网页制作</li>
</ol>
```

编号列表的标记<ol>有一些属性，其中最主要的也是最常用的就是 type 和 start。编号列表的默认列表项序数为 1、2、3 等，但是却可以使用 type 属性改变序数的表示，它的格式为：<ol type= 列表类型 >，type 可表示的类型如下。

- type=1，表示列表项的序数设置为数字 1、2、3 等，一般是默认值。
- type=I，表示列表项的序数设置为大写罗马字母 I、Ⅱ、Ⅲ…
- type=i，表示列表项的序数设置为小写罗马字母ⅰ、ⅱ、ⅲ…
- type=A，表示列表项的序数设置为大写英文字母。
- type=a，表示列表项的序数设置为小写英文字母。

<ol>的 start 属性是用来设定列表项的编号从第几个符号开始的。例如，<ol type=i start = 2>，那么列表项的编号就会从ⅱ开始，接着是ⅲ、ⅳ、ⅴ…

start 属性可以很方便地解决起始编号不是第一个符号（数字）的问题。如果没有指定<ol>的 start 属性，那么它的默认值为 1。

在项目列表（无序列表）中，各个列表项之间是平等的，也就是说列表之间的次序是可以改变的。用户一般可以使用标记<ul>和</ul>来定义项目列表，使用<li>和</li>来定义项目列表项。

在项目列表中，默认的项目符号是空心小圆点，但是可以用 type 属性来定义不同的项目符号（列表类型），它的格式为：<ul type= 列表类型 >。

- type=square，表示列表项的项目符号为一个黑色矩形。
- type=circle，表示列表项的项目符号与默认的空心小圆点相同。
- type=disc，表示列表项的项目符号为黑色小圆点。

例如：

```
<ul>
    <li> 动画制作 </li>
    <li> 网页制作 </li>
</ul>
```

以上类型针对不同的浏览器，可能会有不同的显示。

2. 使用 Dreamweaver 向现有的文本中添加项目符号或编号

想要添加项目符号或编号列表中现有的文本项，首先启动 Dreamweaver，接着打开需要添加项目符号的文档，选择需要向其添加项目符号或编号的列表项，然后在属性面板上执行以下任一操作：如果想要向文档中添加项目符号，那么可单击“项目符号”按钮；如果想要添加编号，那么可单击“编号”按钮，此时项目符号或编号格式的默认值（或当前所选）将会添加到列表项中，如图 4-14 所示。

也可以选择要设置的文本，然后单击鼠标右键，选择列表或编号菜单进行设置，如图 4-15 所示。

图 4-14　添加项目符号或编号

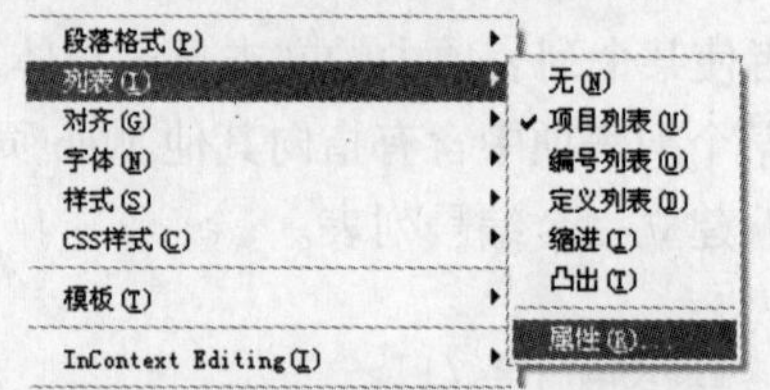

图 4-15　鼠标菜单设置项目符号或编号

4.3.2　修改项目符号和编号

编辑项目符号或编号的格式在列表的属性对话框中进行，如图 4-16 所示。

例如，默认的项目符号可设置正方形，如图 4-17 所示。

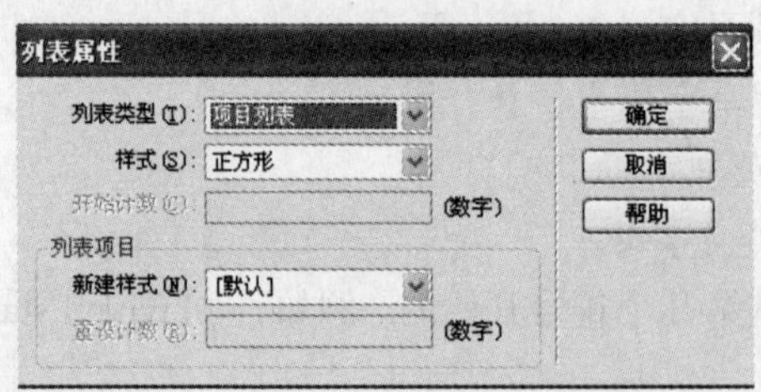

图 4-16　设置项目格式

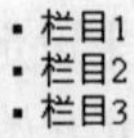

- 栏目1
- 栏目2
- 栏目3

图 4-17　正方形项目符号

4.4　水平线、网格与标尺

4.4.1　水平线

网页中的各种元素一般是分块布局的，要有一定的层次感才会比较美观，这样也便于用户浏览。使用水平线其实就可以方便地将不同的内容分隔开。

1. 用 Dreamweaver 设置水平线

将鼠标光标定位到要插入水平线的位置，然后选择主菜单中的“插入”→“html”→“水平线”命令，或者可以单击插入栏中的 html 标签切换到 html 插入栏，接着在 html 插入栏中单击“水平线”按钮，这样也可以插入一条水平线。

先选中水平线，然后在水平线的“属性”面板中可以设置水平线的属性，如图 4-18 所示，选中需编辑的水平线，“属性”面板就会显示，此时可以在面板的“宽”和“高”文本框中设置水平线的宽度和高度值；还可以在“对齐”下拉列表框中设置水平线的对齐方式，例如，左对齐、居中对齐、右对齐等；取消“阴影”复选框的选中状态，也可以使水平线消除阴影效果。

图 4-18　水平线属性窗口

2. 用 HTML 语言设置水平线

水平线用的标记为<hr>，这个标签可以在屏幕上显示一条水平线，它是用以分割页面中的不同部分。<hr>有以下几个属性：

（1）size 用来设置水平分隔线的高度，单位为像素，它的默认值是 2；

（2）width 用来设置水平线的长度，一般用占屏幕宽度的百分比或像素值来表示，用来设置水平分隔线的宽度，单位为像素%，它的默认值是 100%；

（3）align 用来设置水平分隔线的对齐方式，默认值是 center，其他的还有 left、right；

（4）noshade 表示线段无阴影属性，为实心线段；

（5）color 用来设置水平分隔线的颜色，默认值是 black。

下面用几个例子来说明这些线段的用法。

① 线段粗细的设定。

```
<html>
    <head>
        <title>线段粗细的设定</title>
    </head>
    <body>
        <P>这是第一条线段，无 size 设定，取内定值 size=1 来显示</P><br/>
        <hr>
        <P>这是第二条线段，size=5</P><br/>
        <hr size=5>
        <P>这是第三条线段，size=10</P><br/>
        <hr size=10>
    </body>
</html>
```

② 线段长度的设定。

```
<html>
    <head>
        <title>线段长度的设定</title>
    </head>
    <body>
        <P>这是第一条线段，无 width 设定，取 width 内定值 100%来显示</P><br/>
        <hr size=3>
        <P>这是第二条线段，width=50（点数方式）</P><br/>
        <hr width=50 size=5>
        <P>这是第三条线段，width=50%（百分比方式）</P><br/>
        <hr width=50% size=7>
```

```
    </body>
</html>
```

③ 线段排列的设定。

```
<html>
    <head>
        <title>线段排列的设定</title>
    </head>
    <body>
        <P>这是第一条线段，无 align 设定(取内定值 CENTER 显示)<br/>
        <hr width=50% size=5>
        <P>这是第二条线段，向左对齐</P><br/>
        <hr width=60% size=7 align=left>
        <P>这是第三条线段，向右对齐</P><br/>
        <hr width=70% size=2 align=right>
    </body>
</html>
```

怎样用 CSS 把水平线变成虚线呢？答案是 Word-WRAP: break-word" bgColor=#f3f3f3>。以下是引用的片段：

<hr size="1" noshade="noshade" style="border:1px #cccccc dotted"/>

在网页中，一般是要实现虚线效果。实现虚线的方法很多，在网站设计中，也介绍使用 Fireworks 制作虚线的效果。那么如果我们改用水平线制作虚线效果呢？它的制作方法就是使用 CSS 定义。

在<head>中预先定义好 CSS 规则：

```
<style type=text/css>
dotline {
BORDER-BOTTOM-style:dotted;
BORDER-LEFT-style:dotted;
BORDER-RIGHT-style: dotted;
BORDER-TOP-style: dotted;
}
</style>
```

接下来修改水平线的代码：<hr class=dotline color=#000000 size=1>。然后按 F12 键预览，效果很不错。

或者我们可以不预定义好 CSS 样式，直接在<hr>中加入代码：

<hr style="BORDER-BOTTOM-style: dotted; BORDER-LEFT-style: dotted; BORDER-RIGHT-style: dotted; BORDER-TOP-style: dotted" color=#000000 size=1>，这样也可以实现虚线效果。

④ 水平线颜色的设置。

在网页设计的过程中，如果随意利用缺省水平线，经常就会出现插入的水平线与整个网页颜色不协调的情况。而且打开水平线属性面板也只有宽、高、对齐以及阴影方面的设置，却没有对水平线颜色的设置，这该怎么办呢?

其实，只要仔细观察一下水平线的属性设置面板，就会发现有一个“快速标签编辑器”，单击此标签，在它的后面输入“color=颜色”就可以设置。这里说的“颜色”可以是任何颜色，它的一般格式为：**<hr color=#FF0000>**，显示效果如图 4-19 所示。

图 4-19　水平线

用这个方法设置好以后，在 Dreamweaver 中无法直接看到效果，但是我们可以按下 F12 键，在浏览器里观察水平线的颜色变化。

诸如“#FF0000”这样的颜色代码对于初学者来说不容易分辨，但是可以这样做：给网页中的字体加上颜色，这颜色可以是想给水平线所要加的颜色，接下来把颜色代码复制并粘贴到水平线的“快速标签编辑器”就行了。

4.4.2　显示和隐藏网格

在 Dreamweaver 中，可以在“设计”视图中将标尺和网格作为网页布局的准绳。标尺一般自上至下显示在编辑窗口的左边，而网格显示在网页内容后面。如果选择对齐网格，那么在将内容放到网页上时，该内容会自动与网格线对齐，在此也可以配置网格的间距和样式。

编辑窗口中的标尺和网格，效果如图 4-20 所示。标尺和网格的作用如表 4-1 所示。

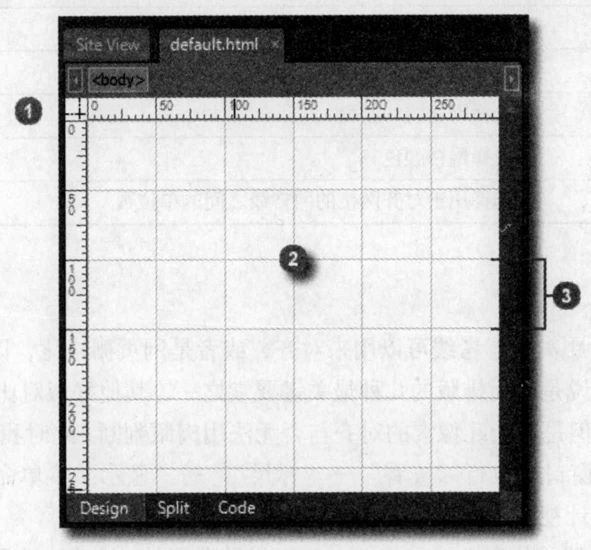

图 4-20　标尺和网格

表 4-1　标尺和网格作用

❶	可以在编辑窗口的顶部和一侧显示标尺 可以设置“标尺和网格单位”：像素、英寸、厘米、磅
❷	可以在编辑窗口中使用“显示网格”来帮助定位对象。网格一般使用与标尺相同的单位
❸	可以调整网格之间的“间距”，或者网格“线条样式”和“线条颜色”，此外，还可以设置“步进移动”间距值，此时对象就会按该值自动对齐

1. 显示或隐藏标尺或网格

在“视图”菜单上单击“标尺和网格”，接着执行下列操作。

① 如果想要显示或隐藏标尺，可单击“显示标尺”。

② 如果想要显示或隐藏网格，可单击“显示网格”。

打开“查看”菜单，选择“网格”菜单项，再选择“显示网格”菜单命令，就可以显示网格。如果想要隐藏网格，那么可以再次选择该命令，清除其选中状态。

还有一种显示网格的方法，在工具栏上单击视图选项按钮，就会打开视图选择菜单，然后选中“网格”项。

2. 对齐网格

在“视图”菜单上指向“标尺和网格”，然后再单击“步进移动”。

3. 更改标尺和网格的设置

执行下列操作之一：

① 在“视图”菜单上指向“标尺和网格”，然后单击“配置”菜单命令；

② 在“工具”菜单上单击“网页编辑器选项”，然后在“网页编辑器选项”对话框中单击“标尺和网格”选项卡；

③ 在“网页编辑器选项”对话框的“标尺和网格”选项卡上执行如表 4-2 所示的操作。

表 4-2 选项卡的设置

所示信息	实际操作
标尺和网格单位	选择标尺和网格的单位类型
显示网格间距	选择网格线之间的单位数
线条样式	选择网格线的类型
线条颜色	选择网格颜色
步进移动间距	选择用于对齐网格的网格线之间的单位数

4.4.3 标尺

标尺可以用来测量距离，参考线可以用来对齐，或者是网页栅格化，以上这些都是很实际的应用。例如对齐，可以说是页面排版的几种最关键要素之一（其他好似对比、重复之类的），有时当我们把页面写完了，但是可能几像素的对齐与否无法用肉眼判断，此时我们就可以借助于标尺。

在 Dreamweaver 窗口中执行“查看”→“标尺” →“显示”菜单命令，标尺就会显示在 Dreamweaver 窗口的设计视图中。

标尺原点的默认位置是位于 Dreamweaver 窗口设计视图的左上角，在编辑时，可以将标尺原点图标拖曳至页面的任意位置。如果想要将原点重设到它的默认位置，那么只需要在 Dreamweaver 窗口中选择“查看”→“标尺”→“重设原点”菜单命令即可实现。

标尺的度量单位可以是像素、英寸或厘米，默认值一般为像素。在 Dreamweaver 窗口中，可以在“查看”→“标尺”菜单的子菜单上选择“像素”、“英寸”或“厘米”，用以改变标尺的度量单位。如果想要隐藏标尺，那么只需在 Dreamweaver 窗口中再次选择“查看”→“标尺”→“显示”菜单命令即可实现。

4.5 上机练习

1. 新建一个网页，在网页中插入一条水平线，线型为实线，并且将水平线设置为红色。

操作步骤如下：

（1）打开 dreamweaver，选择“新建”→“html”命令；

（2）在<body></body>标签中间加入<hr/>，这样网页中就有了一条水平线；

（3）将<hr/>修改为：<hr style=" border:1px #f00 solid;" />即可。

2. 在新建网页中建立多级项目列表，效果如图 4-21 所示。

新建 HTML 文件与上题一致。

<body></body>标签中间的代码如下：

```
<ol>
<li>上海市高教局</li>
    <ol type="A">
    <li>上海市交通大学</li>
      <li>上海市工程技术大学</li>
        <ol type="I">
            <li>机械学院</li>
                <ol type="i">
                    <li>机械设计</li>
                    <li>机电一体化</li>
                </ol>
            <li>电子电气学院</li>
            <li>服装学院</li>
        </ol>
  </ol>
<li>北京市高教局</li>
    <ol type="A">
    <li>北京大学</li>
      <li>清华大学</li>
  </ol>
<li>天津市高教局</li>
</ol>
```

1. 上海市高教局
    A. 上海市交通大学
    B. 上海市工程技术大学
        I. 机械学院
            i. 机械设计
            ii. 机电一体化
        II. 电子电气学院
        III. 服装学院
2. 北京市高教局
    A. 北京大学
    B. 清华大学
3. 天津市高教局

图 4-21　新建多级项目列表

小　结

本章主要介绍了以下内容：

（1）文本和字符的输入及其相关常用操作，包括查找和替换文字，给文本添加边框和底纹，以及选择性粘贴文本等。

（2）插入符号、水平线、特殊字符、日期和时间、换行符、使用列表，以及水平线等操作。

习　题

一、选择题

1. 在下列快捷键中，（　　）是“应用标题 1 样式使用”的。

A. Ctrl+Alt+1　　B. Ctrl+Shift+1　　C. Shift+Alt+1　　D. Ctrl+1

2. 如果需要将所复制文本中的每个段落转换成一般文本，并通过在每一行的末尾插入换行符来保持行的结尾，需要在对话框中选择（　　）。

A. 带格式的一个段落　　　　B. 带格式的若干段落

C. 普通段落　　　　　　　　　　D. 带换行符的普通段落

3. 文本标签<font>的属性不包括（　　）。

A. face　　　　B. color　　　　C. size　　　　D. align

4. 关于文本列表的说法不正确的是（　　）。

A. 列表分为有序列表和无序列表两种

B. 无序列表没有顺序，每一项前都以相同的符号显示

C. 有序列表每一项前都会有序号引导

D. 在使用无序列表时，无序列表前的符号是无法更改的

5. 通过 Dreamweaver 可以为网页中的文本插入多种可视的文本要素（　　）。

A. 水平线　　　　B. 注释　　　　C. 空格　　　　D. 时间

6. 在"属性"面板上，不可以对文本设置以下哪些属性（　　）。

A. 字体　　　　B. 大小　　　　C. 字体颜色　　　　D. 字体行高

二、填空题

1. 拖动光标选中网页中需要设置为居中对齐的文本内容，在"属性"面板上单击________按钮，即可将选中的文本居中对齐。

2. 要使网页中的文本换行的方法有________和________。

3. 如果需要在网页文本中添加空格，需要将光标置于文本中需要添加空格的位置，按键盘上的________键，即可插入一个半角空格。

第 5 章 图像与多媒体

今天，当我们打开一个网站时，所看到的网页内容几乎都是以多媒体的方式来展示的，除了用得最多的文本以外，还可以看到图像、动画、视频，可以听到声音等，整个网页的内容布局是各种网页元素的有机整合体。网站以及网页设计者根据不同网站主题，设计制作出了各具特色的网站，为大家提供了丰富多彩的互联网资源。而这些无不体现着设计者对多媒体素材加工和合理使用的智慧。本章主要介绍图像、视频和音乐在网页中的使用方法。

5.1 网页中常用的图像格式

一个网站通常包含许多网页元素，其中图像是网页中使用最多的表现方式之一，图像除了在网页中具有传达信息的重要作用以外，更多时候还具有烘托网站主题的作用，而作为一种美化手段，具有吸引浏览者的特殊作用。由于图像格式不同，本身大小不同，所以网页设计者在使用图像时要从网站的整体考虑，做到既满足页面主题和效果的需求，又可加快网页的打开和下载的速度。

5.1.1 GIF 格式图像

在 Dreamweaver 中，GIF 格式图像是常用的一种格式。

GIF（Graphics Interchange Format）格式图像，可译为“图像交换格式”，是一种无损压缩格式的图像。它可支持图像文件大小的最小化，支持动画模式，能在一个图像文件中包含多帧图像页，在浏览器浏览时可看到动感图像效果。网上小一点的动画一般都是 GIF 格式的图像。大一些的图像多为 JPEG 格式的。

5.1.2 JPEG 格式图像

JPG/JPEG（Joint Photographic Experts Group）可译为“联合图像专家组”，也是一种压缩格式的图像。而这种压缩方式的最大特点是，通过压缩可使其在图像品质和文件大小两者之间达到较好的平衡，在压缩中损失掉的是图像中不易被人察觉到的内容，JPEG 获得较小的文件尺寸，使得图像在浏览和下载时的速度加快。

5.1.3 PNG 格式图像

PNG（Portable Network Graphic）可译为“便携网络图像”，是一种格式极为灵活的图像，用网页上无损压缩和显示图像。在使用网页制作“三剑客”之一的 Fireworks 制作的图像的默认格式就是 PNG，这种文件格式比较小，现在网页上用得非常普遍。

同时，PNG 图像还支持多种颜色数目，可从 8 位、16 位、24 位到 32 位。具有对引色、灰度、真色彩图像及透明背景的支持效果。

一般在商业网站使用得比较多，因为商业网站大多是用来盈利的，而 PNG 格式的图像比较安全，因为这种格式在国际上没有版权问题。

PNG 在使用中可替代 GIF 格式，但同时又保留了 GIF 文件格式的如下特征。

- 使用色彩查找表：可支持 256 种颜色的彩色图像。
- 流式读写性能：图像文件格式允许连续读出和写入图像数据，这个特性适合于在通信过程中生成和显示图像。
- 逐次逼近显示：可在通信链路上传输图像文件的同时就在终端上显示图像，先把整个轮廓显示出来，然后逐步显示整个图像的细节，即先用低分辨率显示，随后不断提高图像的分辨率。
- 透明性：可以使图像文件中某些部分不显示出来，而用来创建一些特色的图像。

5.2 插入与设置图像

图像是网页中的重要元素，下面具体介绍在 Dreamweaver CS5 中插入图像的操作方法。

5.2.1 网页中插入图像

（1）在站点中打开一个已经创建的网页或创建一个新的网页。打开的页面如图 5-1 所示。

（2）将光标置于所插入图像的位置，在菜单栏中选择“插入”→“图像”命令，出现如图 5-2 所示的对话框。

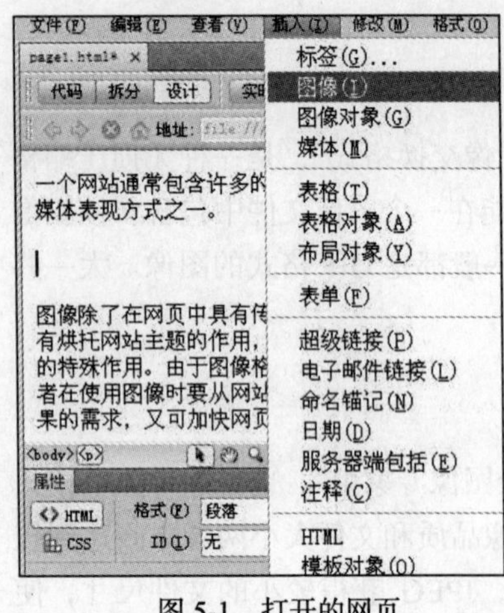

图 5-1　打开的网页

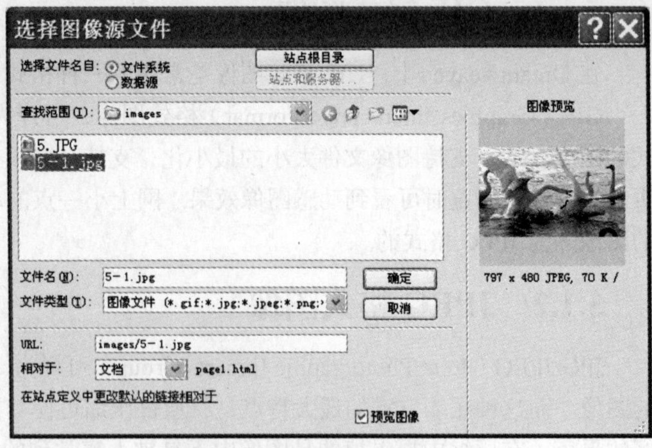

图 5-2　插入图像对话框

在插入图像前，最好将准备好的图像素材放在站点相应的文件夹（如 images）中，这将有利于网站的整体管理。对于动画、视频等素材也放在网站中对应所建立的文件夹中，如图 5-3 所示。

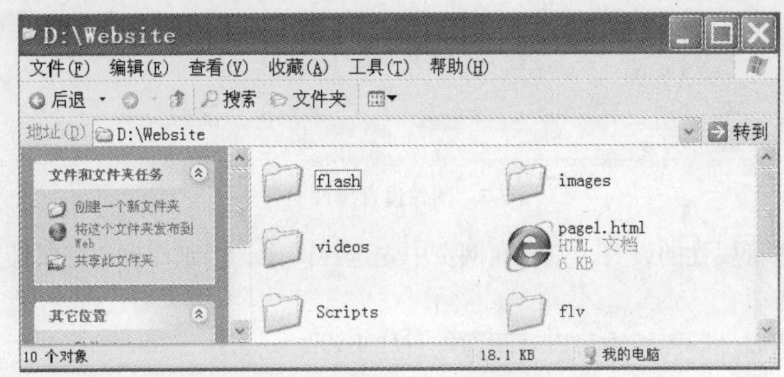

图 5-3　站点素材文件夹

（3）在图 5-2“选择图像源文件”对话框中选择图像文件后，单击“确定”按钮，将出现如图 5-4 所示对话框。

（4）单击图 5-4 所示“图像标签辅助功能属性”的“确定”按钮后，将出现图 5-5 所示的结果。

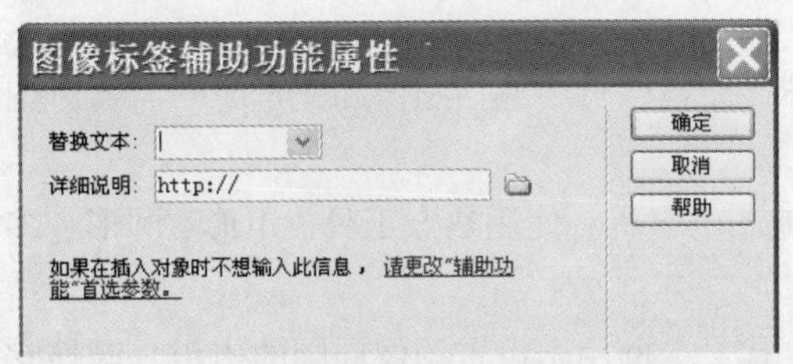

图 5-4　“图像标签辅助功能属性”对话框

图 5-5　图像插入效果

这时就可以在网页中看到图像插入网页中的效果了，而且可以看到图像是在两段文字之间，这是由光标开始在文本中的位置确定的。然后对网页进行保存，如果是新建立的网页，在保存时，根据网页所展示的内容为网页起一个对应的文件名。

（5）对所建立的网页进行浏览。如果已经关闭网站，可在网站文件夹中找到该网页，双击就可打开浏览。否则，可在工具栏中单击“在浏览器中预览”按钮，可看到图 5-6 所示的效果。

图 5-6　浏览效果

5.2.2　设置图像属性

在 Dreamweaver CS5 中插入图像文件以后，还可以对网页中的图像进行一些所需要的设置，以达到与网页内容、风格相统一的效果。对于网页中图像属性的设置主要是由网页窗口下方的“属性”面板来实现的，如图 5-7 所示。

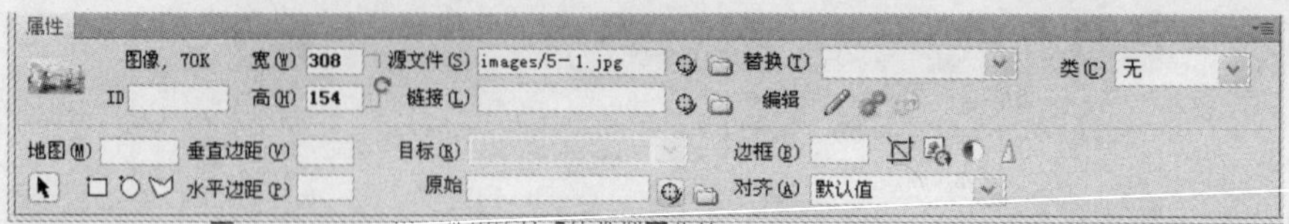

图 5-7　图像设置属性面板

若要对图像进行属性的设置，则要在网页中先选择图像，否则看到的“属性”面板就不是图像的“属性”面板。

一般在图像“属性”面板中可以对图像进行如下设置。

- “图像”：在该文本框中可以输入图像的名称，以便在以后可以调用该图像文件。
- “宽”和“高”：在“宽”和“高”文本框中可以输入数值，以设置文件的宽度和高度。
- “源文件”：显示当前图像文件的地址，单击文本框后面的文件夹按钮，可以重新设置当前图像文件的地址。
- “链接”：在该文本框中可以设置当前图像的链接地址。
- “替换”：在该文本框中可以输入文本，用于设置当前图像文件的描述。在浏览网页文件时，将鼠标指针移动到当前图像上时，就可显示图像的描述信息。
- “编辑”区域：在该区域中列出了编辑当前图像文件可以使用的工具。
- “边框”：在该文本框中可以设置图像的边框宽度，相当于给图像加一个边框，其宽度以像素为单位。
- “对齐”：在下拉列表框中选择图像对齐的方式。当网页中包括图像和文本时，需要对图像进行对齐设置。
- “地图”区域：在该文本框中可以设定图像地图的名称；使用热点工具“矩形、圆形、多边形”在图像中插入热点区域。
- 边距区域：有“垂直边距”和“水平边距”，其文本框用于设置图像周围的边距，调整它与周围元素间的距离，其单位为像素。

5.3　插入其他图像元素

在 Dreamweaver CS5 中，除了可插入图像文件外，还可以插入其他元素，例如，可插入图像占位符和插入鼠标经过图像。

5.3.1　插入图像占位符

图像占位符是指将图像添加到网页之前使用的图形，往往在对 Web 页面进行布局时要用到占位符，通过使用图像占位符，就可以在创建图像之前确定图像在页面中的位置，要在网页中插入一张图片时，可以使用占位符代替图片位置。具体操作如下。

（1）启动 Dreamweaver CS5，打开或新建一个网页，并将光标定位于网页的文档中。

（2）插入占位符可用菜单和“插入”面板组不同方式操作来实现。

- 菜单操作法：选择菜单“插入”→“图像对象”→“图像占位符”命令，如图 5-8 所示。
- “插入”面板组操作法：在菜单“窗口”下选择“插入”命令，在页面窗口左侧出现“插入”面板组。由此可以看出，面板组可通过在“窗口”下级菜单中根据需要进行相应的选择，从而实现面板组的显示或隐藏。具体如图 5-9 所示。

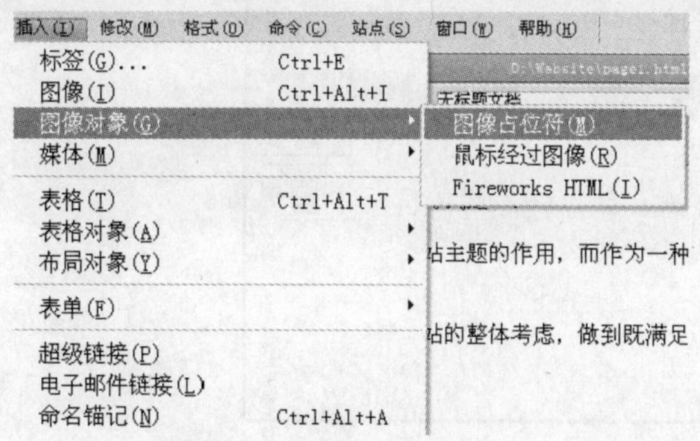

图 5-8　插入图像占位符

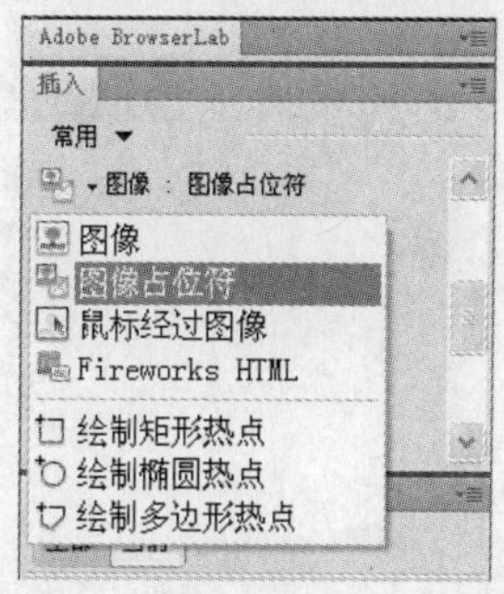

图 5-9　面板组插入占位符

通过上面两种操作，都会出现图 5-10 所示的“图像占位符”对话框。

图 5-10　图像占位符设置

对占位符进行设置后，都将出现图 5-11 所示的效果。

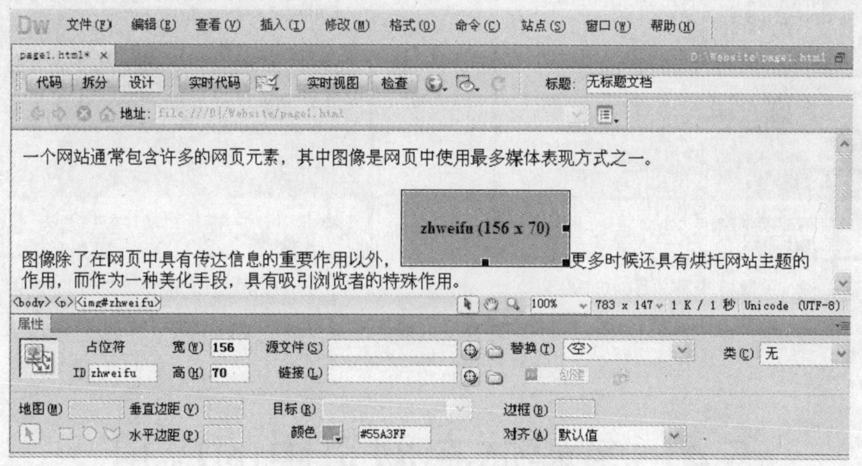

图 5-11　占位符在网页中的效果

在网页中插入图像占位符后，可以在其属性面板中对占位符进行设置。属性中设置项含义与操作和对网页中图像属性的设置基本相似，这里不再作过多陈述。

5.3.2　插入鼠标经过图像

有时在网页中浏览图像时，当鼠标经过该图像时，该图像就变成另一幅图像，表现为类似于 Flash 动画的效果，增加了网页吸引力和动感效果。

（1）打开或新建一个网页，用插入占位符的操作方式打开图 5-8 或图 5-9，并在其中选择“鼠标经过图像”菜单命令，出现图 5-12 所示的对话框。

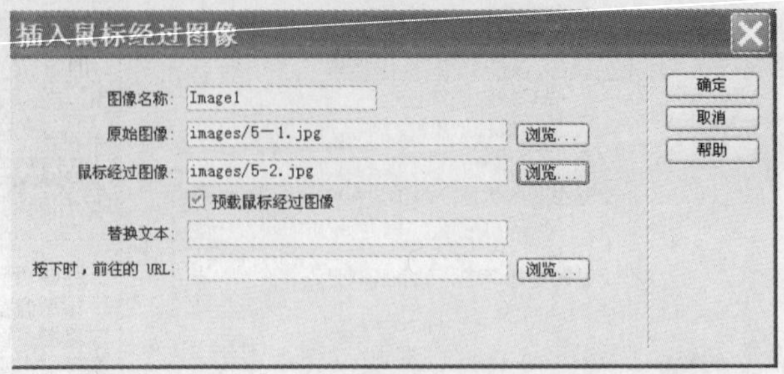

图 5-12　插入鼠标经过图像设置

（2）在“图像名称”文本框中可以输入名称。单击“原始图像”右边的“浏览”按钮，打开“原始图像”对话框，向其中添加图像。

单击“鼠标经过图像”右侧的“浏览”按钮，以如上方式添加另一幅图像。单击“确定”按钮，将出现图 5-13 所示的设置效果。

（3）保存文档。也可按 F12 键，在浏览图 5-13 所示的网页时，当鼠标移入图（a）所示的原始图像时，就会出现图（b）所示的图像效果。

（a）鼠标未移入图中时效果

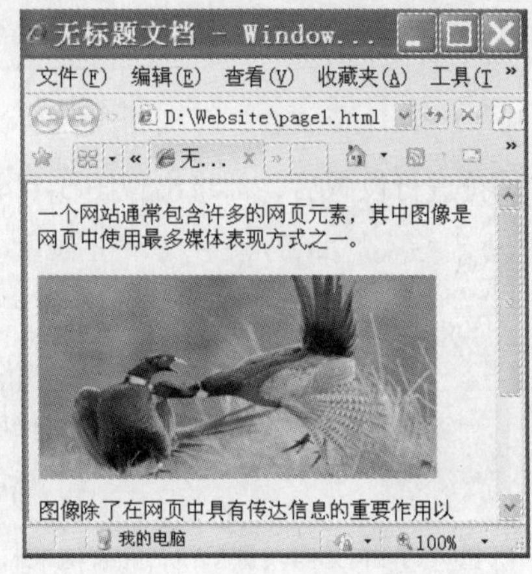

（b）当鼠标移入图中时效果

图 5-13　浏览图

5.4　多媒体在网页中的应用

“多媒体”一词译自英文“Multimedia”，媒体（medium）原有两层含义：一是指存储信息的实体，如磁盘、光盘、磁带、半导体存储器等，中文常译作媒质；二是指传递信息的载体，如数字、文字、声音、图形等，中文译作媒介。多媒体是由单媒体复合而成的。一般理解为多种媒体的综合。

多媒体技术（Multimedia Technology）是利用计算机对文本、图形、图像、声音、动画、视频等多种信息综合处理，建立逻辑关系和人机交互作用的技术。

前面讲了图像在网页中的使用与设置，下面介绍动画、声音和视频在网页的使用与设置的方法。

5.4.1　添加 Flash 动画对象

Flash 是由美国 Macromedia 公司于 1999 年 6 月推出的交互式矢量图和 Web 动画的标准。网页设计者使用 Flash 创作出既漂亮又可改变尺寸的导航界面以及其他奇特的效果。

利用 Dreamweaver CS5 自带的 Flash 功能，能够在不需要专门的 Flash 软件的情况下，把不同的 Flash 文件添加到网页中。

1. Flash 文件类型概述

在使用 Dreamweaver 提供的 Flash 命令以前，应当知道不同的 Flash 文件的类型和特点。

- Flash 影片文件（扩展名为.swf）：是一种视频文件的压缩版本，可在浏览器和 Dreamweaver 中播放，但不能再在 Flash 软件中进行编辑处理。
- Flash 视频文件（扩展名为.flv）：是一种视频文件，通过 Flash Player 传送。
- Flash 源文件（扩展名为.fla）：是在 Flash 软件中生成的，此类型文件只能在 Flash 软件中打开，不能在浏览器和 Dreamweaver 中打开。

2. 添加 Flash 动画

（1）在把 Flash 动画（.swf）插入网页之前，需要把准备好的 Flash 动画素材保存到站点相应的文件夹下，以便操作使用。

（2）打开或新建一个网页，并将光标定位在页面中要插入的位置。

（3）在菜单栏中选择“插入”→“媒体”→“SWF”命令，如图 5-14 所示。

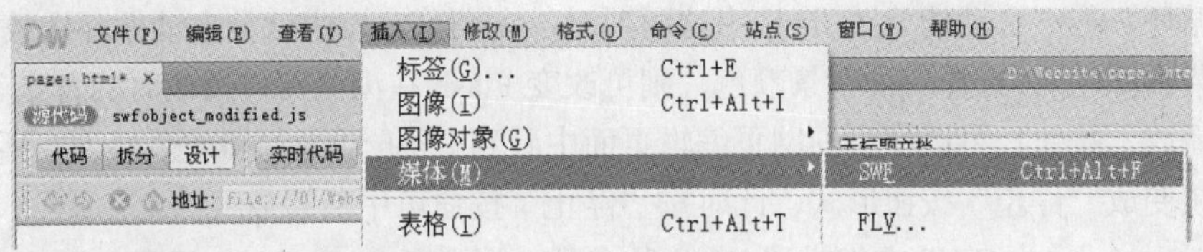

图 5-14　打开命令

在弹出的图 5-15 所示的“选择 SWF”对话框中选择 Flash 文件，如 f5-1.swf 文件。单击“确定”按钮后，将出现图 5-16 所示的“对象标签辅助功能属性”对话框，并在“标题”文本框中输入“生长的树木动画演示”，然后单击“确定”按钮，将出现图 5-17 所示的效果。

图 5-15　选择 swf 文件

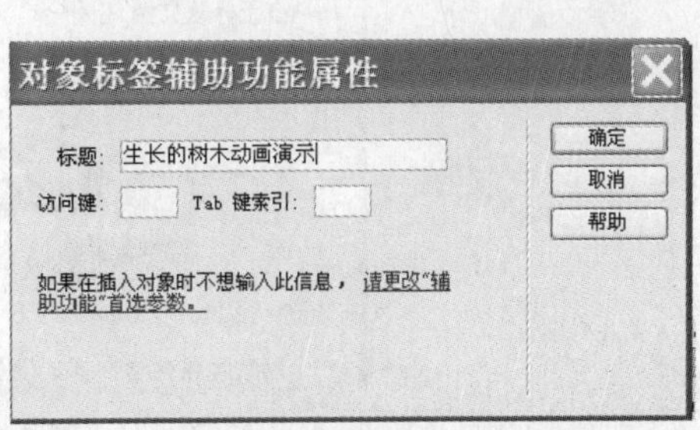

图 5-16　对象功能属性设置

在图 5-17 中看到的是 Flash 的占位符，说明 Flash 动画已经添加到页面中，占位符的大小可以调整（用鼠标或属性设置的方式），占位符的大小决定了在浏览器中看到 Flash 动画所占区域的大小。

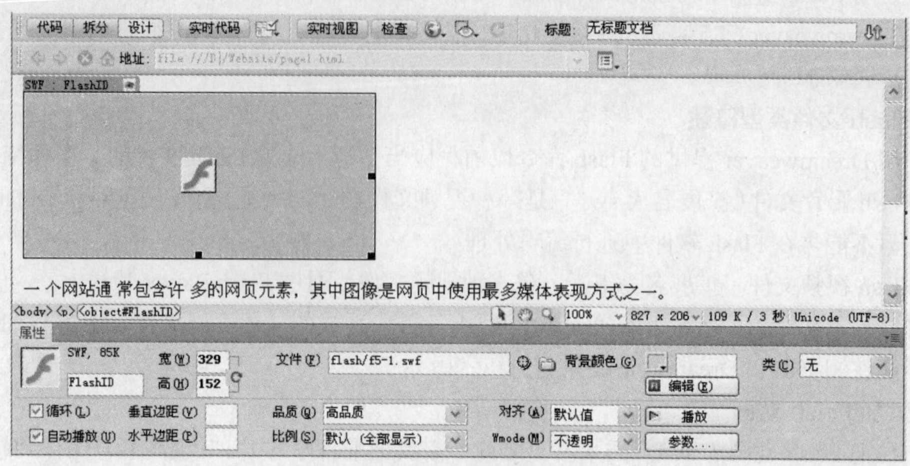

图 15-17　插入页面

在“属性”面板中，还可以对 Flash 做更多的设置，下面主要说明几个主要的 Flash“属性”的作用。

- “循环”与“自动播放”：当选中这两项时，在浏览窗口中就会自动循环播放。
- “背景颜色”：选择一种背景颜色，则可改变 Flash 在浏览窗口播放时的背景颜色。
- “播放”按钮：可以在当前网页编辑页面中看到 Flash 动画的播放效果，在播放状态时，“播放”按钮变成“停止”按钮形式，此时按“停止”按钮可中断播放。
- “Wmode”：为 SWF 文件设置 Wmode 参数，以避免与 DHTML 元素（如 Spry 构件）相冲突。
- “编辑”：启动 Flash 以更新.fla 文件（即使用 Flash 创作工具创建的文件）。

（4）按 F12 键，可以在浏览窗口中看到图 5-18 所示的效果。

当鼠标移入动画中时，就会出现在图 5-16 中“标题”文本框中填写的“生长的树木动画演示”的提示效果。

图 5-18　浏览效果

如果在所设计的网页中包含多个 Flash 文件，而又想一次性预览所有的动画，则可通过同时按下“Ctrl+Alt+Shift+P”组合键，可在浏览窗口中看到所有动画同时播放的效果。

5.4.2　插入 FLV 视频

FLV 是当前视频文件的主流格式，其文件扩展名为.flv。FLV 视频极小，加载的速度非常快，它有效地解决了视频文件导入 Flash 后其导出的 SWF 文件体积比较大，不能在网络上很好地使用这样一个缺点。

目前网站提供的视频文件大多都使用了 FLV 格式作为视频播放载体。用户只要能在网页上看到 Flash 动画，就能看 FLV 视频，而无需安装其他视频播放插件，使得在网上看视频成为一件非常方便的事情。

Dreamweaver 提供以下两种类型的 FLV 视频。

- 累进式下载视频：将 FLV 文件下载到站点访问者的硬盘上，然后进行播放。但与传统的“下载并播放”视频传送方式不同，其允许在下载完成之前就开始播放视频文件。
- 流视频：对视频内容进行流式处理，缓冲很短的一段时间，而这段时间可确保视频在网页上流畅播放。

下面介绍插入 FLV 视频的具体方法：

（1）打开或创建一个网页。并将光标定位在要插入 FLV 文件的位置。

（2）选择“插入”→“媒体”→“FLV”命令，如图 5-19 所示。

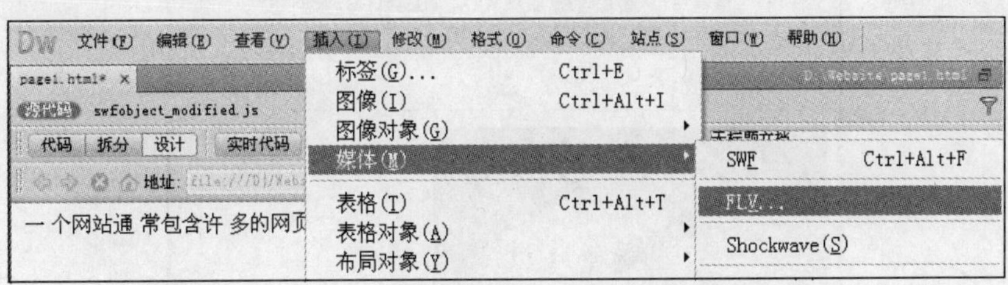

图 5-19　命令选择

（3）在弹出的如图 5-20 所示的“插入 FLV”对话框中，在“视频类型”选项下可选择“累进式下载视频”或“流视频”方式。

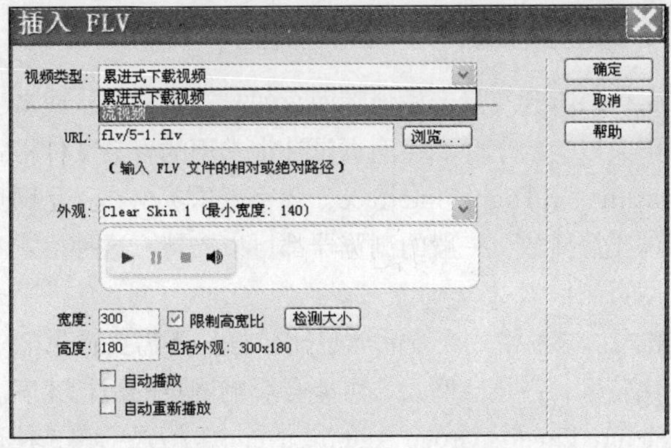

图 5-20　“插入 FLV”对话框

在“插入 FLV”对话框中选择“限制高宽比”，同时单击右侧的“检测大小”按钮，则会自动测出 Flash 动画宽度和高度的值。

（4）单击“确定”按钮，在页面中出现如图 5-21 所示的 FLV 占位符，说明所选择的 FLV 文件已经添加到页面中了。占位符的大小不能用鼠标进行调整。可通过在“属性”面板中的“高”和“宽”文本框中输入相应值进行大小调整。

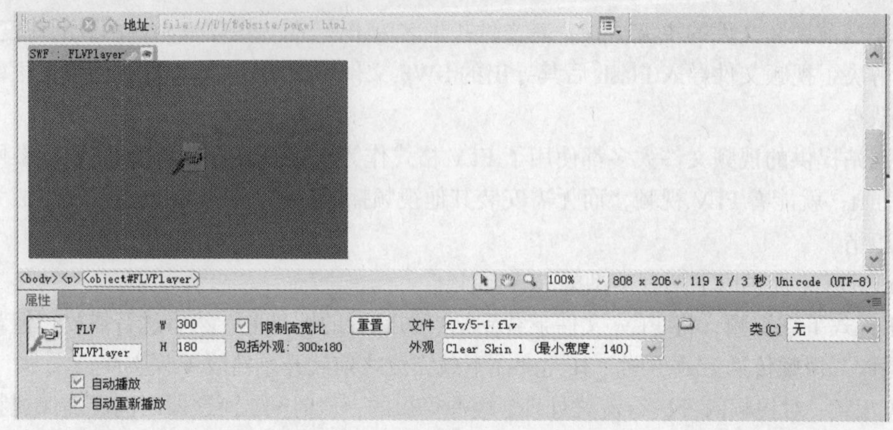

图 5-21　页面中的 FLV 占位符

（5）保存文档。按 F12 键，则在浏览器中预览到添加的 FLV 效果，如图 5-22 所示。

图 5-22　浏览效果

5.4.3　网络中的音频文件类型

在浏览网页时，有时可以听到背景音乐伴随网页的打开而响起，或者当单击某个文本或者图像时也会有音乐响起，给人以美的享受。在网页设计中常用的音频文件格式主要有以下 3 种。

- .mid（Musical Instrument Digital Interface，数字音乐）格式：是网页设计中最常用的文件格式。不需要特定的插件支持播放，一般的浏览器都可以支持。这种格式不仅音质好，而且占用空间不大，是比较好的网页制作素材。
- .wav（Wave）格式：这种格式声音品质也比较好，不需要提供额外插件作为运行条件。缺点是这种格式的文件比较大，占用空间大，可能会影响网页的运行速度。
- .mp3（Motion Picture Experts Group Audio Layer-3）格式：在 3 种音频类型中，它的声音品质最好。缺点是文件容量比较大，再就是.mp3 需要插件的支持，例如 Windows Media Player 以

及 RealPlayer 等播放软件的支持。

5.4.4　在网页中插入背景音乐

网页添加背景音乐可在“代码”视图中完成。操作处理方法如下。

（1）打开一个网页，如 page2.html。

（2）单击工具栏的“代码”按钮，则将窗口转换成“代码”视图，在图 5-23 中<body>左侧输入“<”，同时出现标签列表，选择“bgsound”选项。

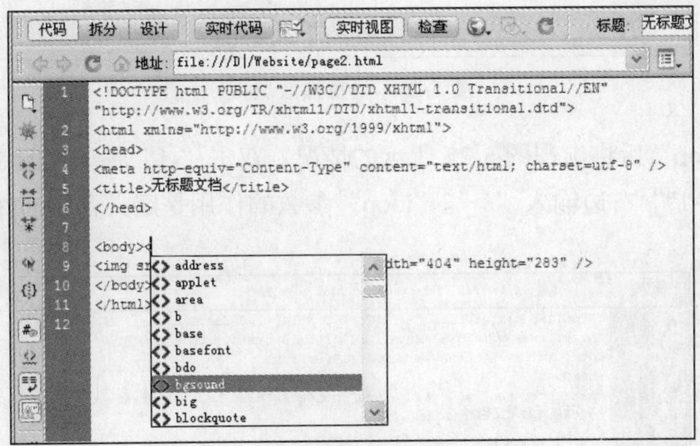

图 5-23　代码视图

（3）选择“bgsound”后，插入“空格”时将出现下拉标签，选择“src”选项，如图 5-24 所示。

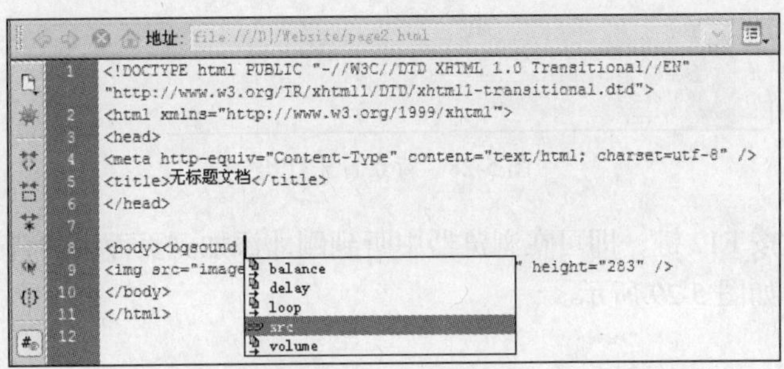

图 5-24　代码选项

（4）在选择“src”的同时将出现如图 5-25 所示的情况，单击图中所示“浏览”，在出现的对话框中选择要添加的声音文件，如 5-1.mp3 文件。

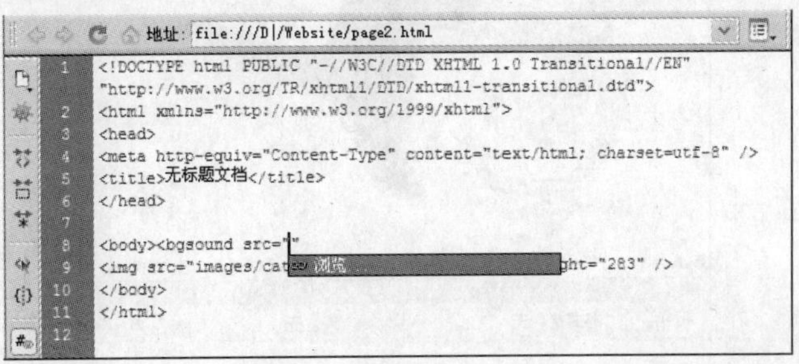

图 5-25　插入声音文件

（5）在添加声音文件后，在插入空格时将出现如图 5-26 所示的情况，选择“loop”。

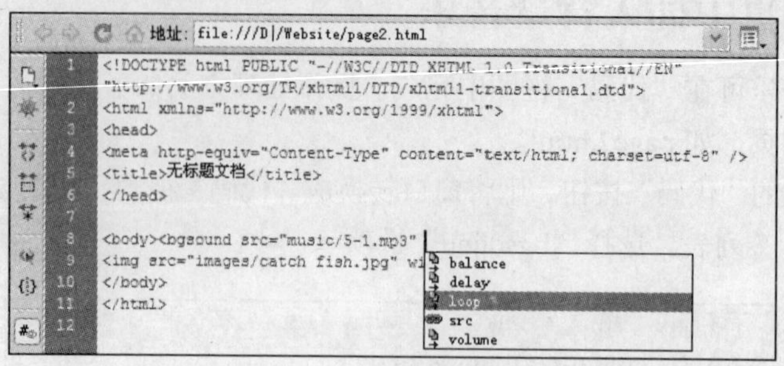

图 5-26　设置播放属性

（6）在选择“loop”后将出现图 5-27 所示的情况，双击“-1”将出现图 5-28 所示的情况。应当注意，在“loop="-1"”右边输入“/>”。“loop”参数的作用是定义音频插件循环播放次数。

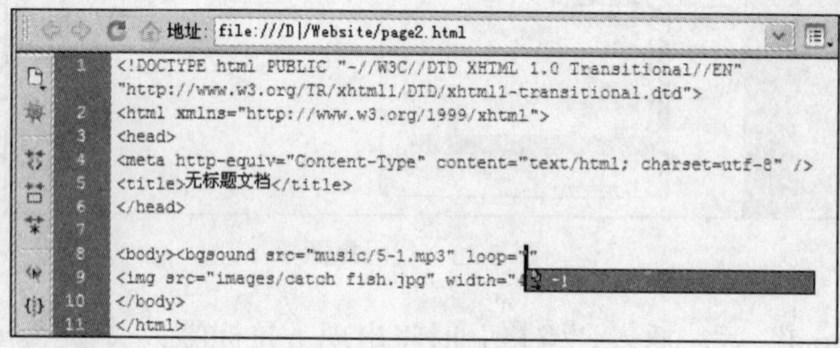

图 5-27　设置属性值

图 5-28　背景音乐代码

（7）保存文档。按 F12 键，即可在浏览器中听到刚才添加到页面中的背景音乐，可伴随图像或动画的视听效果，如图 5-29 所示。

图 5-29　浏览效果

5.4.5　在网页中插入音频

当在网页中插入音频时，与背景音乐不同的是，在网页上浏览时会显示播放器的外观，包括播放、暂停、停止等控制按钮。具体操作如下。

（1）打开或新建一个网页，并将光标定位到网页中的某一个位置。

（2）选择“插入”→“媒体”→“插件”菜单命令，如图 5-30 所示。

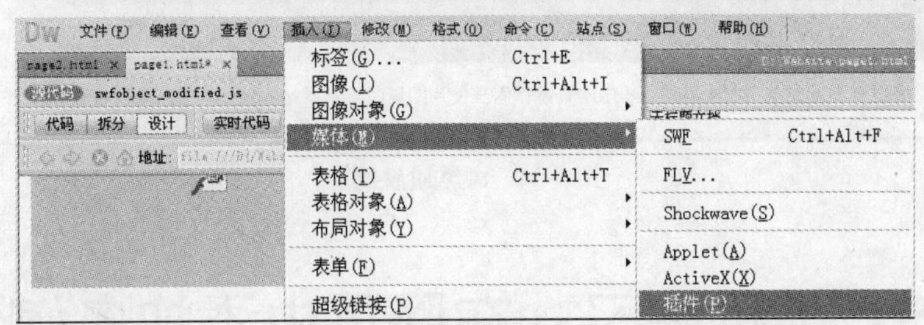

图 5-30　选择菜单

（3）在单击“插件”命令后出现的对话框中选择要添加的声音文件，执行后会出现图 5-31 所示的情况。

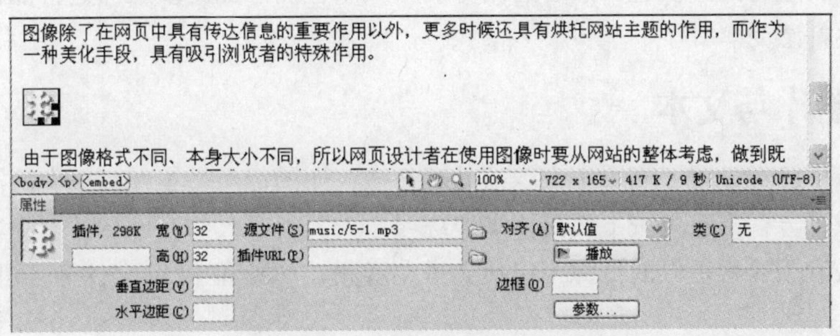

图 5-31　声音文件插入占位符

（4）在“属性”面板中可设置占位符“高”和“宽”，例如设宽为 700，高为 60，则可看到占位符在页面中变成图 5-32 所示的大小。其作用是显现在浏览器中播放移动块距离大小。

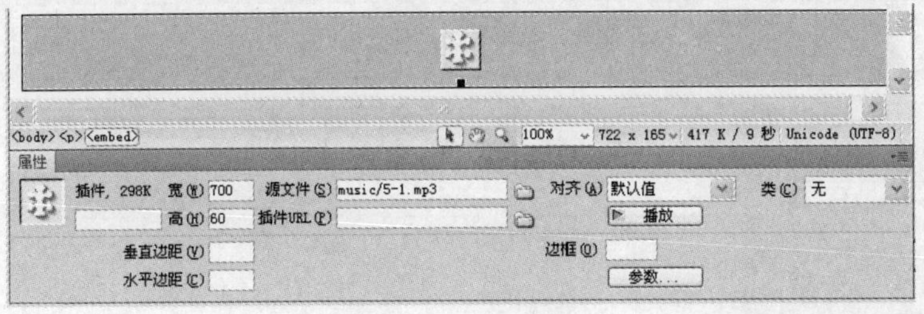

图 5-32　占位符调整

如果希望打开页面时声音能够自动播放，可以单击“属性”面板中的“参数”按钮，在弹出的“参数”对话框中，分别在“参数”项和“值”项文本框中输入“autostart”（定义音频在浏览时是否开始自动播放）和“true”（是）值，如图 5-33 所示。然后单击“确定”按钮。

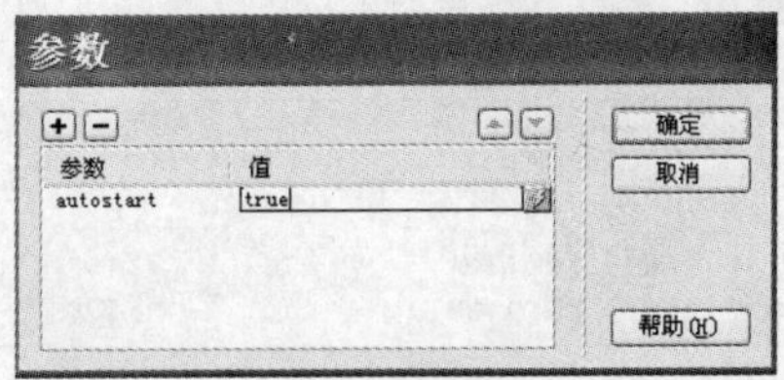

图 5-33　参数设置

（5）保存文档。按 F12 键，即可在浏览器窗口中收听到刚才添加的音乐，如图 5-34 所示。

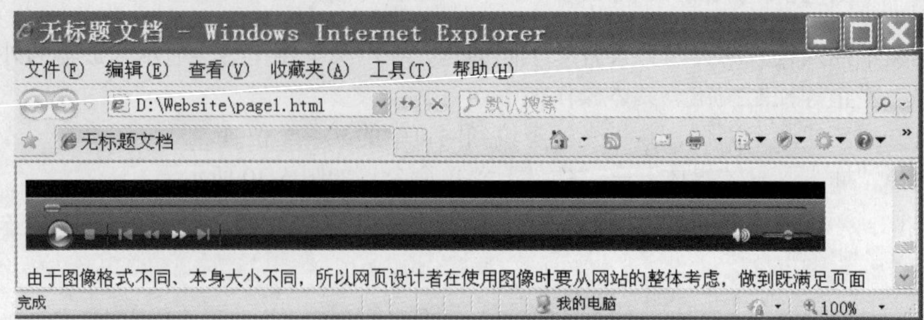

图 5-34　浏览播放效果

5.5　上机练习：在网页中添加多媒体

通过上机练习，应当熟练掌握图像、音频、视频、动画等多媒体文件是怎样添加到网页文件中去的，一般还要进行哪些设置，并通过浏览的方式来检测添加的多媒体是否能正常运行，亲身体验运行后的美好感受。

5.5.1　图片与文本

在前面章节中已经学习了网页中文本的处理方法，而图像与文本在网页中的混合搭配是网页内容的重要组成部分，大家可按下面具体操作练习。

（1）搜集或利用课程提供的资源（包括文本、音频、动画和 FLV 文件等都可以），网页的格式也可以不同。

（2）启动 Dreamweaver CS5。

（3）打开或新建网页，本例如图 5-35 所示。

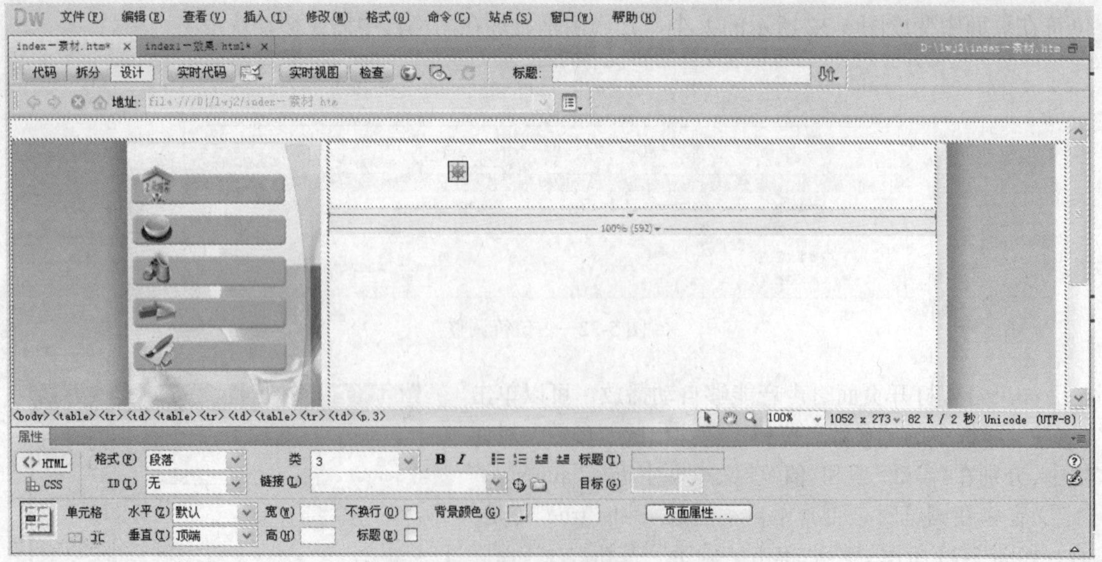

图 5-35　网页素材

（4）在图 5-35 中添加如图 5-36 所示的文本（其内容文本也可以）内容。

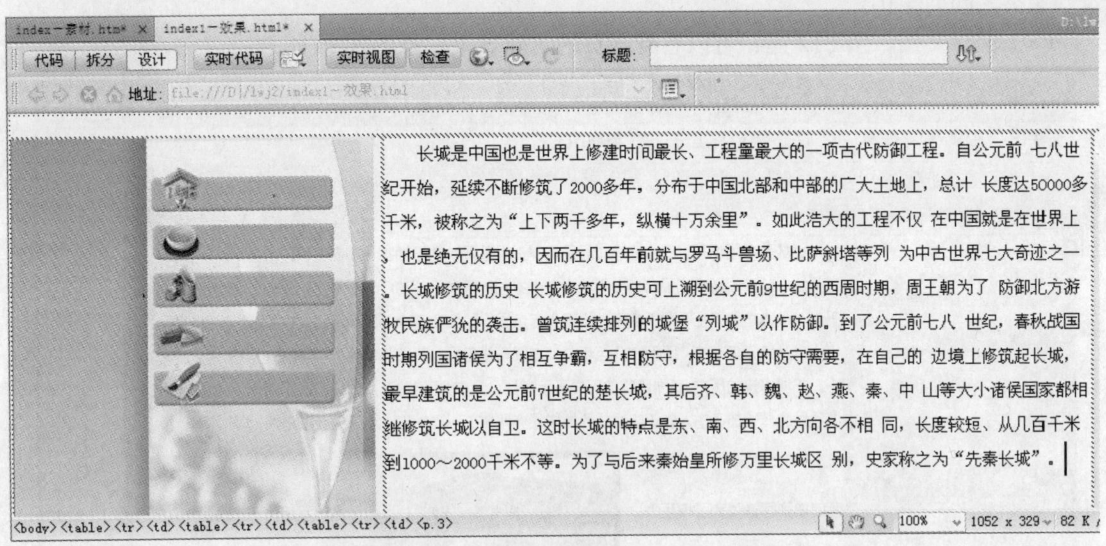

图 5-36　添加文本页面

（5）对网页中的文本进行设置。通过如图 5-37 所示的文本设置“属性”面板进行设置，需要注意的是，要单击“属性”面板左侧的“CSS”按钮，才能出现对文本进行设置的“属性”设置内容。

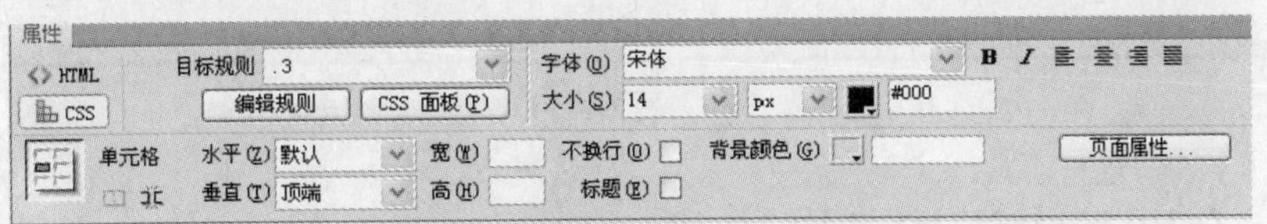

图 5-37　页面文本“属性”面板

（6）将光标插入文本中的某一位置，然后在菜单栏中选择“插入”→“图像”命令，在弹出的对话框中选择要插入的图像文件，如图 5-38 所示。

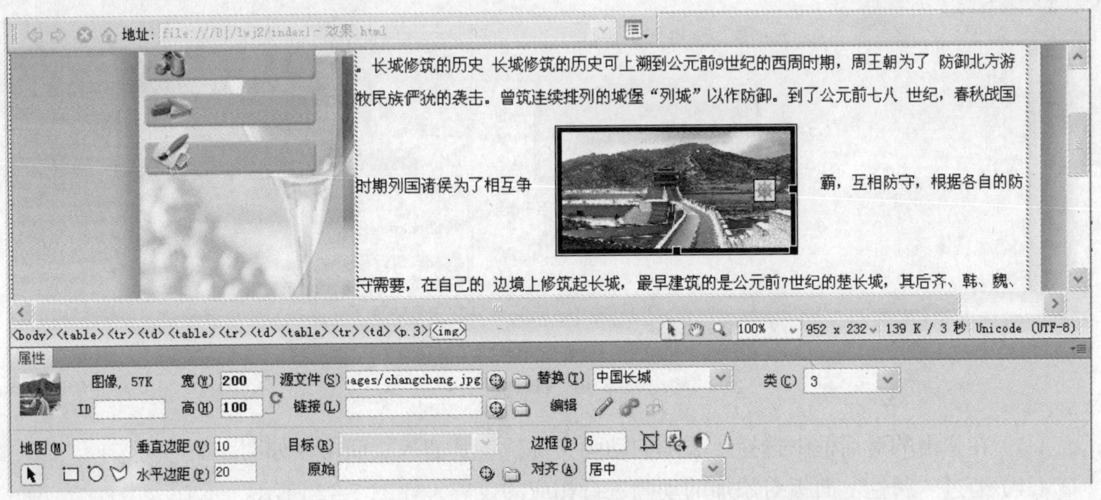

图 5-38　添加图像页面

（7）对网页中的图像进行设置。以如图 5-38 所示“属性”面板中的值进行设置。观察图像以及与文本之间的变化。

（8）保存文档。按 F12 键，可以看到网页的实际效果，如图 5-39 所示。

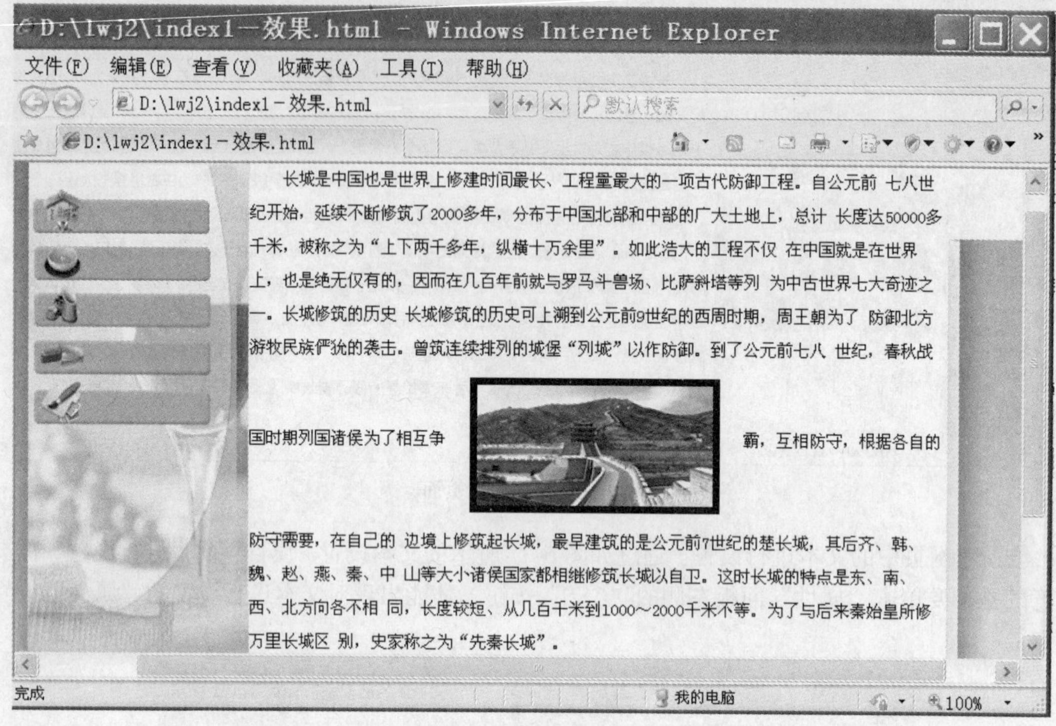

图 5-39　网页运行效果

5.5.2　在网页中添加多媒体

1. 在网页中添加动画操作

（1）仍以 5.5.1 小节中素材为例，完成相应操作。将光标定位到要插入动画的位置。

（2）然后选择“插入”→“媒体”→“SWF”命令，如图 5-40 所示。

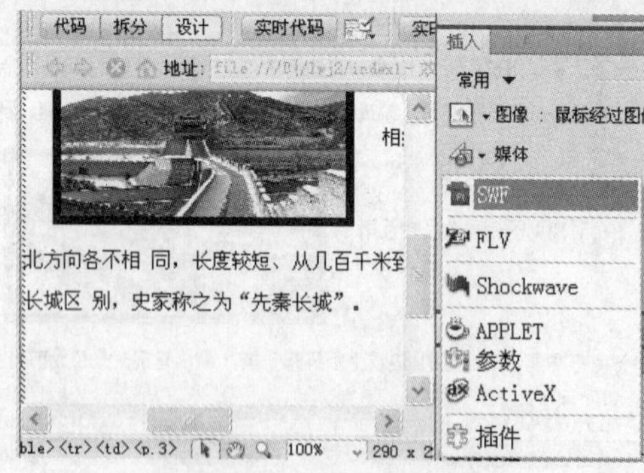

图 5-40　命令选择

（3）在弹出的对话框中选择要添加的动画文件，将其插入页面中，如图 5-41 所示。

（4）通过“属性”面板对添加的动画进行相应的设置，如图 5-42 所示。

（5）保存文档。按 F12 键，可看到运行的结果，如图 5-43 所示。

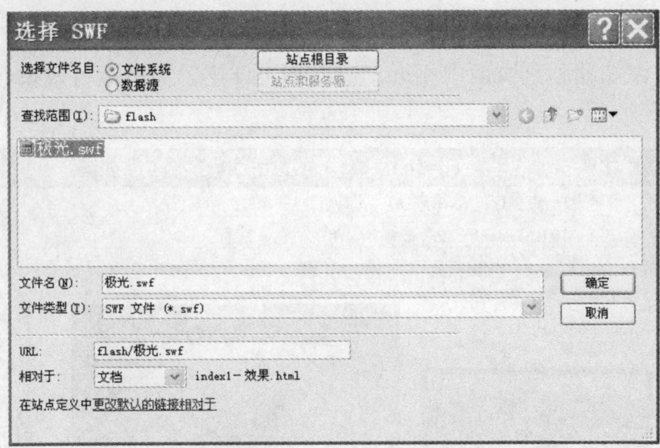

图 5-41　选择 SWF 文件

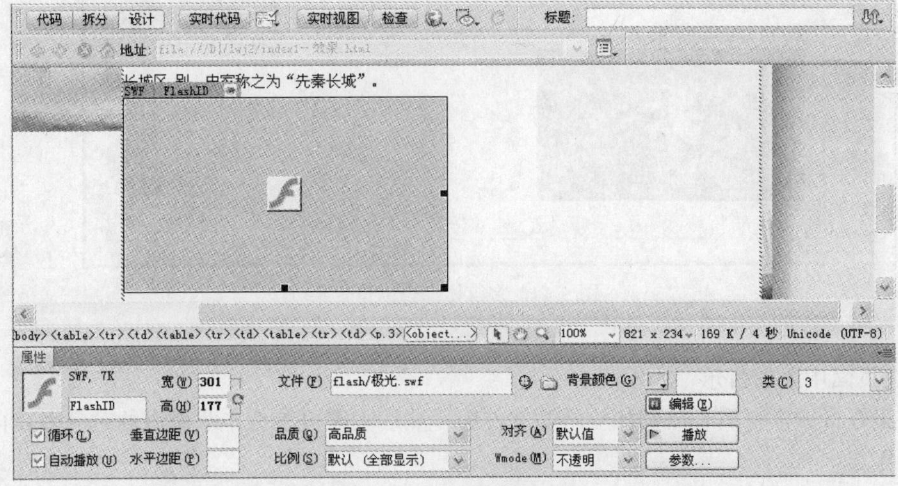

图 5-42　将动画添加到网页中

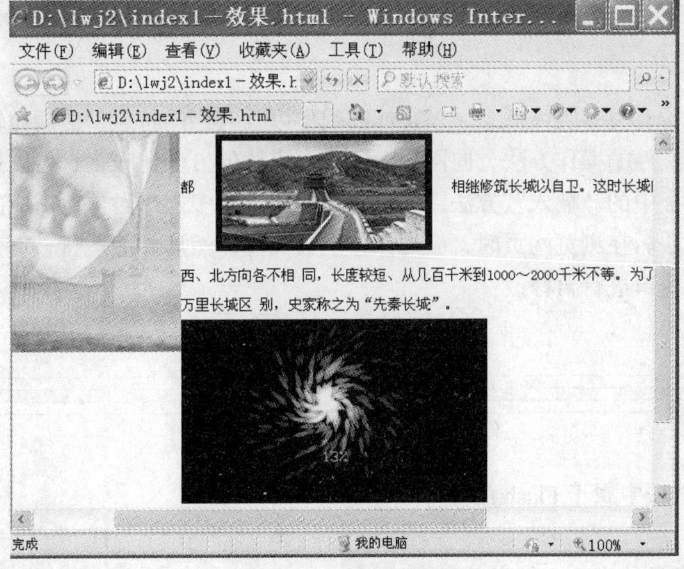

图 5-43　动画浏览效果

2. 在页面中添加 FLV 电影的操作

操作过程基本与添加动画到页面中相近，这里不再详述。最后运行效果如图 5-44 所示。

图 5-44　多媒体综合浏览效果

3. 在页面中添加音乐

在搜集好音频素材后，放到相应网站文件中，然后大家可参考本章所讲的对应内容自行完成相应的操作。

小　结

本章首先讲解了有关多媒体概念、多媒体的类型以及它们的特点，然后比较详细地介绍了向页面中添加多媒体文件的操作方法，向网页中插入多媒体的方法比较多，可以用菜单法，也可用窗口左侧的浮动面板中的“插入”方法，同时也介绍了不同多媒体对象所对应的“属性”设置的有关含义和使用方法。在浏览网页时，应先保存网页文件，然后才能运行，可先观察网页的运行效果，再进入编辑窗口进行再修改。

习　题

1. 下列按钮选项中属于 Flash 的是（　　）。

   A.　　　B.　　　C.　　　D.

2. 网页中最常见的音频文件类型有（　　）。

A. .mid 格式　　B. .wav 格式　　C. .mp3 格式　　D. .fla 格式

3. 要在浏览器中查看网页效果，可直接按（　　）组合键。

A. F12　　B. F10　　C. Alt+F9　　D. Ctrl+F12

4. 在网页设计中，一般不用下面的（　　）图像格式。

A. .PNG　　B. .JPEG　　C. .BMP　　D. .GIF

5. 以下（　　）音频文件需要插件支持。

A. .WAV　　B. .MP3　　C. .MIDI　　D. .AVI

6. 以下（　　）图像支持动画格式。

A. .JPG　　B. .BMP　　C. .PNG　　D. .GIF

第 6 章 网页中的超链接

在主页制作中，大家对链接的作用并不陌生，可以这样说，链接是主页的灵魂，是网页的核心。有了它，就能够轻而易举地实现互联网上的信息访问、资源共享。在此，作为超文本标记语言（HTML），可以链接到其他的网页、图像、多媒体、电子邮件地址、可下载的文件等。也可以说，只要浏览器能够显示的内容，都可以从一个 HTML 文件中得到。我们之所以能在网络世界恣意畅游，页面之间的链接功不可没。而对于网页制作者来说，链接看似简单却并不容易。

本章对网页中的链接进行一个综合的介绍，以期让大家对它有一个全面而深入的理解。对于链接在 HTML 中的写法，在这里就不作过多讲解，有兴趣的读者可参考有关资料学习。

6.1 超链接概述

超链接在通过网页浏览获取信息中有如此重要的作用，所以要想实现一个科学合理的链接，就应该学习超链接的相关知识并熟练掌握实现的技术。

6.1.1 超链接的定义

所谓超链接，是指从一个网页指向一个目标的连接关系，这个目标可以是另一个网页，也可以是相同网页上的不同位置，还可以是一个图片、一个电子邮件地址、一个文件，甚至是一个应用程序。应该合理、协调地把网站中的各个元素以及网站中的页面通过超链接构成一个有机整体，使浏览者能快速地访问想要访问的页面。

超链接由源端点和目标端点两部分组成，其中设置了链接的一端称为源端点，跳转到的页面或对象称为链接的目标端点，同样，超链接也是网页中最重要、最基本的元素之一。

而在一个网页中用来作超链接的对象，可以是一段文本或者一个图片。当浏览者单击已经链接的文字或图片后，链接目标将显示在浏览器上，并且根据目标的类型来打开或运行。

6.1.2 超链接的类型

1．根据超链接的链接路径分

通常情况下将超链接分为以下 3 种：

（1）绝对 URL 超链接，也称为绝对路径。页面之间的链接用统一资源定位符（United Resource Location，URL）来表示。

（2）相对 URL 的超链接，又称为相对路径。

（3）同一网页的超链接。

2．根据超链接目标位置的不同分

（1）内部链接：指在同一站点内部、不同页面之间的超链接。

（2）锚记链接：是网页内部的链接。通常情况下，锚记链接用于链接到网页内部某个特定的位置。

（3）外部链接：是站点外部的链接，是网页与因特网中某个目标网页的链接。

（4）E-mail 链接：指链接到电子邮箱的链接。单击该链接可以发送电子邮件。

（5）可执行文件链接：通常又称下载链接，单击该链接可以运行可执行文件，可以用于下载文件或在线运行可执行文件。

超链接源与目标路径概括如图 6-1 所示。

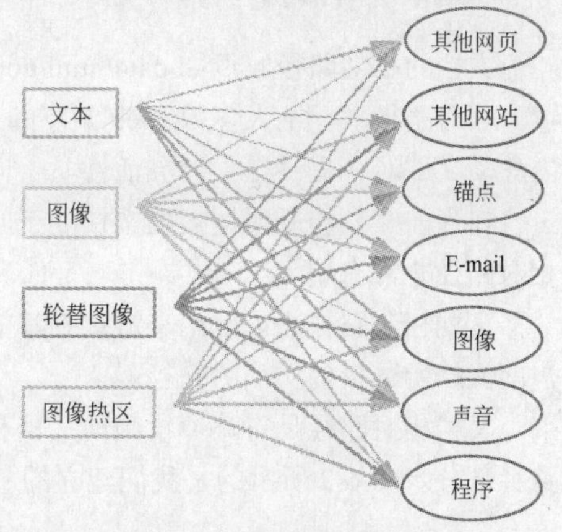

图 6-1　超链接源与目标路径

6.1.3　内部、外部与脚本链接

常规的链接包括内部超链接、外部超链接和脚本超链接。下面介绍各个链接的操作方法。

1．内部超链接

内部超链接是指目标端点内部的超链接，其设置非常灵活。

2．外部超链接

外部超链接是指目标端点位于其他网点中，通过它可以跳转到其他网站的超链接。

3．脚本超链接

脚本超链接就是通过脚本的方法来控制链接。其主要用来执行计算、表单验证和其他处理。

6.2　关于链接路径

链接是有路径的，深入理解路径的含义，根据网站的不同需要选择不同的路径，对创建网站非常重要。

6.2.1　绝对路径

绝对路径提供链接文档完整的 URL，包括所使用的协议，如对于 Web 页来说，通常使用 http:/，其中 http（Hypertext Transfer Protocol）就是超文本传输协议。例如，http://www.xawl.org/cms/data/html/doc/2012-12/21/25126/index.html 就是一个绝对路径。

尽管本地链接（即到同一站点文档的链接）也可以使用绝对路径链接，但最好不要采用这种方式，因为一旦将此站点移动到其他域，则所有本地绝对路径链接都将断开。

绝对路径也会出现在尚未保存的网页上，在没有保存的网页上插入图像或添加链接，Dreamweaver 会暂时使用绝对路径。

当插入图像（非链接）时，如果使用图像的绝对路径，而图像又驻留在远程服务器而不在本地硬盘驱动器上，则将无法在文档窗口中查看该图像，此时，必须在浏览器中预览该文档才能看到，只要情况允许，对于图像，就要使用文档或站点根目录相对路径。

6.2.2 相对路径

文档的相对路径，例如 data/html/doc/2012-12/21/25126/index.html。

相对路径对于绝大多数 Web 站点的本地链接是最合适的路径。相对路径还可以在需要的站点内移动文件时，提供更大的灵活性。

在当前文档与所要链接的文档处于同一文件夹内，而且在继续保持这种状态的情况下，文档相对路径非常有用。

文档相对路径还可以用来链接到其他文件夹中的文档，方法是利用文件夹层次结构，指定从当前文档所链接的文档的路径。

文档相对路径是省略掉了当前文档和所链接的文档都相同的绝对 URL 部分，而只提供不同的路径部分。图 6-2 所示的是我们建立的一个站点的内部结构。

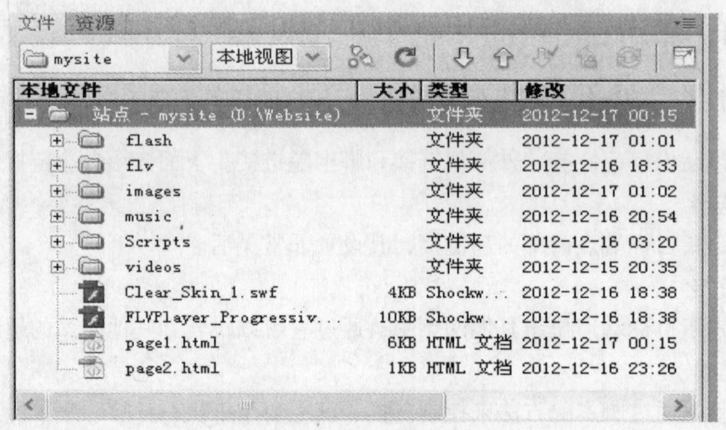

图 6-2 站点内部结构

如果成组移动一组文件，例如移动整个文件夹时，该文件夹内所有文件保持彼此间的相对路径不变，此时不需要更新文件间的文档相对链接。如果移动含有文档相对链接的单个文件或者移动文档相对链接到的单个文件时，则必须更新这些链接。

6.2.3 根路径

站点根目录相对路径，例如，/cms/data/html/doc/2012-12/21/25126/index.html，即紧跟在网站域名后。

站点根目录相对路径提供从站点的根文件夹到文档的路径，在处理使用多个服务器的大型 Web 站点，或者在承载有多个不同站点的服务器时，则可能需要使用这个类型的路径，如果不太熟悉这个类型的路径，最好使用文档相对路径。

站点根目录相对路径以一个正斜杠“/”开始，正斜杠表示站点根文件夹。例如，/lwjun/index.html 是文件 index.html 的站点根目录相对路径，该文件位于站点根文件夹的 lwjun 子文件夹中。

在有些 Web 站点中，需要经常在不同文件夹之间移动 HTML 文件，在这种情况下，站点根目录相对路径通常是指定链接的最佳方法。

如果移动或重命名根目录相对链接所链接的文档，即使文档彼此之间的相对路径没有改变，仍必须更新这些链接。例如，如果移动某个文件夹，则指向该文件夹中文件的所有根目录相对链接都必须更新。

6.3　创建超链接的技术方法

创建超链接的方法并不复杂，主要有使用“属性”面板创建超链接、使用指向文件图标创建链接和使用菜单创建链接，下面对这些方法分别作介绍。

6.3.1　使用“属性”面板创建超链接

首先，在网页中选择准备创建链接的对象，在菜单栏中选择“窗口”→“属性”菜单项，在“属性”面板“链接”后面的文本框中输入准备链接的路径，即可完成使用“属性”面板创建链接的操作，如图 6-3 所示。

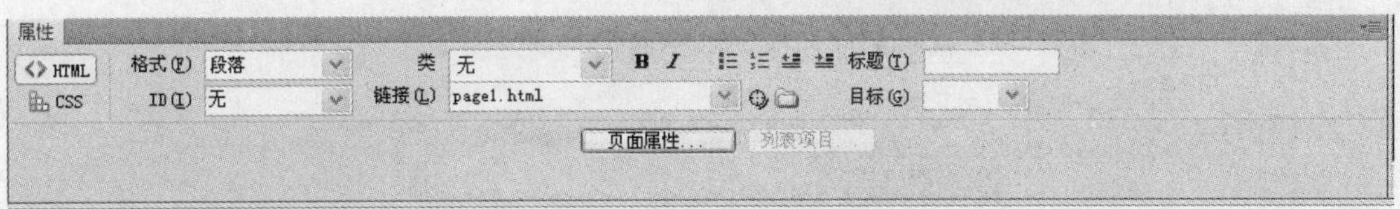

图 6-3　“属性”面板

6.3.2　使用指向文件图标创建链接

首先，在网页中选择准备创建链接的对象，在菜单栏中选择“窗口”→“属性”菜单项，在“属性”面板中单击“指向文件”按钮 ，单击并拖动到站点窗口的目标文件上，释放鼠标左键，即可完成创建链接的操作，如图 6-4 所示。

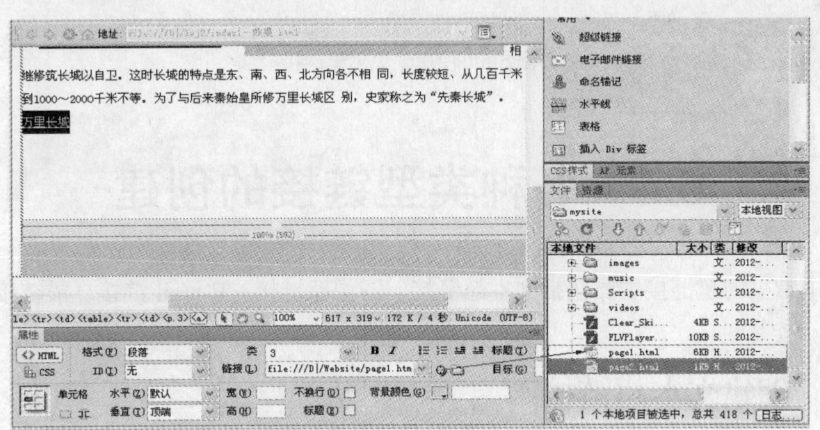

图 6-4　图标创建链接

6.3.3　使用菜单创建链接

首先，在网页中选择准备创建链接的文本，如图 6-5（a）所示，选择“插入”→“超链接”

菜单项，弹出“超链接”对话框，在“链接”文本框中输入链接的目标，或者单击“链接”文本框，选择相应的链接目标，单击“确定”按钮，即可完成使用菜单创建链接的操作，如图 6-5（b）和（c）所示。

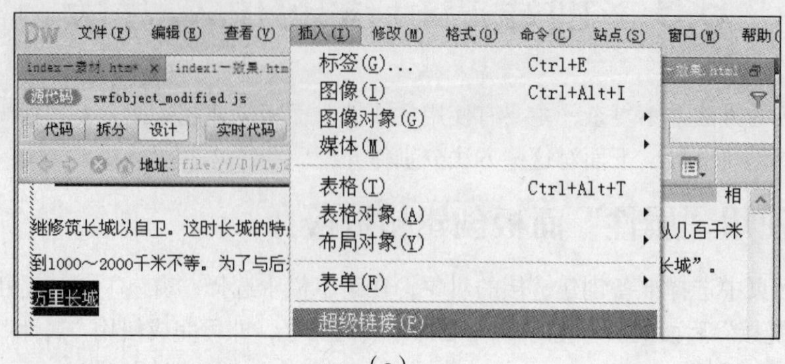

（a）

（b）

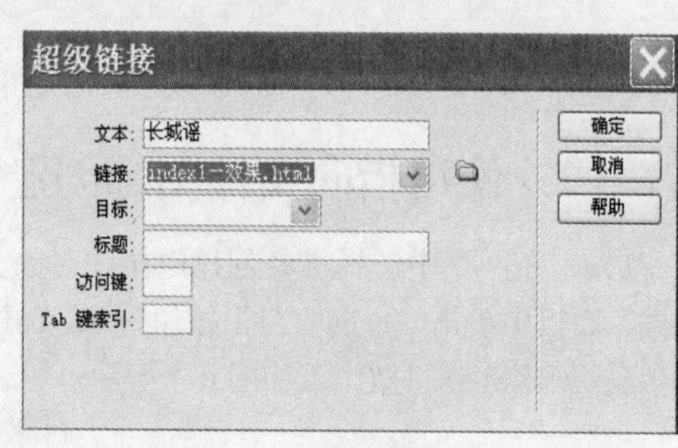

（c）

图 6-5　使用菜单创建链接

6.4　各种类型链接的创建

在网页中常见的超链接主要包括文本超链接、图像超链接、E-mail 链接、锚链接、空链接、脚本链接等。

6.4.1　创建文本超链接

文本超链接是网页文件中最常用的链接，单击文本链接将激发文本链接所连接的文件，使用文本链接创建连接的文件对象可以是网页、图像等。

启动 Dreamweaver CS5，打开或建立一个网页。本例打开如图 6-6 所示的网站页面。

实现通过单击网页中的文本“3.大雁塔”实现网页跳转相应的内容网页。实现方法如下。

图 6-6　要创建链接的网页页面

（1）在网页中选择“3.大雁塔”文本，如图 6-6 所示。

（2）除了可以通过上节所讲的超链接方法来实现外，也可以通过“插入”面板的操作方式来实现，如图 6-7 所示。

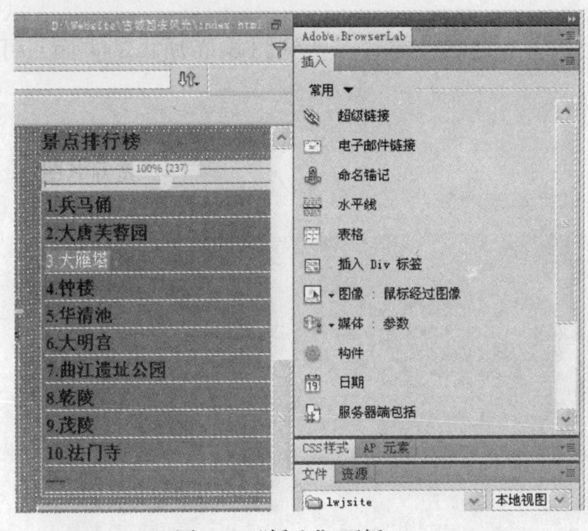

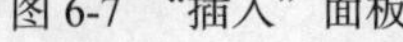
图 6-7　“插入”面板

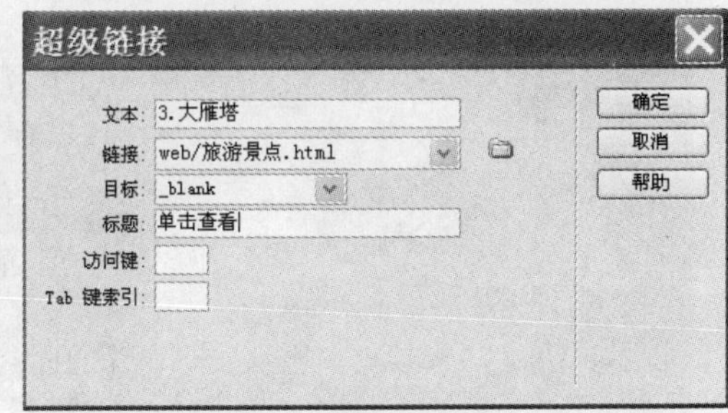

图 6-8　超链接设置

（3）选择图 6-7 所示的“插入”→“常用”→“超链接”命令，弹出如图 6-8 所示的“超链接”对话框。在相应的网站中选择要链接的文件（如网页），本例选择的是“旅游景点”网页文件。并进行相应的设置。

目标：定义浏览器在打开目标的文档或目录时的方式，在框架网页中，用户可以将某个框架前的 ID 作为链接的目标，定义在该框架中打开链接。默认有 4 种目标与文本的“属性”检查器中的目标类型相同。

_blank：表示单击超链接会重新启动一个浏览器的窗口，载入被链接的网页。

_parent：表示在上一级浏览器窗口显示链接的网页文档。

_self：表示在当前浏览器窗口中显示链接的网页文档。

_top：表示在最顶端的浏览器窗口中显示链接的网页文档。

访问键：定义访问链接时可用的键盘快捷键。

标题：定义鼠标在网页浏览状态下经过超链接时，显示提示文本。

Tab 键索引：使用键盘中的 Tab 键可以在网页中对各种链接、媒体内容按照一定的次序依次选择。为链接设置 Tab 键索引可以更改默认的从上到下和从左到右的 Tab 键访问顺序。

经过设置，会看到“属性”面板发生相应的变化，当然也可以在属性面板完成相应设置，如图 6-9 所示。

经过设置确认后，链接文本显示会出现如图 6-10 所示的效果。一般还可以对链接后的文本的显示颜色等进行设置，该内容将在下节中讲述。

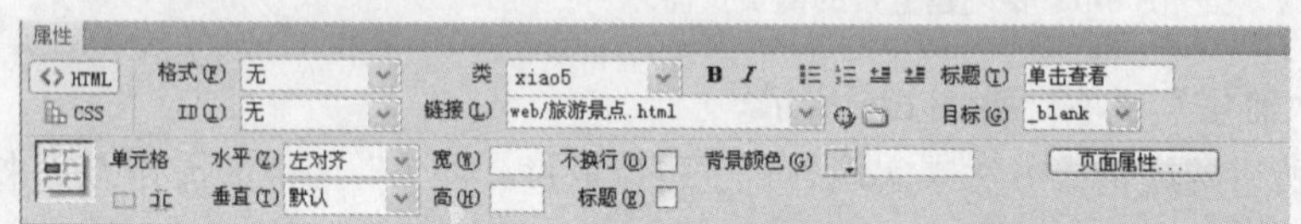

图 6-9 “属性”面板变化

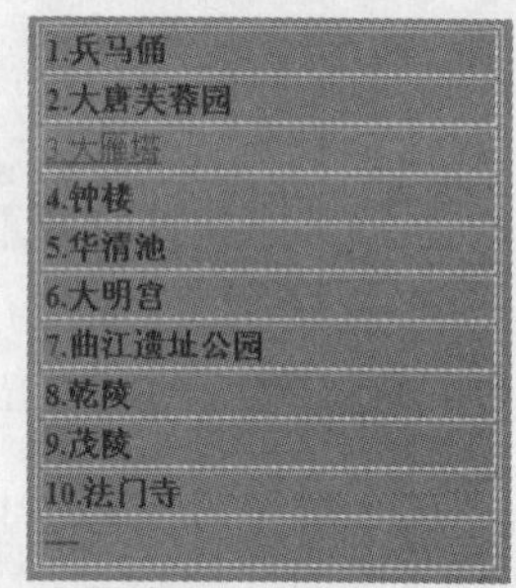

图 6-10 链接文本显示变化

（4）按 F12 键运行，在浏览页面中单击已经设置的链接文本，跳转到图 6-11 所示的页面，可看到相应的内容。

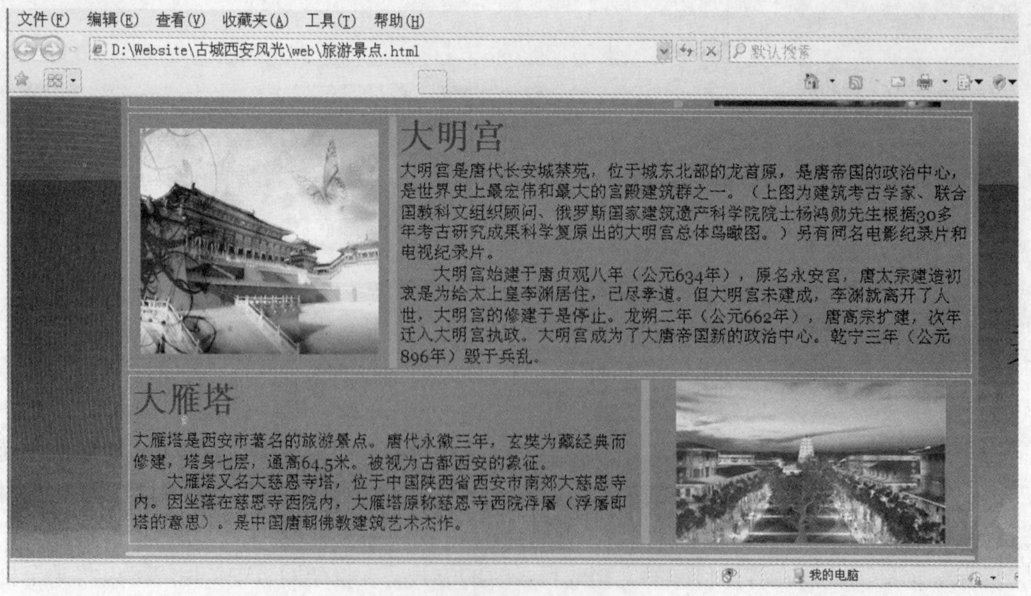

图 6-11 链接打开的目标页面

6.4.2　文本链接的状态

文本在链接后的状态可以通过设置链接的颜色来表示，文本链接一般有 3 种状态：

- 未单击的状态，即在鼠标未单击时的默认状态。
- 单击后的状态，即在鼠标单击链接后的状态。
- 鼠标悬浮在文本链接上的状态。

下面对 3 种状态的设置作一介绍。

（1）先打开或建立一个网页。

（2）在网页中设置一个文本（“西安”）的超链接，如图 6-12 所示。

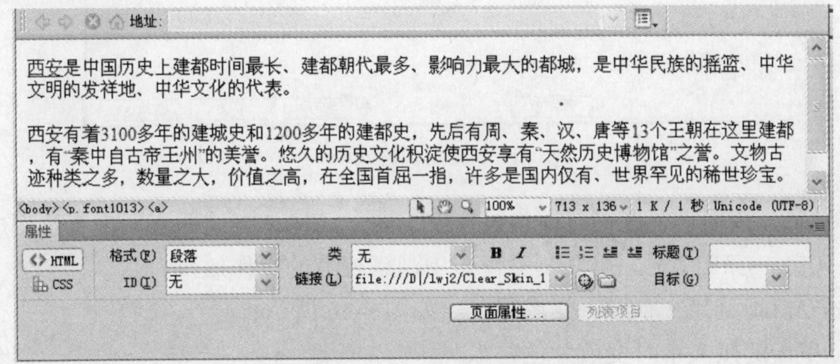

图 6-12　设置超链接

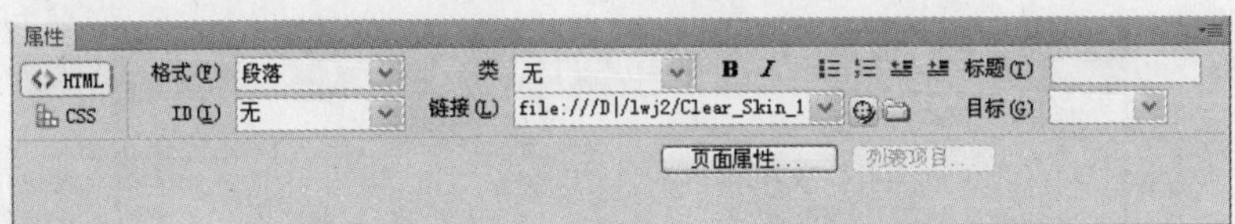

图 6-13　“属性”面板设置

（3）在图 6-13 所示的“属性”面板中单击“页面属性”按钮。

（4）在弹出的“页面属性”对话框中选择“分类”列表下的“链接（CSS）”选项，如图 6-14 所示。

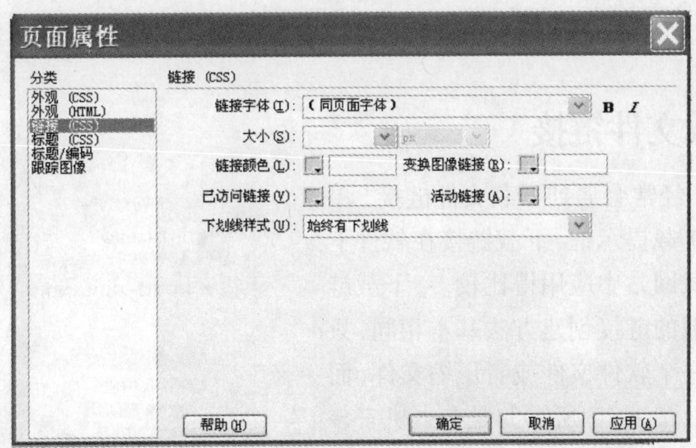

图 6-14　页面属性设置

（5）在该对话框中，可对链接文本进行设置，更改“链接颜色”、“变换图像链接”和“已访问链接”颜色以及“下划线样式”的设置，如图 6-15 所示。

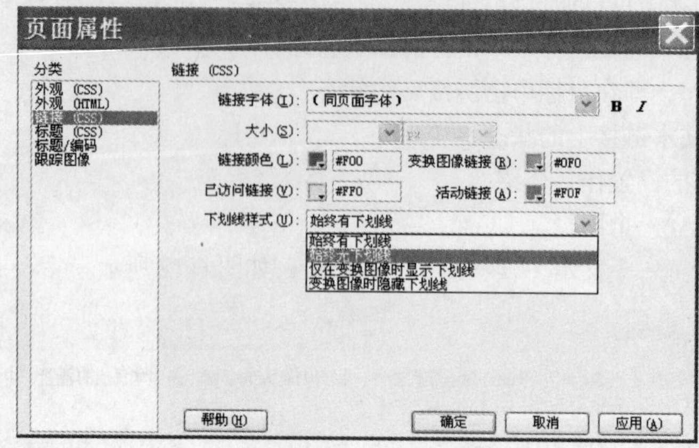

图 6-15　设置实现

在单击“确定”按钮后，在网页编辑窗口中，原来链接文本“西安”由蓝色变成了红色。

（6）保存文档。按 F12 键，可在浏览窗口中观察相应的操作效果：

- 当鼠标停留到链接文本时，变成绿色，如图 6-16 所示；
- 当鼠标单击链接文本时变成紫色；
- 当单击完成链接后，变成浅黄色。

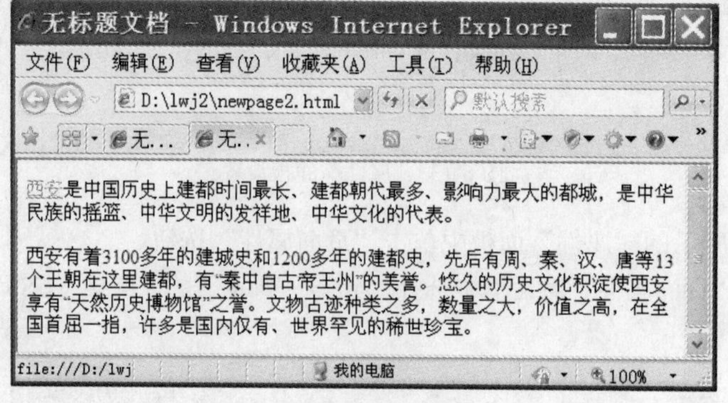

图 6-16　浏览效果图

6.4.3　下载文件链接

我们在上网时，经常会遇到下载文件链接，单击它则会弹出一个下载提示框，下载链接在软件下载网站和源代码下载网站中应用得比较多，下载链接的创建方式和一般的链接创建方法基本相同，只是所链接的内容是一个软件文件或者压缩文件，而不是图像或者网页。图 6-17 所示的是在本机安装了相关的下载工具且单击下载链接后常出现的下载界面。

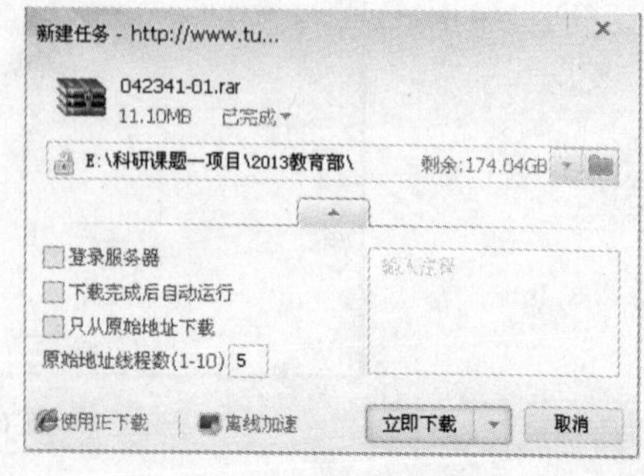

图 6-17　下载提示框

在网站中创建下载链接的方法如下。

（1）打开或新建一个网页，在网页中输入并选中要创建链接的文本，如图 6-18 所示。

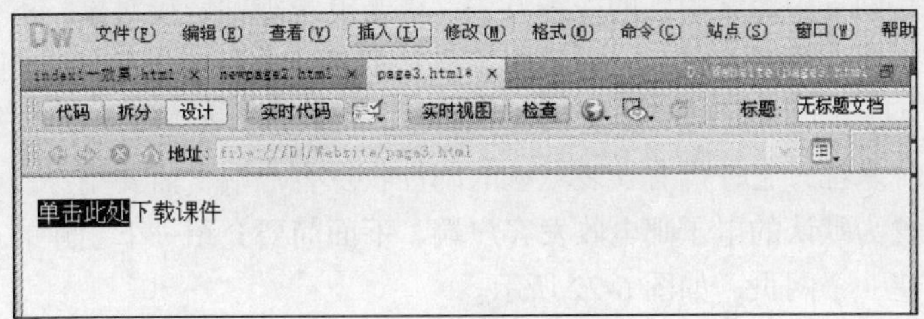

图 6-18　创建链接文本

（2）在“属性”面板中单击“指向文件”按钮，并拖动至图 6-19 所示的“本地文件”中要下载的文件上，当释放后，就会创建文本与下载文件之间的链接，如图 6-19 所示。在“属性”面板的“链接”文本框中就会出现链接文件名，同时链接文本的颜色会发生变化。

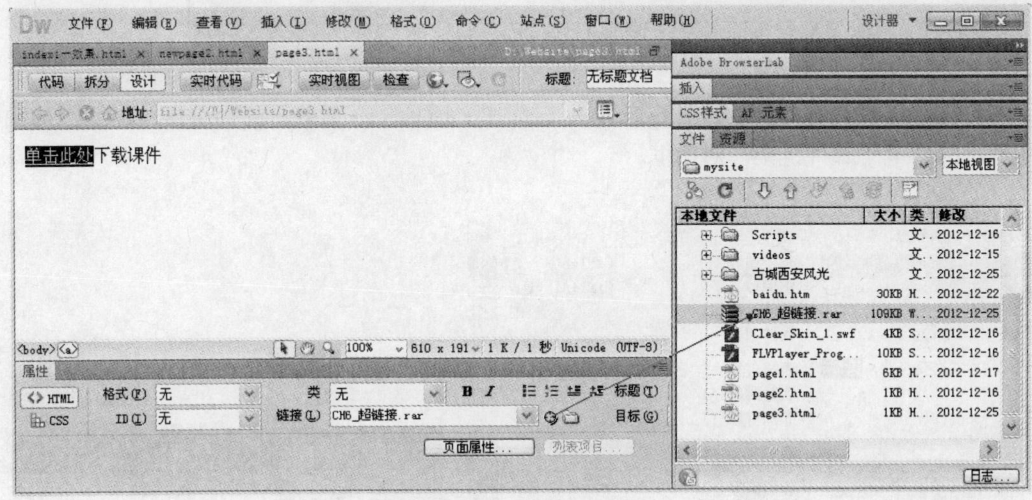

图 6-19　下载链接创建

（3）保存网页。按 F12 键运行网页，如图 6-20 所示。

（4）单击“单击此处”链接，弹出如图 6-21 所示的“文件下载”对话框。

图 6-20　网页浏览页面

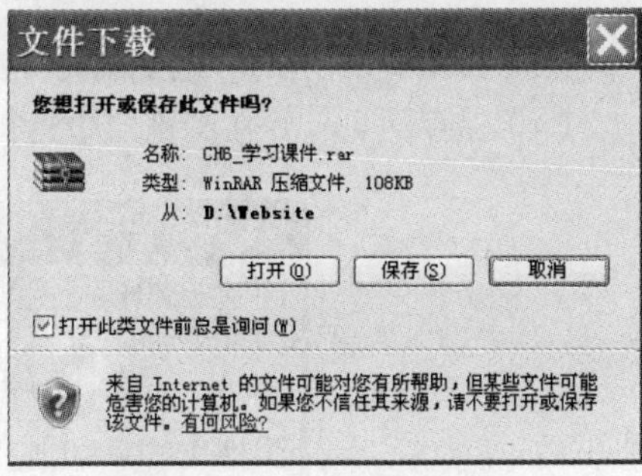

图 6-21　“文件下载”对话框

（5）最后将文件“保存”到相应的存储器中。

6.4.4 创建电子邮件链接

电子邮件链接是网页中经常用到的一种方法，单击电子邮件链接对象，不是跳转到一个相应的页面或下载文件页面，而是自动启动计算机上默认的电子邮件收发软件，例如常见的 Outlook Express 等，其作用是方便网页浏览者书写电子邮件，并发送到指定的用户信箱中去。但是对于 Windows 7 操作系统来说，它并没有安装默认的邮件收发客户端，需要用户自己下载并安装邮件客户端，并将其设置为默认的电子邮电收发客户端。下面简要介绍一下创建的过程。

（1）打开或创建一个网页，如图 6-22 所示。

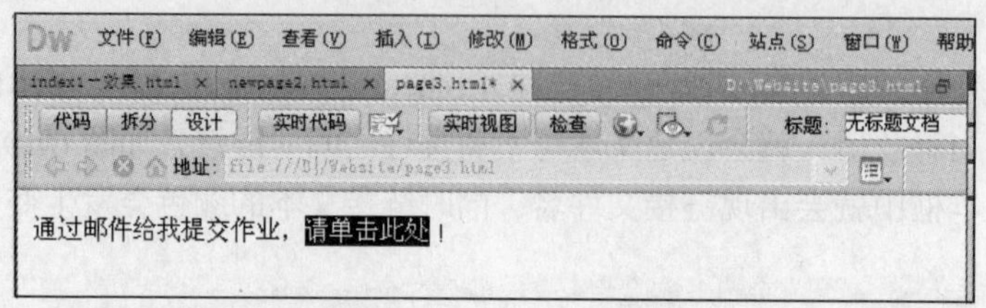

图 6-22 创建的网页

（2）选中网页中的文本，如图 6-23 所示，选择“插入”→“电子邮件链接”命令，弹出图 6-24 所示的“电子邮件链接”对话框。

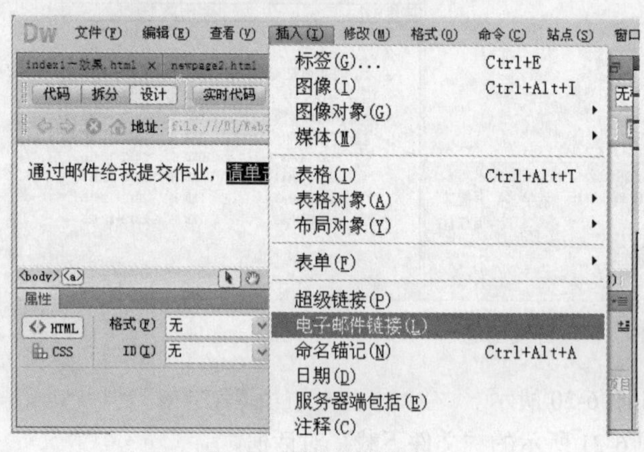

图 6-23 邮件链接菜单

图 6-24 邮件链接设置

（3）在图 6-24 中的“电子邮件”文本框中填写电子邮件的地址。

（4）保存网页，并在浏览器中运行，效果如图 6-25 所示。

图 6-25 浏览器显示效果

（5）单击浏览页面中的“请单击此处”，将出现邮件发送界面，输入相应信息发送邮件。

6.5　图像超链接

在浏览网页时，网页上经常会有以图像方式来实现链接的，尤其是以广告或产品介绍应用最为广泛，比如在购物网站上，其产品往往是以图片的方式显示的，当单击该图片时，就会弹出相应介绍或购买的网页及其内容。

6.5.1　图像超链接

图像超链接与文本超链接的实现方法基本相同，实际上只要将超链接的文本换成图像就行了，现简单介绍如下。

（1）打开如图 6-26 所示的页面。

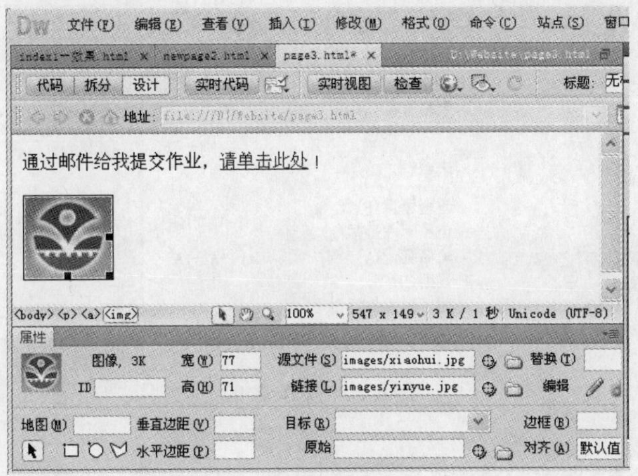

图 6-26　图像链接设置

（2）选中网页中的图像，在“属性”面板中的“链接”上以如前所讲的相似方式设置链接文件，同时也可对图像本身进行相应处理。

（3）保存网页。按 F12 键运行，并单击链接图像，效果如图 6-27 所示。

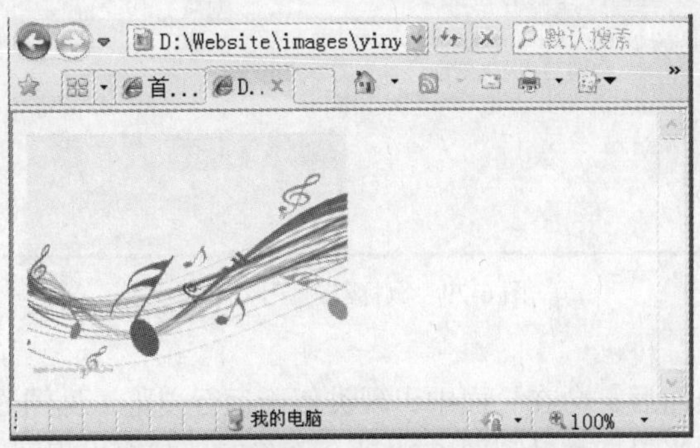

图 6-27　浏览效果

6.5.2 鼠标经过图像链接

在浏览网页时，经常能够发现当鼠标经过一个图像时，这幅图像就会变成另一幅图像，但当鼠标离开时，则又恢复为原来的图像，这样的设计对提高网页的动态变化效果，提高浏览者的注意力和兴趣都有非常好的效果。

设置这种链接的效果并不复杂，实际上它是由两幅图像组成的，即有主图像（首次加载页面时显示的图像）和次图像（鼠标指针经过主图像时显示的图像）。但应当注意的是，这两幅图像的大小应当相等，如果两个图像的大小不同，Dreamweaver 就会将第二个图像调整为和第一张图像相匹配的大小。具体操作如下。

（1）在所建立的网站中准备好两幅大小相等的图像。

（2）在网站中新建一个网页，并进行相应的菜单操作，如图 6-28 所示。

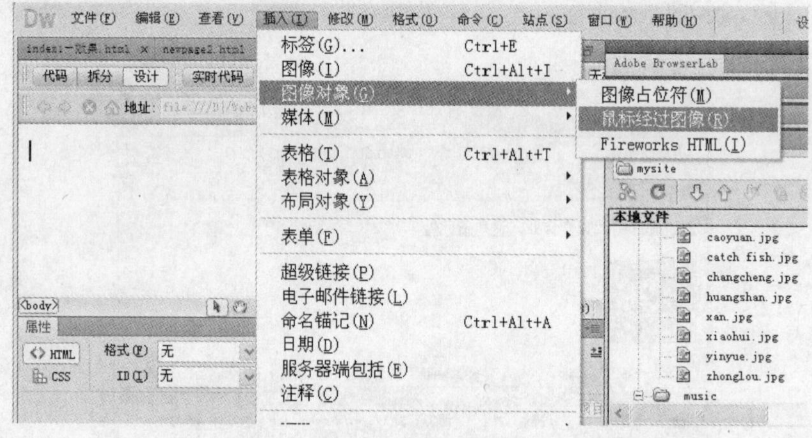

图 6-28 操作菜单

（3）在弹出的图 6-29 所示的对话框中，分别单击“原始图像”、“鼠标经过图像”文本框后的“浏览”按钮，分别选择相对应的图像文件。

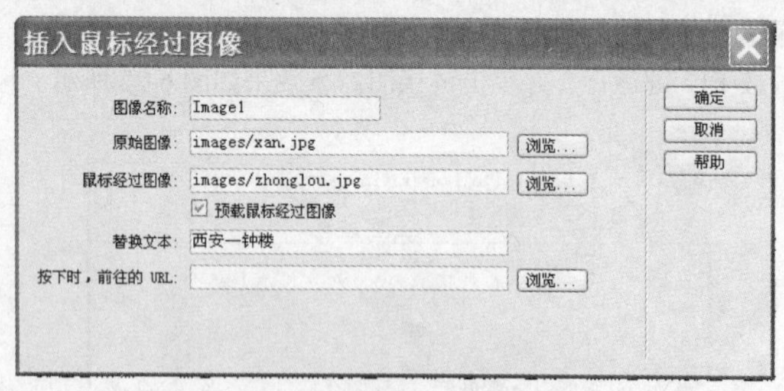

图 6-29 鼠标经过图像设置

（4）单击“确定”按钮后，会在页面中出现类似于运行浏览（见图 6-30）所示的效果。

（5）在浏览状态下，当鼠标移动到图 6-30 所示图像时，就会出现图 6-31 所示的效果。

图 6-30　插入图像效果

图 6-31　交替效果

6.5.3　创建锚记链接

创建命名锚记（简称锚点）就是在文档中设置位置标签，并给该位置设置一个名称，以便引用。通过创建锚点，可以使链接指向当前文档或者不同文档中的指定位置。锚点常常被用来实现到特定的主题或者文档顶部的跳转链接，使访问者能够快速浏览到选定的位置，加快信息检索速度。创建锚点链接，要设置一个命名锚点，该命名锚点就是链接目标。操作方法如下。

（1）打开或建立一个新的网页。如图 6-32 所示，将鼠标定位在网页中第一行文本的起始位置，选择“插入”→“命名锚记”命令。

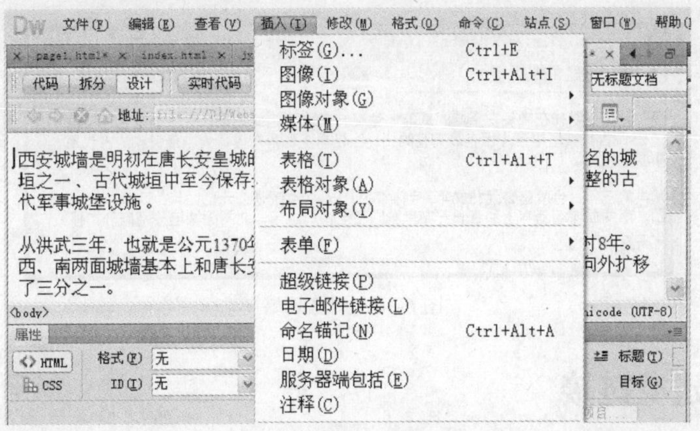

图 6-32　锚记命令操作

（2）在图 6-33 所示的“命名锚记”对话框的“锚记名称”文本框中输入“锚记”名称。

（3）在输入名称并单击“确定”按钮后，在网页鼠标定位位置将出现图 6-34 所示的锚记标志。

图 6-33 “命名锚记”对话框

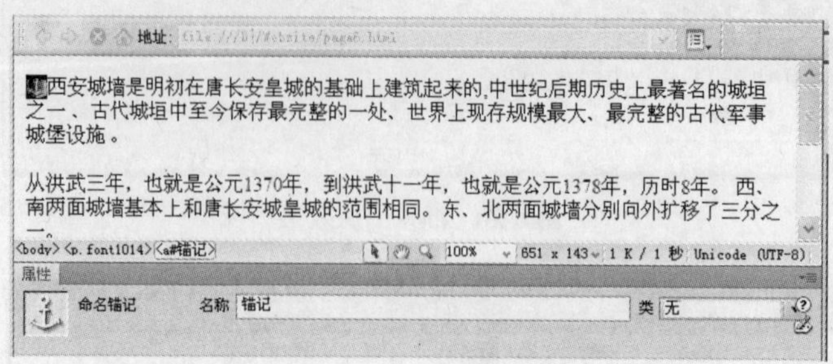

图 6-34 锚记标记

（4）然后选择图 6-35 所示网页中的文本，如“返回顶部”，并在“属性”面板的“链接”文本框中输入“#（英文半角下输入）锚记”后，按回车键即可设置链接。

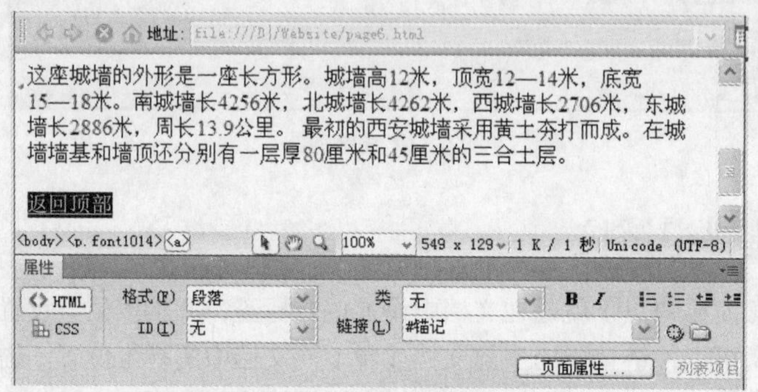

图 6-35 创建锚记链接

（5）保存网页。按 F12 键，在浏览页面中单击“返回顶部”，网页中内容会自动移动到锚记标志所定位的行，如本网页中的第一行，如图 6-36 所示。这种通过锚记链接的方式实现在网页中的跳转在浏览的网页比较长、内容比较多的情况下非常方便。

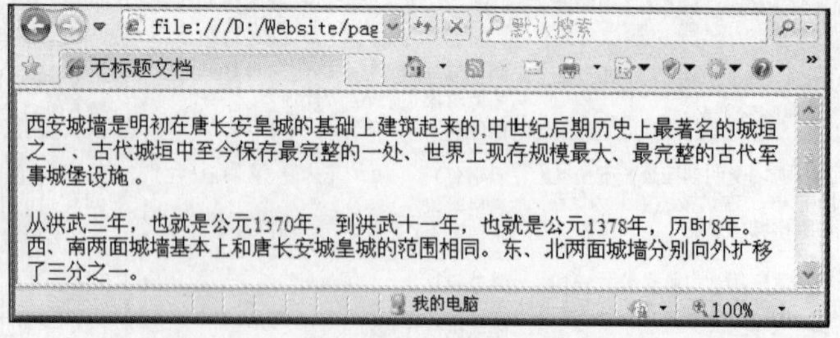

图 6-36 浏览效果

6.5.4 创建空链接

所谓空链接，就是指未指定对象的链接，用来向页面中的对象或文本附加行为，可用来设置空链接的对象包括文本、图像、热点链接等。实现方法如下。

（1）打开或创建一个网页，如图 6-37 所示。

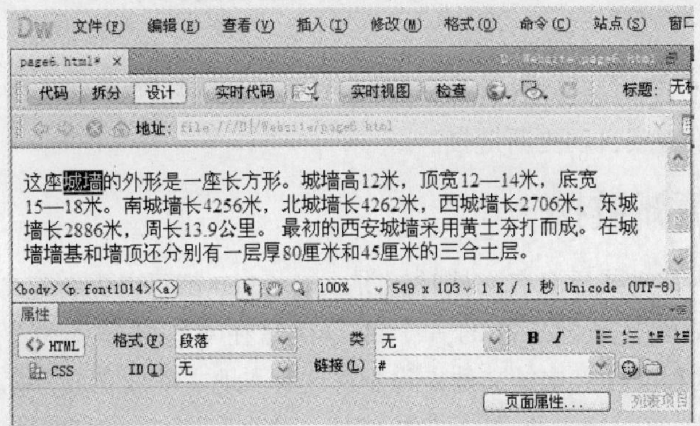

图 6-37　空链接设置

（2）在“属性”面板的“链接”文本框中输入“#”，然后按回车键即可。

（3）保存页面文件。按 F12 键运行，在浏览的页面中单击链接文本，不发生任何跳转行为。

6.5.5　创建脚本链接

一般脚本链接可用来执行计算、表单验证和其他处理。下面介绍脚本链接的实现方法。

（1）打开或创建一个网页文件，如图 6-38 所示，选择链接文本“关闭”，在“属性”面板的“链接”文本框中输入“javascript:window.close()”，然后按回车键。

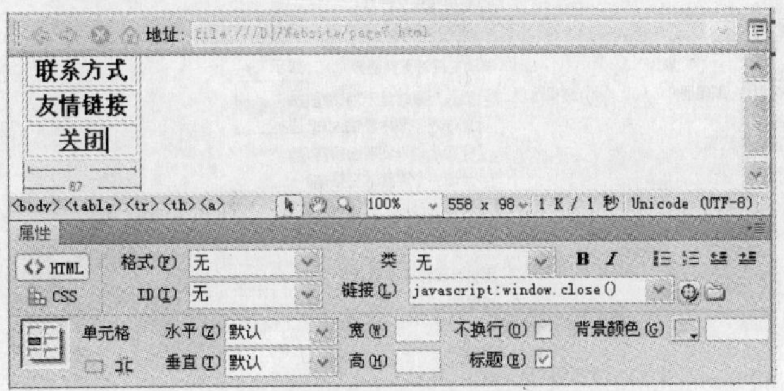

图 6-38　脚本链接设置

（2）保存网页文件。按 F12 键运行，在浏览器中单击“关闭”，将会弹出图 6-39 所示的对话框。单击“是”按钮，则关闭浏览网页窗口。

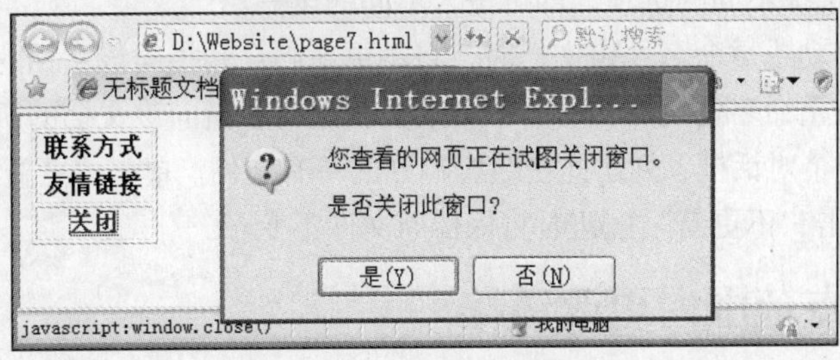

图 6-39　实现浏览效果

6.6　管理超链接

前面各节主要讲述了如何建立各种超链接，在 Dreamweaver CS5 中可以实现对超链接的管理，即可以对超链接进行检查或自动更新链接。

6.6.1　自动更新链接

每当在本地站点内移动或重命名文档时，Dreamweaver 都可以更新起自以及指向该文档的链接，在将整个站点或其中完全独立的一个部分存储在本地磁盘上时，此项功能最适用，Dreamweaver 不更改远程文件夹中的文件，除非将这些本地文件放在或者存回到远程服务器上。

为了加快更新过程，在 Dreamweaver 中可创建一个缓存文件，用来存储本地文件夹中所有链接的信息，在添加、更改或删除本地站点上的链接时，该缓存文件以不可见的方式进行更新。下面具体来介绍。

在已经打开或更新的 Dreamweaver CS5 窗口中选择“编辑”→“首选参数”命令，弹出“首选参数”对话框，如图 6-40 所示。

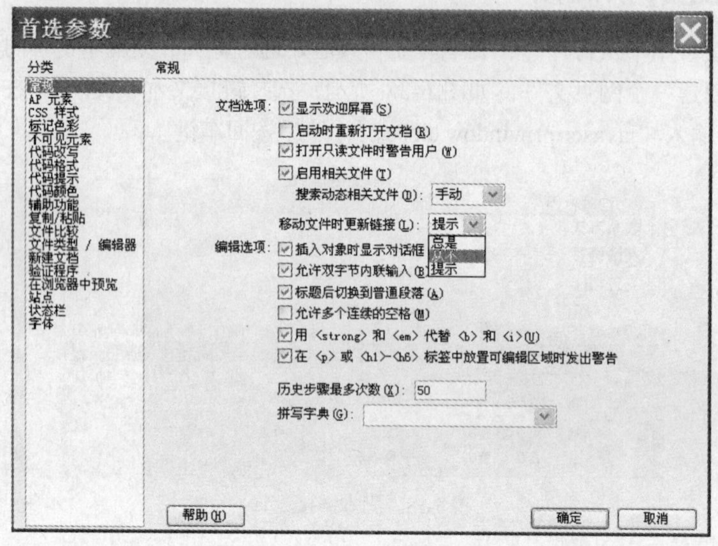

图 6-40　首选参数操作

在“分类”列表框中选择“常规”选项，在“文档选项”区域中单击展开“移动文件时更新链接”的下拉按钮，选择不同的选项，即可进入不同的设置。

- 总是：每当移动或重命名选定文档时，自动更新起自和指向该文档的所有链接。
- 从不：移动或重命名选定文档时，不自动更新起自和指向该文档的所有链接。
- 提示：显示一个对话框，列出此更改影响到的所有文件。单击“更新”按钮，可更新这些文件中的链接，在单击“不更新”按钮时将保留原文件不变。

6.6.2　在站点范围内更改链接

除了当移动或重命名文件时通过 Dreamweaver 自动更改链接以外，还可以通过手动的方式更改所有链接，例如，电子邮件、FTP 链接、脚本链接和空链接，从而使其指向其他位置。下面对这些方法做一介绍。

（1）在打开的网页文件窗口的“文件”面板的“本地文件”区域中选择一个文件，如图 6-41 所示。

（2）在菜单栏中选择“站点”→“改变站点范围的链接”命令，如图 6-42 所示。

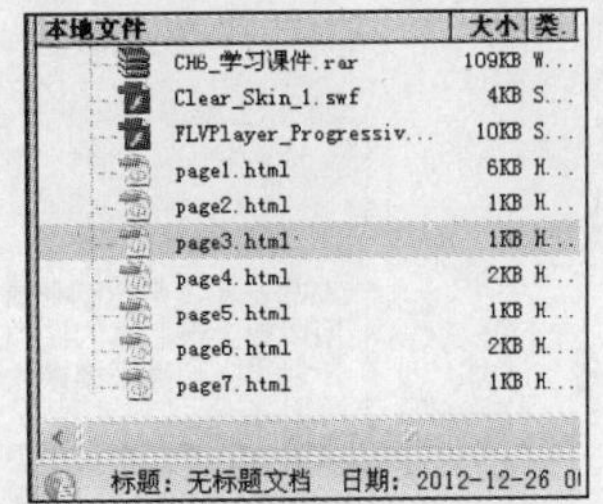

图 6-41　选择网页文件

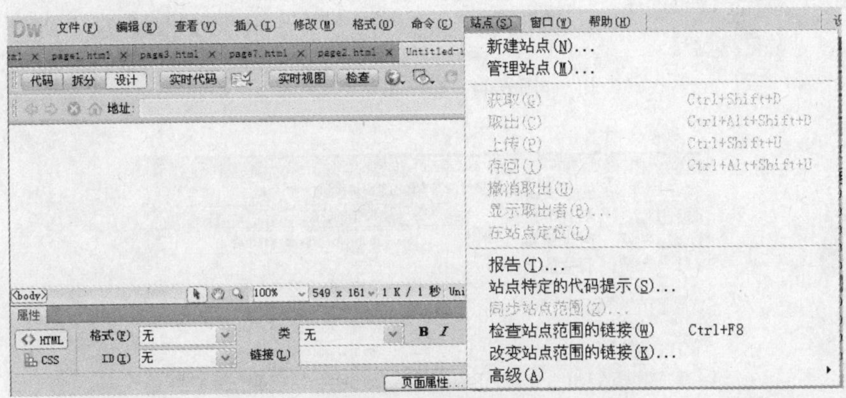

图 6-42　选择命令操作

（3）在弹出的“更改整个站点链接”对话框的“变成新链接”文本框中输入或通过浏览选择准备链接的文件，如图 6-43 所示。

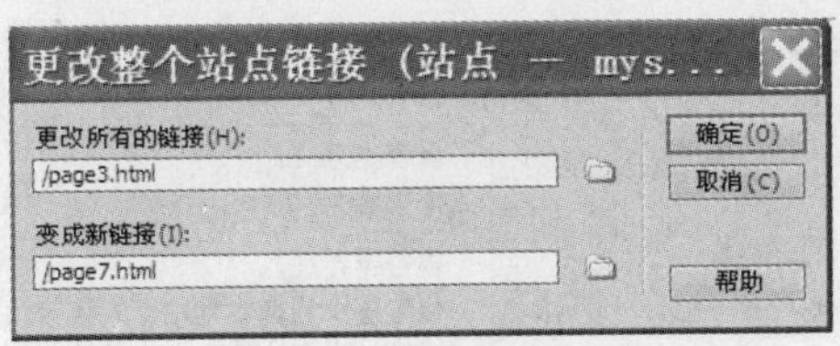

图 6-43　输入选择链接文件

6.6.3　检查站点中的链接错误

在 Dreamweaver CS5 中，还可以对站点中的链接错误进行检查，通过检查链接的错误，保证网页设计的正确性，对于大型的链接非常多的复杂网站来说，链接的正确性、合理性对一个网站的使用效果尤为重要，为了避免在设计过程中出现链接上的错误或者不合理，在实现链接之前，应当先对整个网站链接进行设计，例如，选择哪种链接方法。最好是预先画出文档之间的链接关系图，这样会一目了然，减少链接错误。

下面介绍检查站点中的链接错误的操作方法。

（1）打开或新建一个网页文件。选择菜单“站点”→“检查站点范围的链接”命令，如图 6-44 所示。

（2）在弹出的图 6-45 所示的“链接检查器”面板中，在“显示”选项中包括断掉的链接、外部链接和孤立的文件 3 个选项，单击其中任何一项，就可以检查相应的信息。

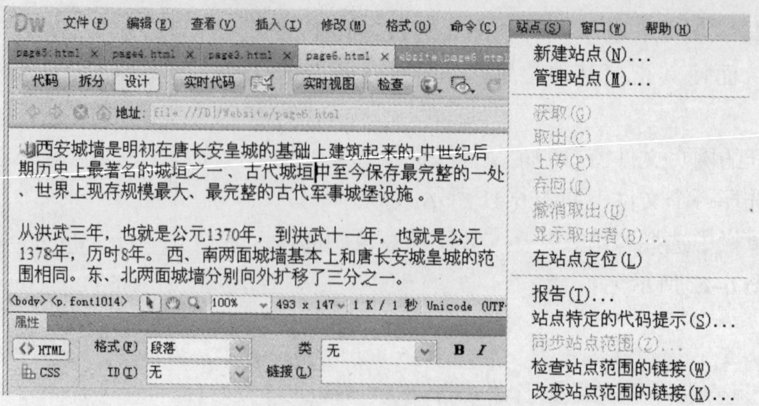

图 6-44 检查站点菜单

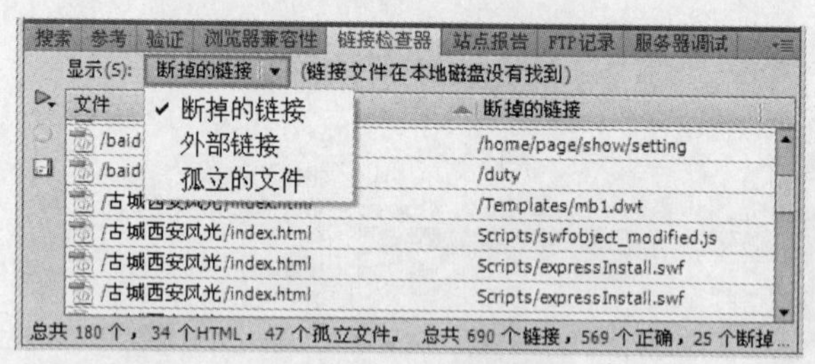

图 6-45 链接检查

（3）若要关闭“链接检查器”面板，可单击按钮，在弹出的菜单中选择“关闭标签组”即可，如图 6-46 所示。

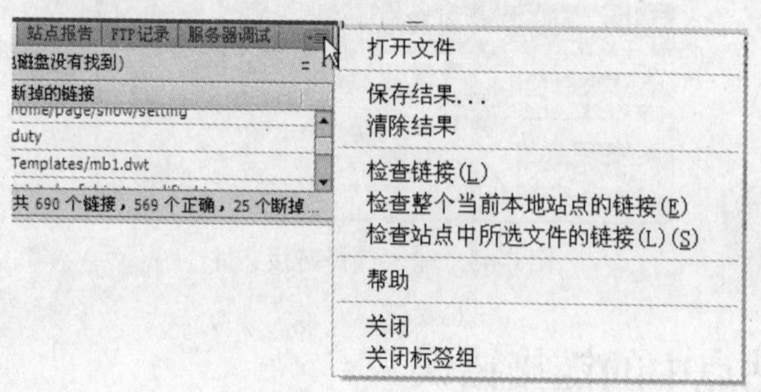

图 6-46 关闭标签组

6.7 上机练习：创建链接

前面比较详细地讲解了各种链接的实现方法，通过学习，大家基本可以掌握网页中一些比较常用和重要的超链接的操作过程，下面主要练习。

6.7.1 创建锚记链接

（1）自己准备一个网页文件，如图 6-47 所示。

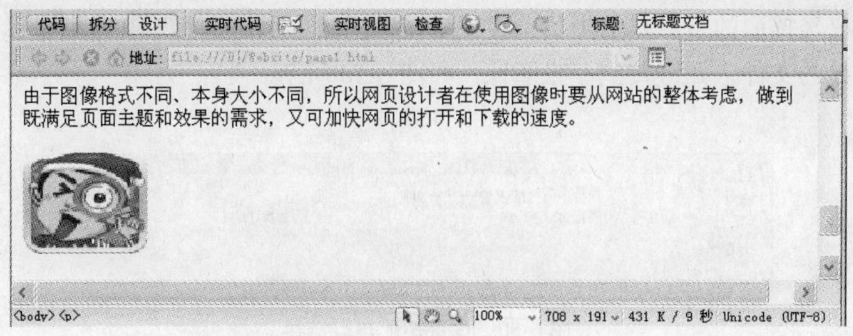

图 6-47　网页文件

（2）用图像作为链接对象（图像放在文本的最后位置），实现单击图像时跳转到该页面内容的第一行（自己实现操作过程）。

6.7.2　创建热点链接

不仅可以将整张图像作为链接的载体，还可以将一张图像的某一部分设为链接。

（1）自己准备好网页素材，例如图 6-48 所示的网页。

图 6-48　网页素材

（2）通过“属性”面板中的热点选取工具 □○▽，即矩形热点工具、圆形热点工具和多边形热点工具，在网页中的图像上进行选取，本操作用矩形和圆形工具选取热点区域。选取的效果如图 6-49 所示。

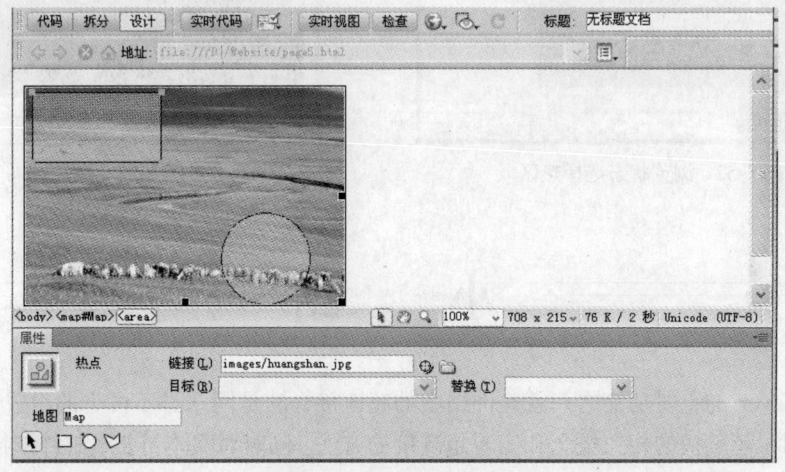

图 6-49　图像中选取热区

（3）单击已经选取的矩形热点工具，在“属性”面板中的“链接”文本框中输入或通过浏览方式选择要链接的文件，如链接到一张图像，如图 6-50 所示。

图 6-50　设置矩形热点链接

（4）同理，单击选择已经选取的圆形热点区域，如图 6-49 所示。以同样的方式设置其链接对象，结果如图 6-51 所示。

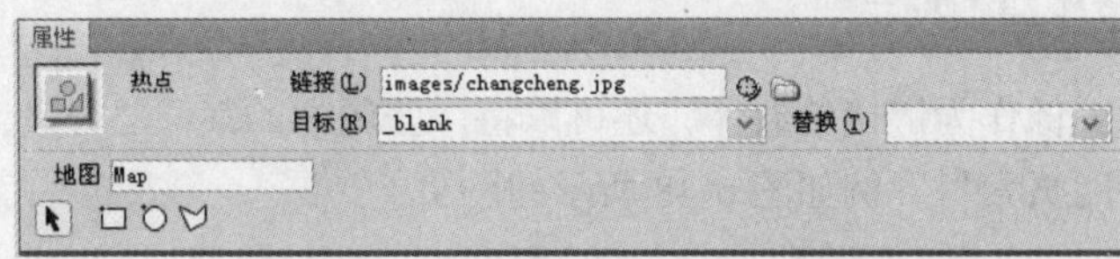

图 6-51　设置圆形热点链接

（5）保存网页文件。按 F12 键，进入浏览页面，当鼠标移动到相对应的热点区域时，就会变成表示链接的状，单击相应的热区，就会出现相应的链接内容。

（6）例如，单击矩形热区，就会出现图 6-53 所示的结果。

图 6-52　浏览状态选择热区

图 6-53　跳转效果

小　结

Dreamweaver 的重要功能之一就是网站中的超链接，它是网站必不可少的组成部分，本章比较详细地介绍了超链接的相关概念和实现超链接的方法。同时对文本链接、邮件链接、图像链接、脚本链接、热点链接、锚记链接等作了介绍，作为学习者，对这些超链接的操作一定要认真学习和掌握。

习　题

1. 下面属于超链接的是（　　）。

   A. 超文本链接　　B. 电子邮件链接

   C. 图像链接　　D. 跳转链接

2. 文本链接的 3 种状态是（　　）。

   A. 未单击的状态　　B. 单击状态

   C. 鼠标浮动在文本链接上时的状态　　D. 单击鼠标右键的状态

3. 热点工具有 3 种，它们是（　　）。

   A. 矩形热点工具　　B. 圆形热点工具

   C. 多边形热点工具　　D. 波浪形热点工具

4. 在 Dreamweaver 中，可对链接文本进行设置的内容有（　　）。

   A. 更改“链接颜色”　　B. 更改“变换图像链接”

   C. 更改“已访问链接”颜色　　D. 不能取消下划线

第 7 章 用表格来布局页面

前面章节所介绍的各种网页元素在网页中的插入采用的都是直接插入的方式。通过这种方式将网页元素插入网页中，以此生成的网页在浏览器窗口运行时，其中的文本或者图像会随着 IE 窗口的放大或缩小而发生变化，这就使得网页处于一种不稳定的状态。如果要想改变这种现象，最简单的办法就是使用表格。表格不仅能够控制网页在 IE 窗口中的位置，还可以控制网页元素在网页中的显示位置，这样一来，无论 IE 窗口如何变化，其中的网页都会保持默认的状态，从而对网页的稳定性起到一定的作用。

7.1 创建表格

可以这样说，网页设计就是从创建表格开始的，因为在 Dreamweaver 中，表格除了具有归纳的作用外，更具有定位和组合的作用，因此能够将元素定位在网页中的任何想要显示的区域中。由此可见，网页中表格创建是网页设计的基础。下面开始对网页中的表格进行介绍。

7.1.1 插入表格

对于较为复杂的网页来说，是由多个表格组成的，并不是只有一个表格，甚至包括表格中的表格，也就是嵌套表格。顾名思义，嵌套表格就是在表格中插入表格。在这种情况下，可以看作是由总表格负责整体的排版，由嵌套的表格来承接各个子栏目的排版，并插入总表格的相应位置中，各自发挥其作用。

回顾一下表格的概念，表格就是由一些粗细不同的横线和竖线构成的，横的叫做行，竖的叫做列，由行和列相交的一个个方格称为单元格。单元格是表格的基本单位，每一个单元格都是一个独立的正文输入区域，可以输入文字和图形，并单独进行排版和编辑。

1. 插入表格的方法

方法 1：如图 7-1 所示，在菜单栏中选择“插入”→“表格”菜单项，弹出图 7-3 所示的“表格”对话框，在该对话框中可以设置表格的行数、列数、表格宽度、单元格间距、边距和边框粗细等选项。

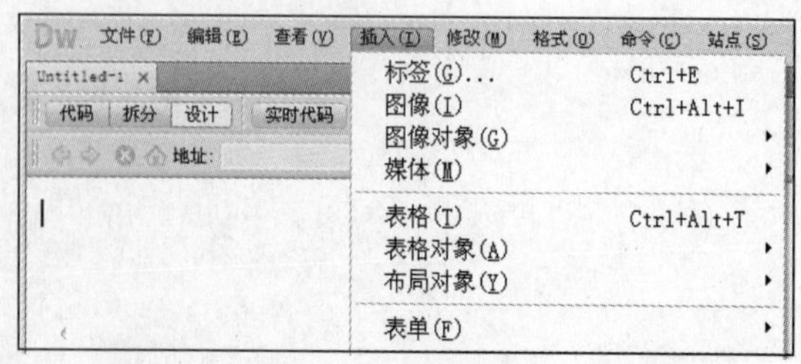

图 7-1 菜单操作

方法 2：如图 7-2 所示，在“插入面板”中选择“常用”→“表格”命令，弹出图 7-3

所示的表格设置对话框。

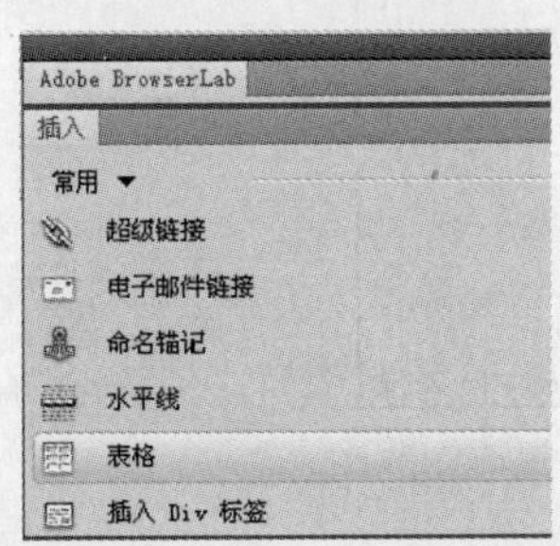

图 7-2　“插入”面板

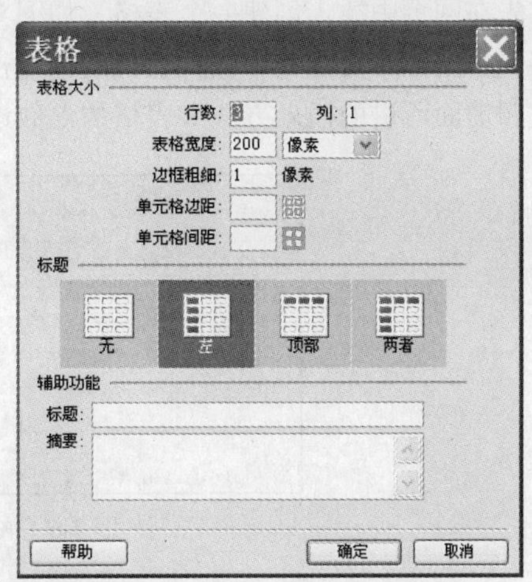

图 7-3　表格设置

在“表格”对话框中设置相应的参数，参数的含义如下。

- 表格的宽度：以像素或者百分比为单位确定表格的宽度，可以在下拉列表中选择设置宽度的不同单位。当表格的单位为百分比时，表格的宽度会在 IE 浏览器窗口中随着窗口变化而变化；但当表格宽度的单位为像素时，则不会出现这样的情况。
- 边框粗细：用来设置表格边框的宽度。
- 单元格边距：指定单元格边距和单元格内容之间的像素数，即单元格内部空白的大小，如果不希望显示边框时，设置为“0”像素即可。
- 单元格间距：指定相邻单元格之间的像素数，即单元格与单元格之间的距离。
- 标题：定义表格的标题，即在表格外显示的标题。
- 对齐标题按钮：定义表格标题的对齐方式。
- 摘要：可在此处对表格进行注释。

2. 插入表格的参数设置

经过图 7-4 所示的参数设置，可以在网页中创建如图 7-5 所示的表格。

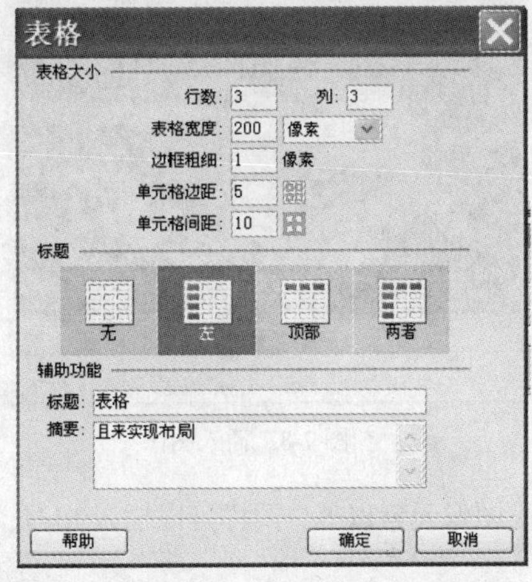

图 7-4　参数设置

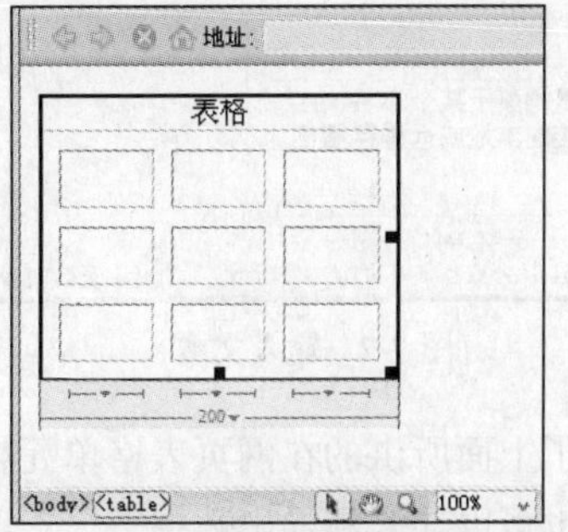

图 7-5　创建的表格

3. 插入嵌套表格

（1）首先在网页中插入创建一个表格，如图 7-5 所示。

（2）将光标定位在要在其中嵌入表格的单元格。

（3）按照前面所讲的插入方法和表格的参数设置插入一个表格，如图 7-6 所示。

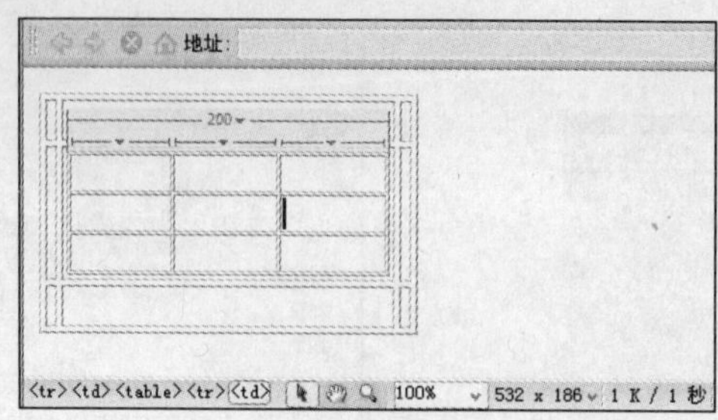

图 7-6　嵌套表格

7.1.2　在表格中输入网页元素

在表格创建完成后，就可以向表格中添加相应的网页元素。在表格中插入文本或图像的方法与直接在网页中插入的方法基本相同，下面介绍在表格中插入元素的操作方法。

1. 在表格中输入文本

（1）打开或新建一个网页。

（2）在网页中插入创建一个表格。

（3）将光标定位在要输入内容的单元格。

（4）向所定位的单元格输入文本，如图 7-7 所示。

2. 在表格中插入图像

在表格中导入图像的方法与在网页表格中插入文本的方式基本相同，都是先插入表格，将光标放置在单元格中，然后插入图像文件。

如果图像超出了单元格大小，单元格会自动扩展。插入图像后的效果如图 7-8 所示。

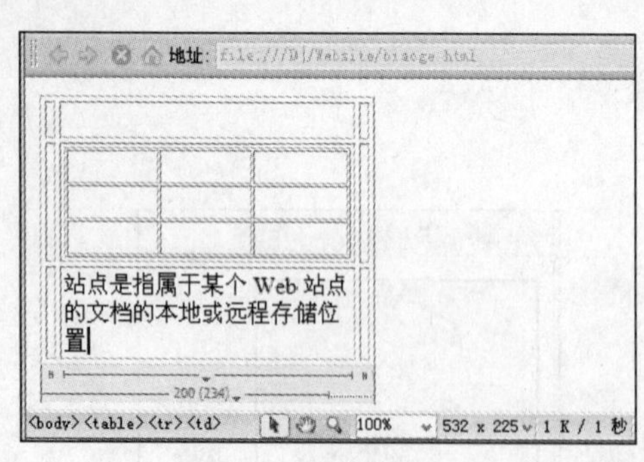

图 7-7　输入文本

图 7-8　插入图像

除了上面所讲的在网页表格单元格中插入文本、图像元素以外，同样可以插入 FLV、SWF 等文件，也可以导入和导出数据。

7.2　设置表格及单元格的属性

对在 Dreamweaver CS5 中的网页中插入表格，并对表格进行一定的设置，通过对表格和单元格的设置，在满足网页设计布局要求的同时满足用户浏览需求。下面介绍设置表格及单元格的属性方面的知识。

7.2.1　设置表格属性

在设置表格属性时，除了可在通过菜单操作“插入”表格弹出的对话框中进行一些设置外，主要是通过表格所在页面下方的“属性”面板来实现的。两者的区别是，前者是在插入表格时进行的，而后者则是在插入表格以后进行设置。

在文档中插入表格之后，将表格选中，然后在“属性”面板中进行设置。如果没有显示“属性”面板，可以选择菜单中的“窗口”→“属性”命令，打开“属性”面板，如图 7-9 所示。

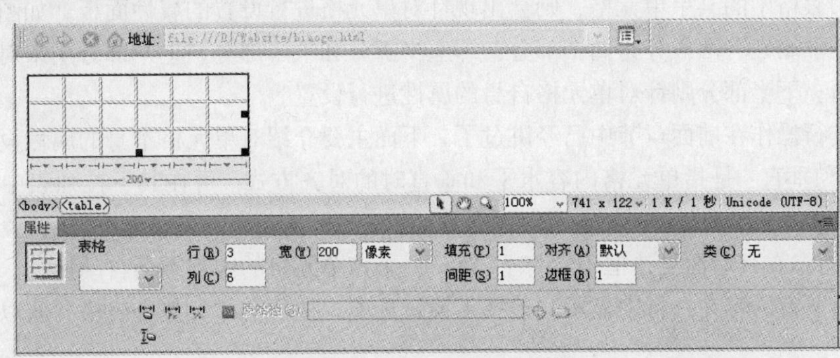

图 7-9　表格“属性”面板

表格“属性”面板主要参数含义如下。

- 表格 ID：定义表格在网页文档中唯一编号标识。可以输入一个表格的名称。
- 填充：用于定义表格边框与其中各单元格之间的距离，单位为像素。如果不需要此设置，可设置为“0”。
- 对齐：定义表格中单元格内容的对齐方式，默认为两端对齐。用户可设定为左对齐、居中对齐、右对齐等。
- 类：在该下拉列表框中，可以将 CSS 规则应用于对象。
- 表格设置区域（表格尺寸）：“清除列宽”按钮可将已经定义的表格宽度清除，转换为无行高定义的表格，使表格随内容的增加而自动扩展宽度；“将表格宽度转换成像素”按钮可将以百分比为单位的表格宽度转换为以像素为单位的表格宽度；“将表格当前宽度转换成百分比”按钮可将以像素为单位的表格宽度转换为以百分比为单位的表格宽度；“清除行高”按钮可将行高清除并转换成无行高定义的表格，使行高随着内容的增加而自动扩展。
- Fireworks 源文档：如果在设计表格时使用了 Fireworks 源文件作为表格的样式设置，则可通过此项目管理 Fireworks 的表格设置，并将其应用到表格中。

在“属性”检查器中还可以直接设置表格的各按钮，这些按钮可以在设置表格宽度或者高度之间转换。

7.2.2 设置单元格属性

表是由一个个单元格组成的。所以对单元格的设置是对整个表进行设置不可缺少的重要组成部分，下面对单元格属性的设置作一介绍。

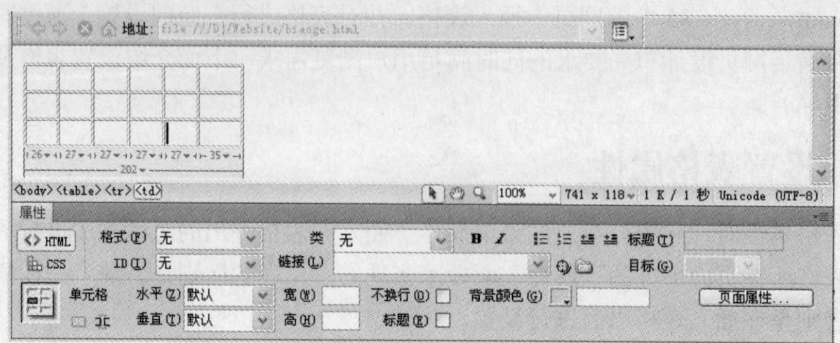

图 7-10 单元格“属性”面板

首先选中表格中的某一单元格，则会出现针对单元格进行设置的属性面板，如图 7-10 所示。

单元格的“属性”面板分为两个部分：即上半部分和下半部分。上半部分用来对单元格内的文本进行编辑；下半部分则针对单元格自身的属性进行设置。

对文本进行操作在前面章节中已经讲过了，下面主要介绍对单元格本身的属性设置。

- 水平和垂直：是指单元格内容水平和垂直时的对齐方式。可在其下拉列表中选择相应的方式。
- 不换行：在其后面复选框中若打上“√”，则该单元格的内容不会自动换行。该选项属于强制不换行，所有内容在一行中显示。选择不换行选项，往往会撑大整个表格，所以一般不要使用这种方式。
- 合并单元格：在“属性”面板“单元格”下方为合并单元格按钮，可对两个以上的单元格进行合并。
- 拆分单元格：按钮可以将一个单元格拆分成几个按行或按列排列的单元格，也可对两个以上的单元格进行合并后再进行拆分。
- 标题：在其后面复选框中若打上“√”，则设置该单元格为标题单元格，表示将当前单元格的内容变成标题。选中该复选框后，当前单元格的内容将自动居中并加粗，如图 7-11 所示。

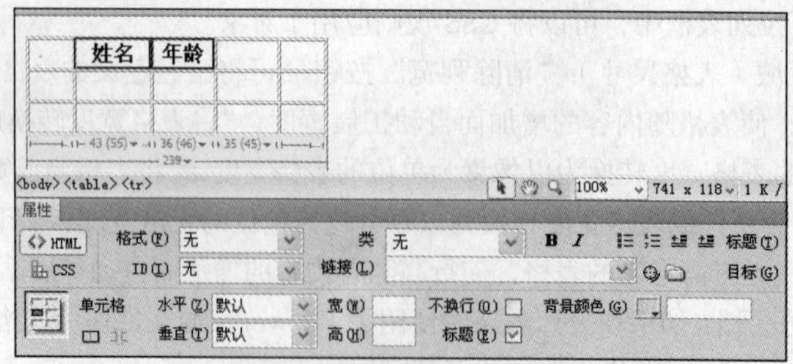

图 7-11 表中文本变成标题

- 背景颜色：用来设置整个单元格的背景颜色。在设置单元格的基本操作前。

7.3　表格与单元格具体操作

上节已经讲述了表格和单元格的属性情况，下面介绍表格和单元格的具体操作。

7.3.1　表格的操作

在计算机中进行操作时，要先选中被处理的对象，同样对表格操作也不例外，对表格来说，其基本操作主要包括对表格行与列的操作。可以采取以下办法选中表格。

● 将光标定位在某一单元格中，然后选择“修改”→“表格”→“选择表格”命令，如图 7-12 所示。

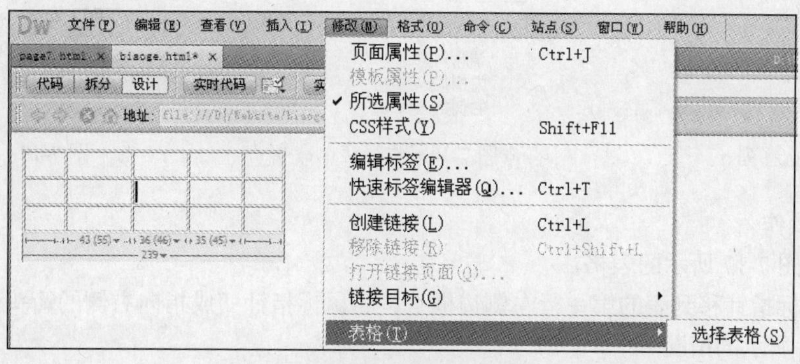

图 7-12　表格选择菜单

● 单击表格任意一个边框，可以选择整个表格，如图 7-13 所示。

● 将光标定位在一个单元格中，此时标签栏上显示出表格标签，单击<table>标签即可选取表格，如图 7-14 所示。

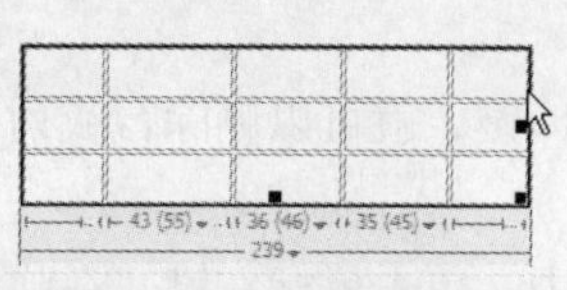

图 7-13　用鼠标选取表格

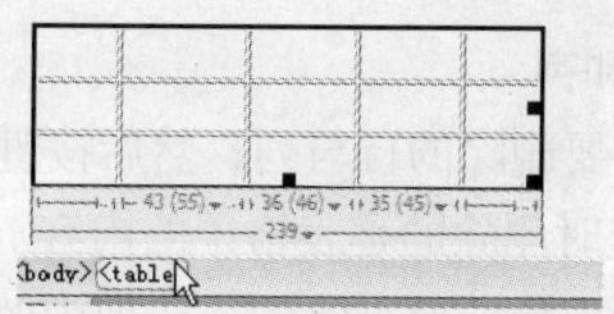

图 7-14　单击<table>标签选取表格

● 将鼠标移动到表格的上边框或下边框，当鼠标尾部变成如图 7-15 所示的形状时，单击即可选取整个表。

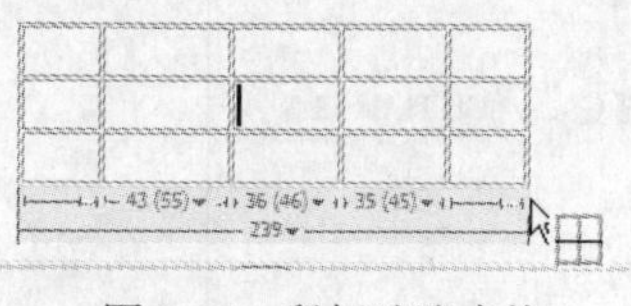

图 7-15　鼠标选取表格

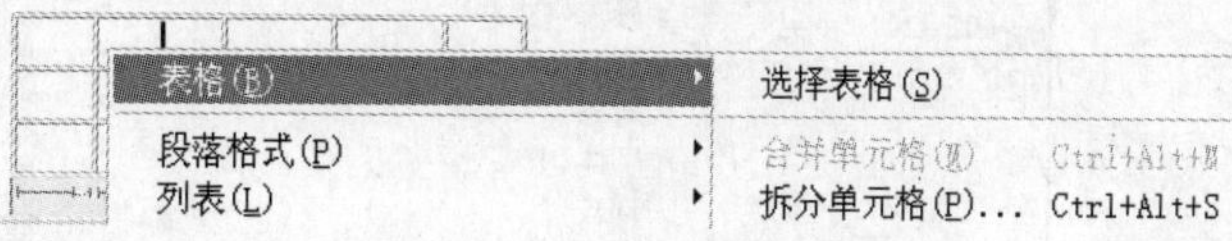

图 7-16　快捷菜单选取表格

● 将光标定位在单元格中，单击鼠标右键，在弹出的快捷菜单中选择“表格”→“选择表格”命令，如图 7-16 所示。

7.3.2 网页中表格行与列的操作

行与列是表格使用中最常用的操作，下面主要介绍网页中表格行与列的操作。

1. 列的操作

（1）新建或打开一个网页，在其中建立一个表格，用鼠标单击表格的边框，出现绿色标注。然后将鼠标指针移动到需要选中的那一个列的下方，单击绿线中的三角按钮，如图 7-17 所示。

（2）在弹出的快捷菜单中选择“选择列”命令，如图 7-18 所示。

（3）经过上面操作，第一列的两个单元格边框颜色都加粗了，说明此列已经被选取了，如图 7-19 所示。

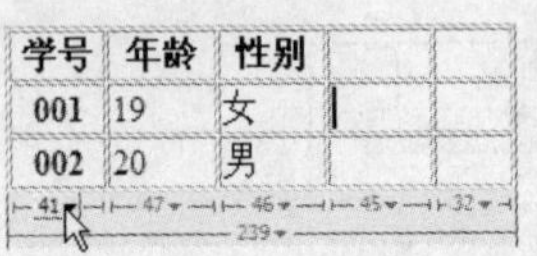

图 7-17　选择列

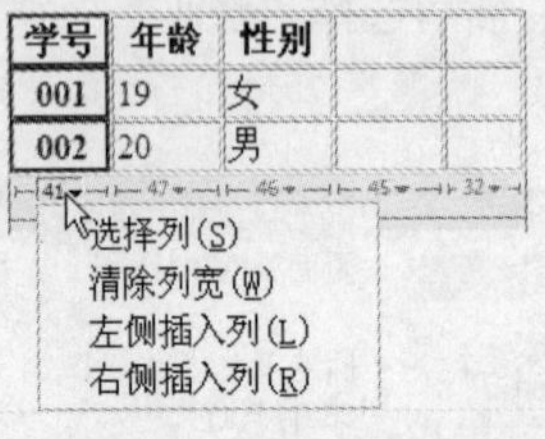

图 7-18　选择菜单命令

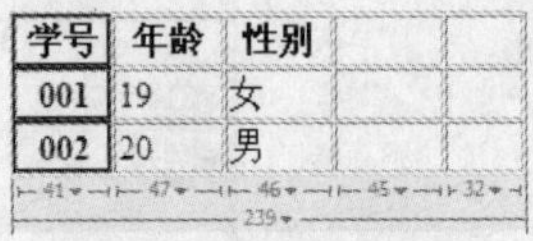

图 7-19　选中表中列

2. 行的操作

（1）选择图 7-17 所示的表格。

（2）将鼠标指针移到表的第一行左侧边框上，当鼠标指针变成指向右侧的箭头➡时单击，则出现如图 7-20 所示的情况。

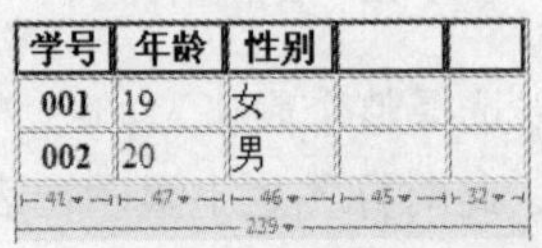

图 7-20　选取行

3. 删除行和列

（1）选择需要删除的行与列，然后按键盘上的 Delete 键，就可以删除行或列，但在电子表格中使用 Delete 键时删除的是表格中的内容。

（2）将光标定位在要删除的行或列中的某一单元格中，单击鼠标右键，在弹出的快捷菜单中选择“表格”→“删除行”或者“删除列”命令，如图 7-21 所示。

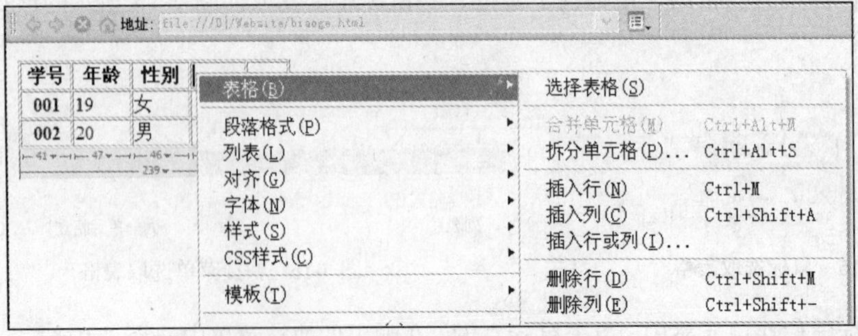

图 7-21　删除行、列操作命令

（3）删除列后的表格如图 7-22 所示。

（4）选择完整的一行或一列，再选择“编辑”→“清除”命令。

学号	年龄	性别	
001	19	女	
002	20	男	

图 7-22　删除列

注意　在对表格中的行或列进行删除时，只能删除整行或整列，无法删除一个或几个单元格，而这一点也和电子表格软件中的操作是不一样的。

4. 插入行或列

插入行或列的最大特点是在表格中需要增加行或列时，不用再建立新的表格，通过增加行与列实现一个新表，从而满足大家的需要。

（1）在如图 7-23 所示表中，将鼠标定位在准备插入行或列的单元格上。

（2）在菜单栏中选择“插入”→“表格对象”→“在上面插入行”命令，在插入列时选择“在左边插入列”命令，如图 7-24 所示。

学号	年龄	性别	
001	19	女	
002	20	男	

图 7-23　定位参照行或列

文件(F)　编辑(E)　查看(V)　插入(I)　修改(M)　格式(O)　命令(C)　站点(S)　窗口(W)　帮助(H)

标签(G)...　Ctrl+E
图像(I)　Ctrl+Alt+I
图像对象(G)
媒体(M)
表格(T)　Ctrl+Alt+T
表格对象(A)
布局对象(Y)
表单(F)

在上面插入行(A)
在下面插入行(B)
在左边插入列(L)
在右边插入列(R)

图 7-24　插入行或列菜单命令

（3）插入行和列的结果如图 7-25 所示。

另外，若在表格中的最一个单元格中按 Tab 键，则自动在表格中最后一行之后添加一个新行。

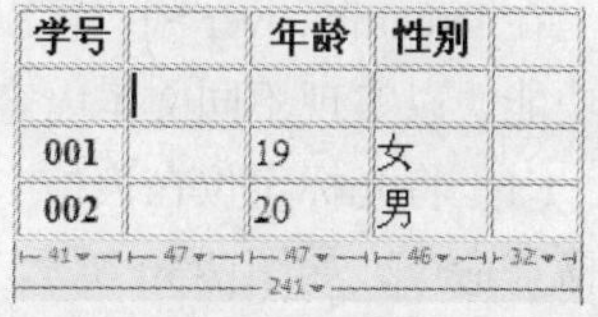

学号		年龄	性别	
001		19	女	
002		20	男	

图 7-25　插入了行和列

（4）若要插入多行多列时，操作如下：

① 将光标定位在作为参照的某一单元格上。

② 在菜单栏中选择“修改”→“表格”→“插入行或列”命令。

③ 弹出“插入行或列”对话框，在“插入”中选择“行”或“列”；在“行数”或“列数”文本框中输入所需要的行或列的数目；在“位置”中选择在参照光标之上还是之下单选选项，如图 7-26 所示。单击“确定”按钮后，结果如图 7-27 所示。

插入行或列
插入：行(R)　列(C)
行数(N)：2
位置：所选之上(A)　所选之下(B)
确定　取消　帮助(H)

图 7-26　多行多列

学号	年龄			性别
001	19			女
002	20			男

图 7-27　插入两行两列

7.3.3 单元格的操作

在 Dreamweaver CS5 中，可以对单元格执行合并与拆分操作，还可以剪切、复制、粘贴单元格并存留单元格的格式，下面作一介绍。

同样在对网页中的单元格进行操作时，首先要选中单元格，可以用以下办法选择单元格。

1. 选取单元格方法

（1）将光标定位在某一单元格内，此时标签栏显示出了表格标签，单击<td>即可选取单元格，如图 7-28 所示。

（2）按住 Ctrl 键并单击要选取的单元格。如果按住 Ctrl 键不放，依次单击单元格，可以选取多个单元格，选取的单元格可以是不连续的，也可以是连续的。

（3）按“Ctrl+[”组合键选取当前光标所在的单元格。

（4）将光标定位在单元格中，或者单击一个单元格，在菜单栏中选择“编辑”→“全选”命令，如图 7-29 所示。

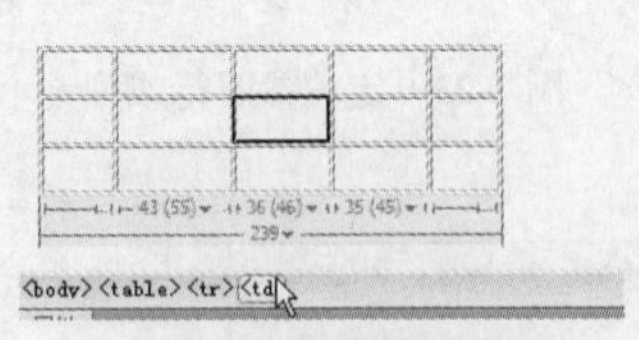

图 7-28 选择单元格

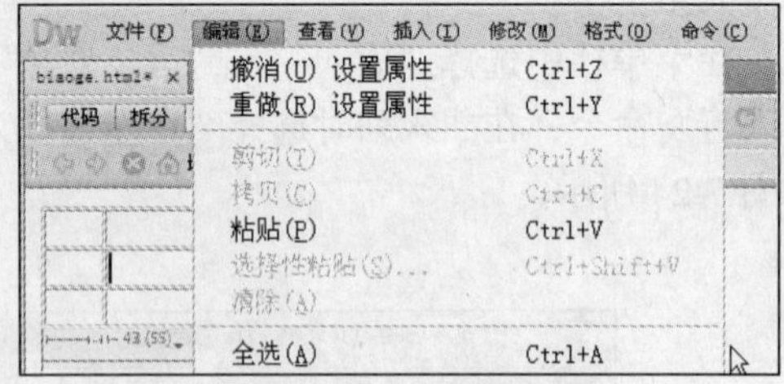

图 7-29 菜单操作

（5）若要选择一个矩形的单元格区域，可以使用以下方法实现：

- 从一个单元格手动拖到另一个单元格。
- 单击一个单元格，然后按住 Shift 键并单击另一个单元格，这两个单元格定义的直线或矩形区域中的所有单元格被选中。
- 在按住 Ctrl 键的同时单击要选择的行或列。

2. 拆分单元格

在 Dreamweaver 中，可以根据网页的具体布局，利用表格中将一个单元格拆分成多个单元格的功能，以实现不同文本内容或排版的需求。

（1）将光标定位在表格中的某一个单元格之中，在菜单中选择“修改”→“表格”→“选择表格”命令，如图 7-30 所示。

图 7-30 拆分单元格菜单

（2）弹出“拆分单元格”对话框，进行拆分，如图 7-31 所示。

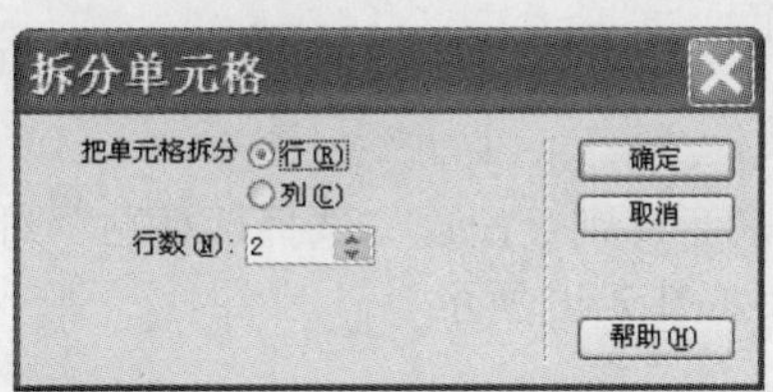

图 7-31　拆分设置

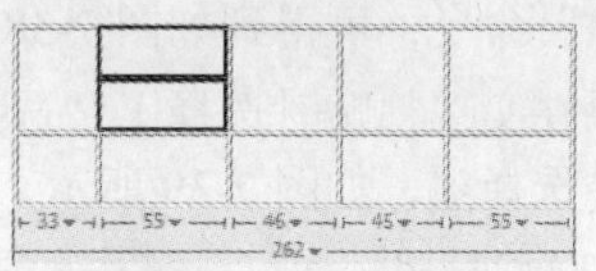

图 7-32　拆分结果

（3）单击“确定”按钮，可看到原单元格被拆成了上下两部分，如图 7-32 所示。

利用同样的方法，可以对“列”进行拆分。

3. 合并单元格

合并单元格在网页布局中要比拆分单元格用得多，因为要放入单元格中的内容一般都比较多或比较大（如图像），如果不采用合并单元格的方式来放置这些内容，其他的单元格也就会随之而被撑大，造成布局混乱而无法进行的情况。所以在用表格进行页面布局的时候，合理地合并单元格将是非常重要的操作。

（1）用前面讲过的选取多个单元格的方法，选取要合并的单元格。

（2）在选取的单元格上单击鼠标右键，在弹出的快捷菜单中选择“表格”→“选择表格”命令，如图 7-33 所示。

（3）这样选取的两个单元格就被合并在了一起，如图 7-34 所示。

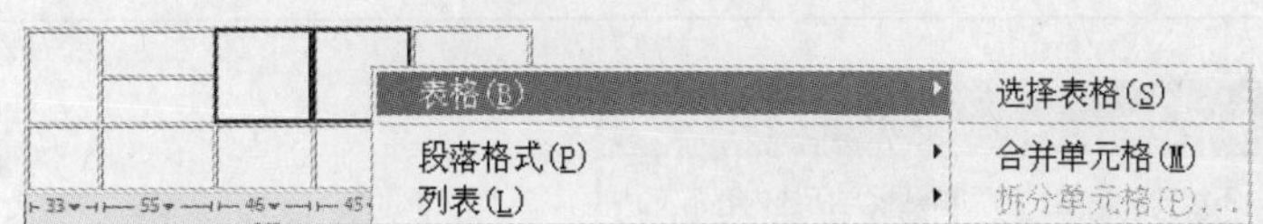

图 7-33　单元格合并菜单操作

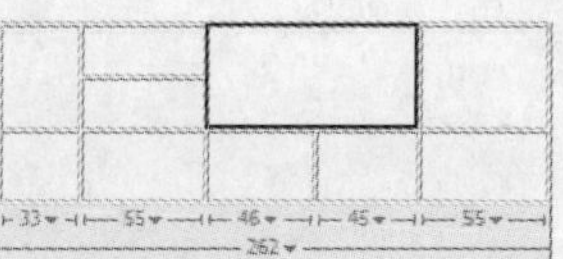

图 7-34　合并单元格

4. 复制、剪切、粘贴和删除单元格

（1）将要复制（剪切）的单元格选取，如图 7-35 所示。

（2）选择菜单栏“编辑”→“拷贝”（或“剪切”）命令，如图 7-36 所示。

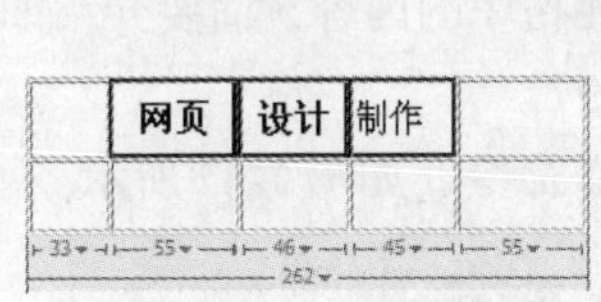

图 7-35　选取单元格

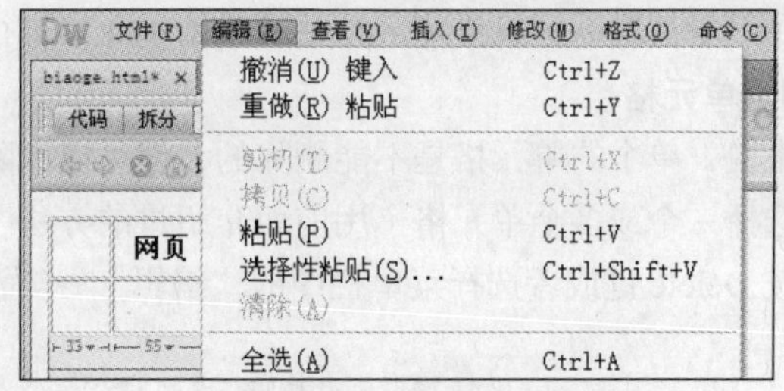

图 7-36　拷贝、剪切、粘贴命令

图 7-37　定位粘贴位置

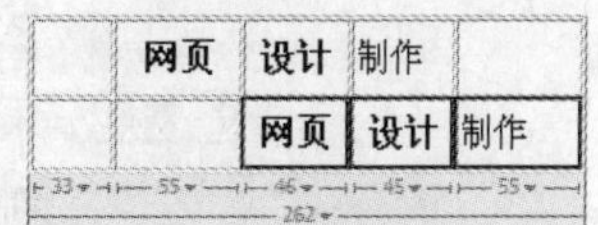

图 7-38　复制结果

（3）将光标定位到要粘贴的起始单元格，如图 7-37 所示。然后在如图 7-36 所示的菜单操作中选择“粘贴”命令，可得到如图 7-38 所示的结果。

（4）如果在实现粘贴时选择了“选择性粘贴”命令，则会出现“选择性粘贴”对话框，若选择“仅文本”选择项，如图 7-39 所示，则操作结果如图 7-40 所示。

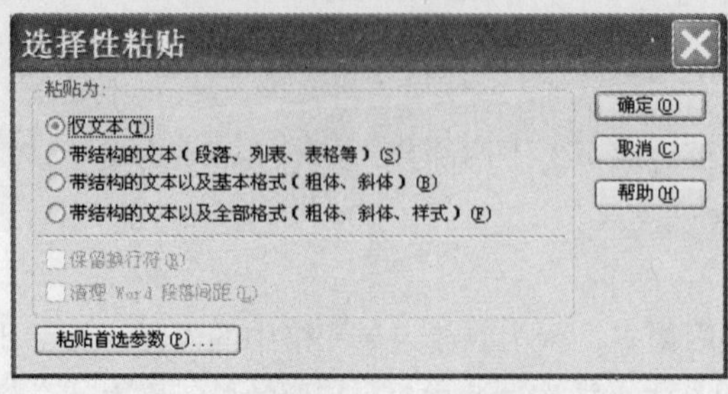

图 7-39　选择性设置

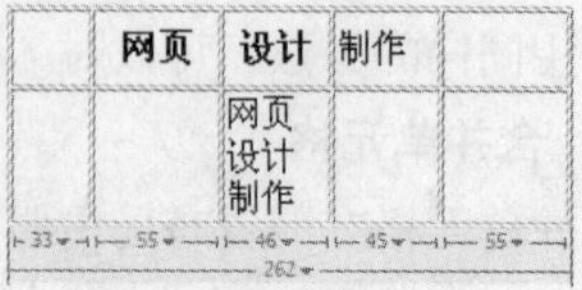

图 7-40　复制的结果

由复制后的结果可以看出，把原来单元格中的内容全部当成纯文本来看待；当选择“带结构的文本（段落、列表、表格等）”选项时，粘贴后的结果如图 7-38 所示，保留复制前的格式，比如“制作”二字没有加粗，复制后也没有加粗。

注意

要把已经复制（或剪切）的内容复制（或移动）到选定的单元格中进行粘贴时，如果选取的粘贴单元格数小于被复制的单元格数时，就会弹出如图 7-41 所示的提示对话框。

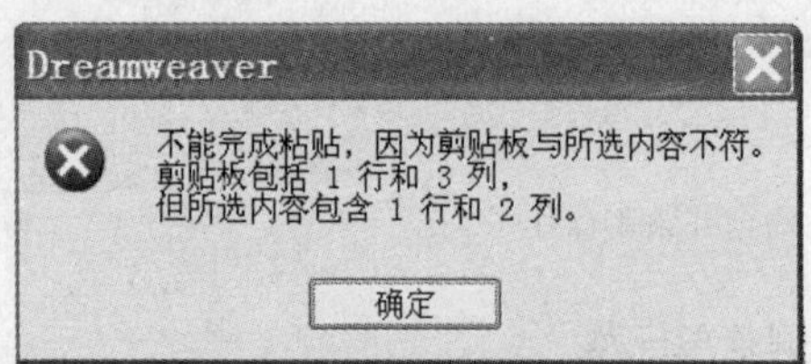

图 7-41　粘贴错误对话框

同样，如果选择的粘贴单元格的数目多于复制的单元格的数目，同样也会弹出一提示的对话框。所以在一般情况下，只要选定粘贴的起始单元格进行粘贴就行了。

5. 删除单元格

一般来说，单个的单元格是不能删除的，但可以删除单元格中的内容，简要介绍如下。

（1）选择一个或多个单元格（用前面介绍过的方法）。

（2）按 Delete 键或者选择菜单栏中的“编辑”→“清除”命令，如图 7-42 所示。

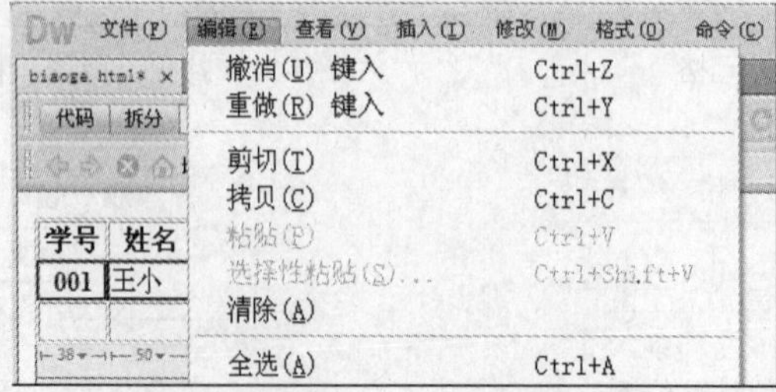

图 7-42　命令选择

如果选择“编辑”→“清除”命令或按 Delete 键时选择了完整的行或列，则将从表格中删除整个行或列，包括行列中的内容。

7.4　表格的进一步操作

在前面几节中，主要讲述了表格和单元格通过 Dreamweaver CS5 窗口有关菜单进行的基本操作，下面再来进一步介绍一些表格的操作。

边框构成了表格的实现效果，其宽度以像素为单位。通过对边框的设置，可以制作出各种不同效果的表格，进一步对网页进行美化，下面通过实例和相应代码来进行介绍。

7.4.1　表格分隔线与边框操作

1. 设置表格分隔线

（1）在菜单栏中选择“插入”→“表格”命令。

（2）弹出“表格”对话框，做如图 7-43 所示的参数设置。

（3）单击“确定”按钮后，绘制出一个带边框的表格，如图 7-44 所示。

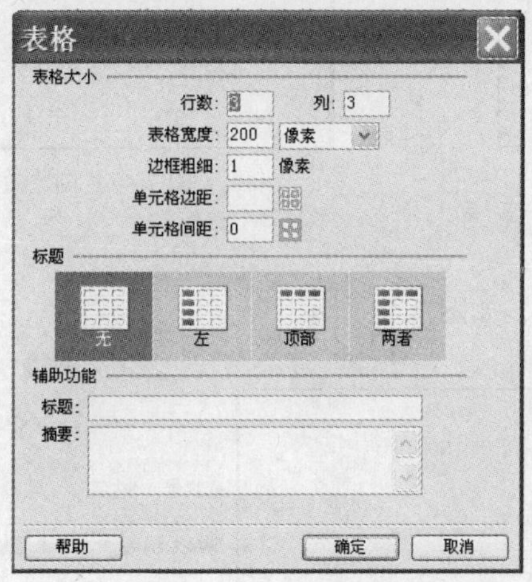

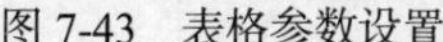
图 7-43　表格参数设置

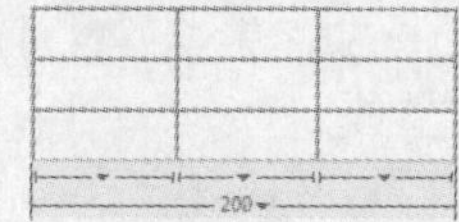

图 7-44　插入表格

（4）切换到代码视图，选择“拆分”，出现如图 7-45 所示的效果，可以看到插入的 2 行 3 列表格所对应的代码。

（5）在<Table>标签中加入代码 rules="none"，如图 7-46 所示。

（6）保存文档。按 F12 键，在浏览器窗口中可以看到表格的分隔线全部被隐藏了，如图 7-47 所示。由此可见，对表格处理也可通过代码的方式来实现。

查看表格代码的<table>标签，其中“width”表示表格的宽度，“border”显示表格边框的粗细，“cellspacing”表示单元格的间距。<table>标签中的 rules 主要包括 cols、rows 和 none 3 个参数，其含义如下。

- Rules=“cols”时，表格会隐藏横向的分隔线，此时只能看到表格的列。
- Rules=“rows”时，表格会隐藏纵向的分隔线，此时只能看到表格的行。
- Rules=“none”时，表格的横向和纵向分隔线全部被隐藏。

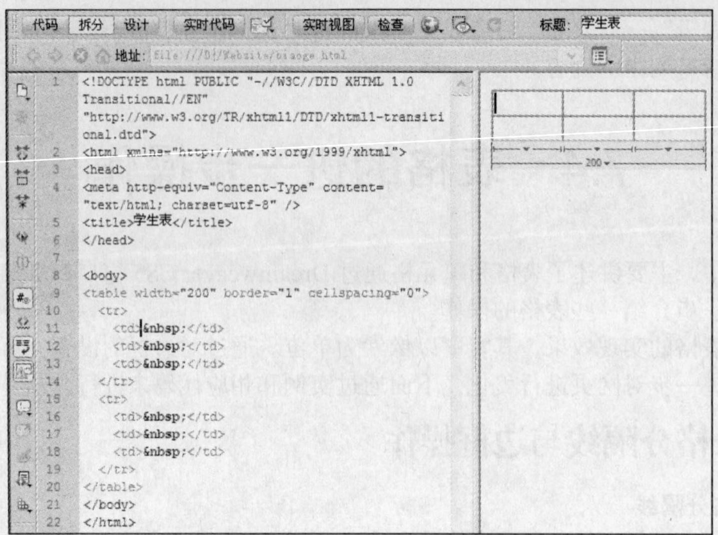

```
<!DOCTYPE html PUBLIC "-//W3C//DTD XHTML 1.0 Transitional//EN" "http://www.w3.org/TR/xhtml1/DTD/xhtml1-transitional.dtd">
<html xmlns="http://www.w3.org/1999/xhtml">
<head>
<meta http-equiv="Content-Type" content="text/html; charset=utf-8" />
<title>学生表</title>
</head>

<body>
<table width="200" border="1" cellspacing="0">
  <tr>
    <td> </td>
    <td> </td>
    <td> </td>
  </tr>
  <tr>
    <td> </td>
    <td> </td>
    <td> </td>
  </tr>
</table>
</body>
</html>
```

图 7-45　拆分窗口

```
<body>
<table width="200" border="1" cellspacing="0" rules="none">
  <tr>
    <td> </td>
    <td> </td>
    <td> </td>
  </tr>
  <tr>
```

图 7-46　添加代码

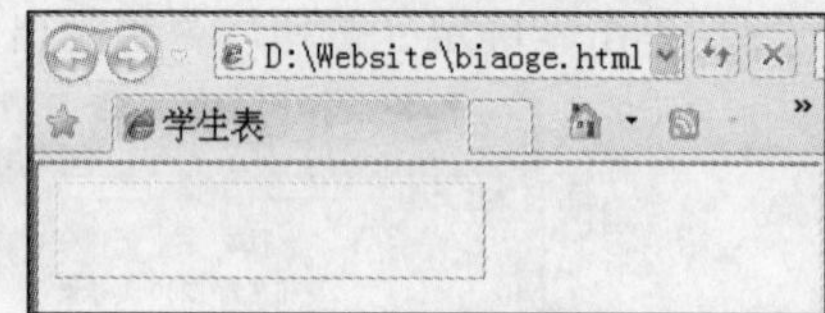

图 7-47　浏览效果

2. 隐藏表格边框

（1）在图 7-45 中的代码里添加如下内容，如图 7-48 所示。

```
<title>学生表</title>
</head>

<body>
<p> </p>
<p> </p>
<p> </p>
<table width="200" border="10" cellspacing="1" rules="none">
  <tr>
    <td width="49">学号</td>
    <td width="62">姓名</td>
    <td width="53">年龄</td>
  </tr>
  <tr>
    <td>001</td>
    <td>李红</td>
    <td>19</td>
```

学号	姓名	年龄
001	李红	19

图 7-48　添加代码生成新表格

（2）如果不显示表格的外边框，可以在<table>标签页中加入代码 frame="void"，去掉表格的外边框，更改代码如图 7-49 所示。

```
<table width="200" border="10" cellspacing="1" frame="void">
  <tr>
    <td width="49">学号</td>
    <td width="62">姓名</td>
    <td width="53">年龄</td>
  </tr>
```

图 7-49　添加 frame="void"代码

（3）保存文档。按 F12 键，可看到如图 7-50 所示的浏览效果。

（4）再在图 7-49 中添加 rules="none"代码，如图 7-51 所示。保存文档并运行，可看到图 7-52 所示的效果，即没有任何边框的表格。

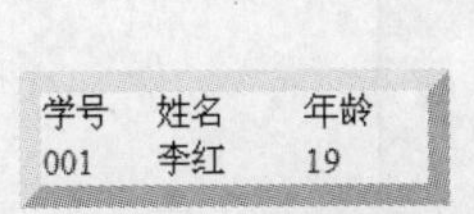

图 7-50　浏览效果

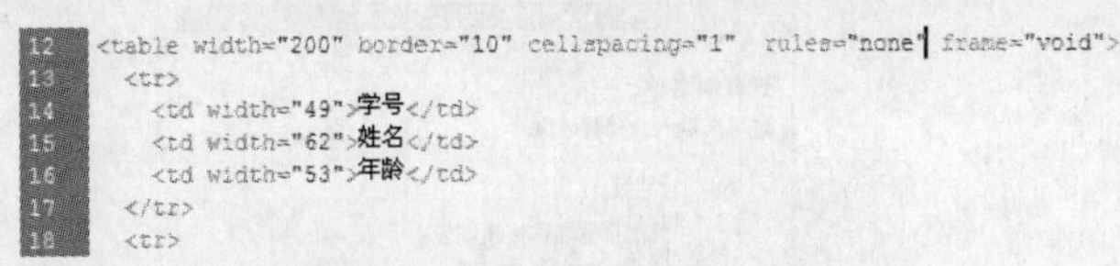

图 7-51　添加 rules="none"代码

学号	姓名	年龄
001	李红	19

图 7-52　浏览效果

<table>标签中的 frame 主要包括 above、below、vsides、hsides、ths、rhs 和 void 7 个参数，并且它只控制表格的边框。各参数的含义如下。

- Frame="above"时，显示上边框。
- Frame="below"时，显示下边框。
- Frame="vsides"时，显示左、右边框。
- Frame="hsides"时，显示上、下边框。
- Frame="lhs"时，显示左边框。
- Frame="rhs"时，显示右边框。
- Frame="void"时，不显示任何边框。

7.4.2　表格特效设置

表格除了可以用来布局页面外，还可以通过对其美化增加页面的效果。

1. 细线边框表格

细线边框表格使得表格看起来比较清晰，所以在网页中应用比较多。

（1）在页面中插入一个 2 行 3 列、宽度为 200 像素、边框粗细为 0、单元格间距为 1 的表格。

（2）选取整个表格，如图 7-53 所示。

（3）在“CSS 样式”面板的“全部”下的“所有规则”栏中，在右键快捷菜单中选择“新建”命令，如图 7-54 所示。

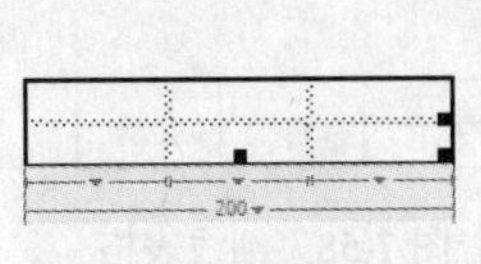

图 7-53　创建表

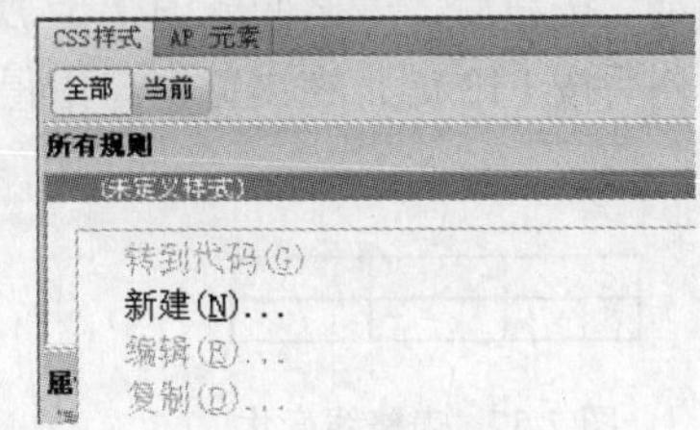

图 7-54　菜单操作

（4）在弹出的“新建 CSS 规则”对话框中的“为 CSS 规则选择上下文选择类型”下拉列表中选择“标签（重新定义 HTML 元素）”，并在“选择或输入选择器名称”文本框中输入“table”，如图 7-55 所示。

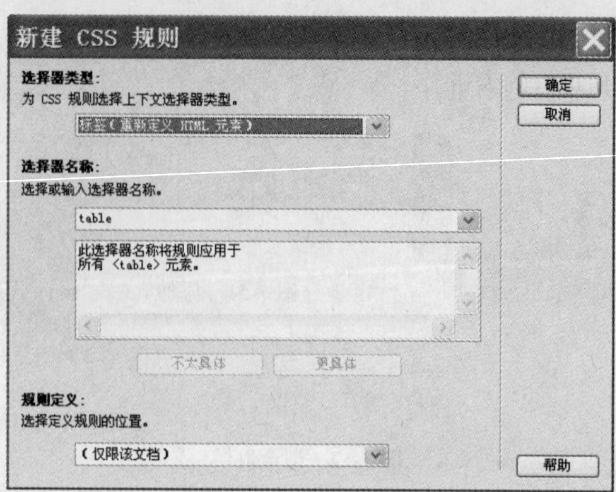

图 7-55　新建 CSS 规则

（5）单击“确定”按钮后，在图 7-56 的“分类”中选择“背景”，在 Background-color 中选择黑色。

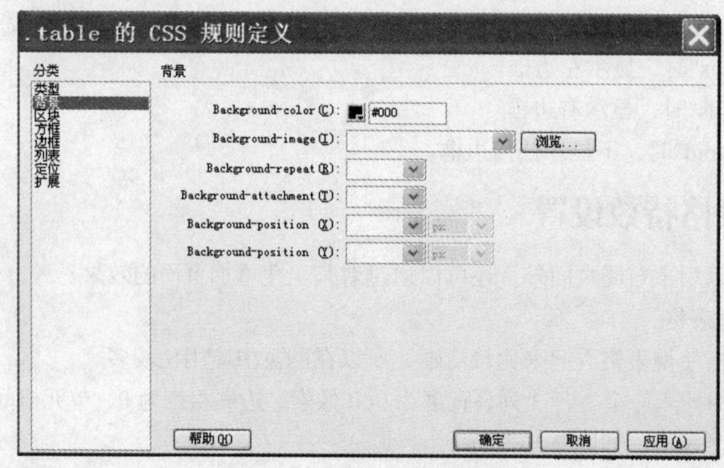

图 7-56　CSS 规则定义

（6）单击“确定”按钮后，表格变成图 7-57 所示的效果。

（7）在保存文档后按 F12 键，在浏览窗口中得到细线边框表格，如图 7-58 所示。

图 7-57　表格线变化　　　　图 7-58　细线表格

2. 并排两个表格

如果在一个页面中插入两个表格时，第二个表格会自动跳到第一表格的下方。如果想让两个表格放置在同一行，可通过如下操作完成。

（1）选取第一个表格，如图 7-59 所示。

（2）在表格“属性”面板的“对齐”中选择“左对齐”，可得到图 7-60 所示的排列在同一行的效果。

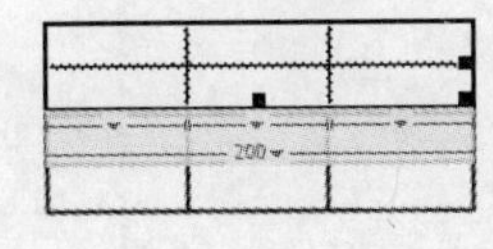

图 7-59　选取第一个表格

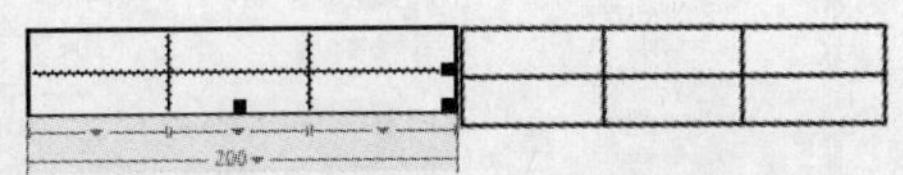

图 7-60　两个表的同行排列

3. 立体化表格

通过颜色对比，可使表格达到立体化的效果，可以使表格具有更加多彩的外观视觉，从而使得页面的变化更加丰富，体现网站的风格。具体操作方法如下。

（1）先在页面中插入一个 2 行 2 列、宽度为“200 像素”、边框粗细为“3”、单元格边距为“0”、单元格间距为“0”的表格。

（2）选取整个表格。

（3）用前面讲过的操作方法，设置整个表格的背景颜色为“绿色#006600”，如图 7-61 所示。边框颜色为白色，如图 7-62 所示。

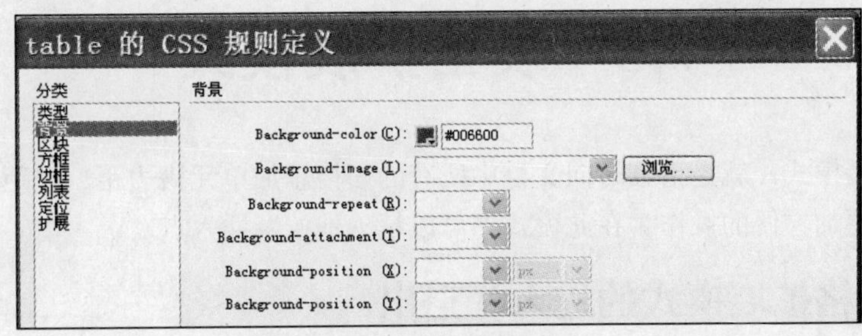

图 7-61　设置背景颜色

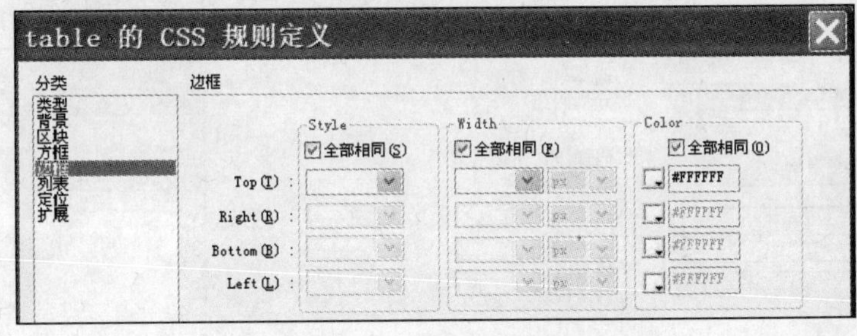

图 7-62　设置边框颜色

（4）颜色设置的效果如图 7-63 所示，选中此表格，选择菜单“修改”→“编辑标签”命令。

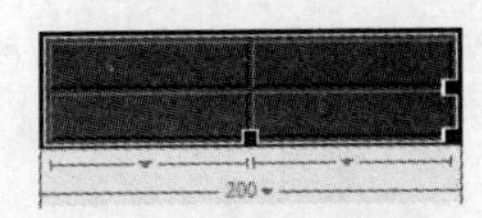

图 7-63　表格颜色设置效果

（5）在弹出的“标签编辑器-table”对话框中单击“浏览器特定的”选项，设置“边框颜色亮”为黑色（#000000）。

（6）单击“确定”按钮，完成设置，保存文档。按 F12 键，在浏览器窗口中浏览，结果如图 7-65 所示。

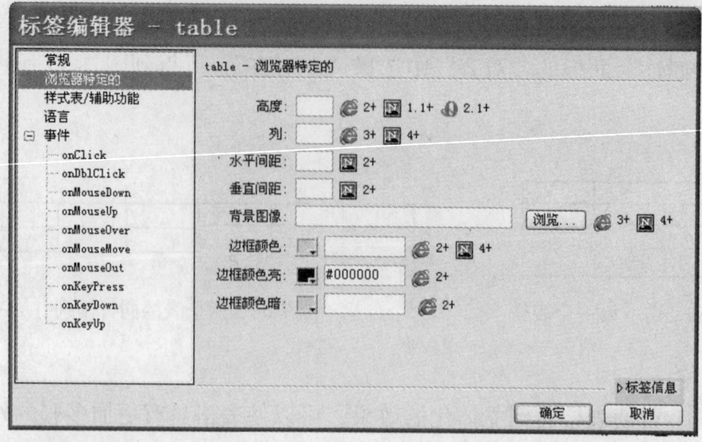

图 7-64 设置浏览器中显示

图 7-65 浏览效果

图 7-66 间距加大的效果

若要使凸起感更强，可以对表格的间距进行修改，例如，将间距设为 5 时，其效果如图 7-66 所示。

7.5 表格扩展模式

所谓表格扩展模式，就是指临时向文档中所有的表格添加单元格边距、间距和增加表格的边框，为编辑提供更加方便的操作，在此模式下可以精确地放置插入点。

7.5.1 表格扩展模式的进入和退出

（1）在网页中插入一个表格。

（2）选取整个表格，选择菜单“查看”→“表格模式”→“扩展表格模式”命令。

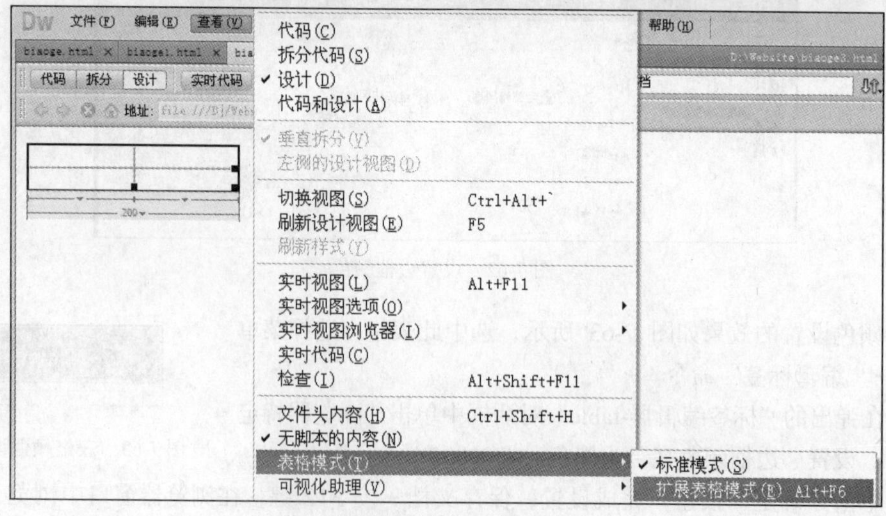

图 7-67 菜单操作命令

（3）执行命令后，显示如图 7-68 所示的扩展效果。表格中单元格之间的间距加大了，同时还增加了表格的边框。若要退出扩展模式，单击“退出”按钮即可。

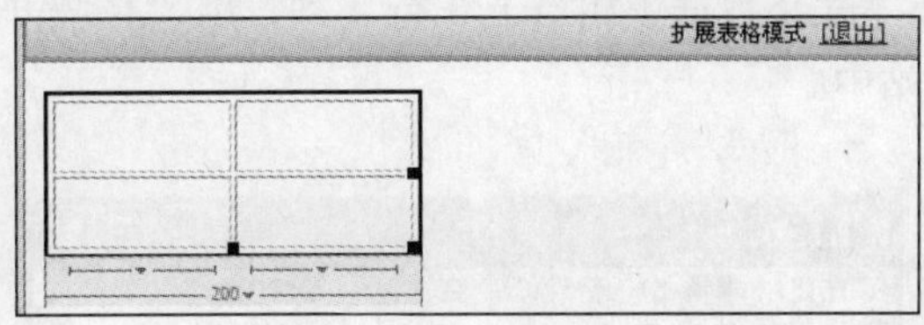

图 7-68　扩展效果

7.5.2　表格扩展模式的应用

（1）在创建的表格单元格中插入一张图片，如图 7-69 所示。

（2）若要给图像所在单元格中加入文字，会发现总是选中的是该图像或表格单元格，而想要把插入点放置在该单元格时会比较困难。

（3）进入表格的扩展模式后，会发现图片的周围增加了间距，此时光标很容易插入图片所在的单元格内，可以方便地输入文本等内容，如图 7-70 所示。

图 7-69　表格单元格插入图片

图 7-70　图片单元放置插入点

7.6　表格中数据的处理

在制作网页时，表格除了用来布局网页外，还是一种常见的数据处理和数据存储方式，所以掌握网页中表格的数据处理功能也是非常重要的，它可以丰富网页的内容。

7.6.1　导入和导出表格数据

在网页中，可在建立的表格中输入需要处理的数据，但当数据量比较大时，输入起来就比较麻烦了。在 Dreamweaver 中，可以将另一个应用程序（如常用的 Microsoft Excel、Word、记事本等）中创建的并以分隔文本的格式（如用制表符、逗号、冒号或分号隔开保存的表格式数据）导入 Dreamweaver 中，并设置成表格格式。

反之，也可以将表格数据从 Dreamweaver 导出到文本文件中，相邻单元格内容由分隔符隔开。当导出表格时，将导出整个表格，而不能选择部分导出。

1. 导入表格数据

（1）通过记事本导入表格数据

① 比如创建一个记事本表格数据（相当于 3 行 4 列，用“,”隔开），如图 7-71 所示。并将文件存放在自己建立的网站中。

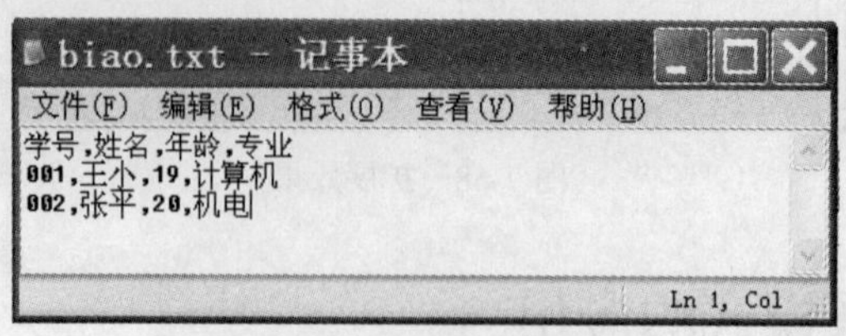

图 7-71 创建文本格式数据

② 在 Dreamweaver CS5 新建的网页窗口中选择“修改”→“页面属性”命令，在“分类”列表中选择“标题/编码”选项，在“编码”下拉列表框中选择“简体中文（GB2312）”选项，如图 7-72 所示。

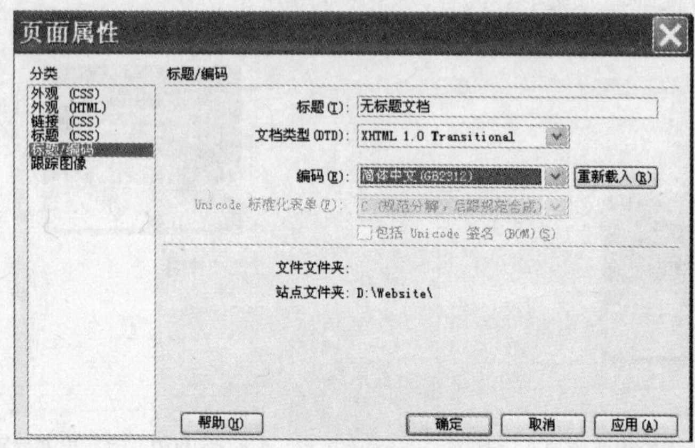

图 7-72 设置页面属性

③ 在网页页面中定位要插入表格的光标位置。选择“插入”→“表格对象”→“导入表格式数据”命令，在“数据文件”中选择要导入的表格式文件，在“定界符”下拉列表中选择“逗点”等其他设置，如图 7-73 所示。

④ 单击“确定”按钮，出现如图 7-74 所示的表格。

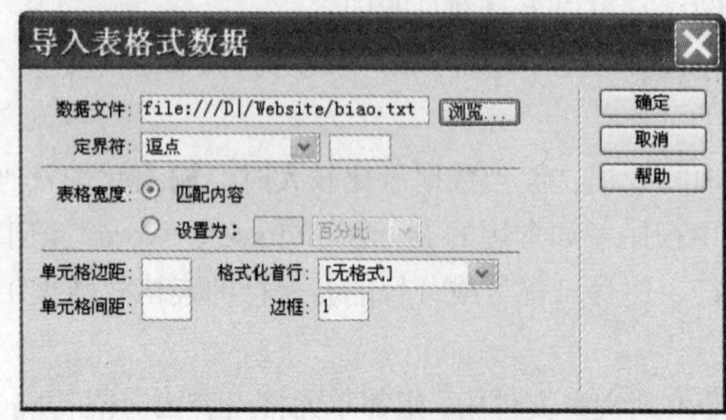

图 7-73 导入表格式数据

学号	姓名	年龄	专业
001	王小	19	计算机
002	张平	20	机电

图 7-74 导入的数据格式表格

要确保指定保存数据文件时使用了定界符，否则无法正确导入文件，同时也无法在表格中对数据进行正确的格式设置。

（2）导入 Excel 中的数据

① 首先要建立一个 Excel 数据表格文件，最好将其放在自己所建立的站点中。

② 打开或建立一个网页页面，将光标插入要生成表的位置。

③ 选择菜单“文件”→“导入”→“Excel 文档”命令。在弹出的对话框中选择要导入的电子表格 Excel 文档，单击“确定”按钮后，出现如图 7-75 所示的表格。

④ 选择导入的表格，在“属性”面板中设置表格的边框等，最后效果如图 7-76 所示。

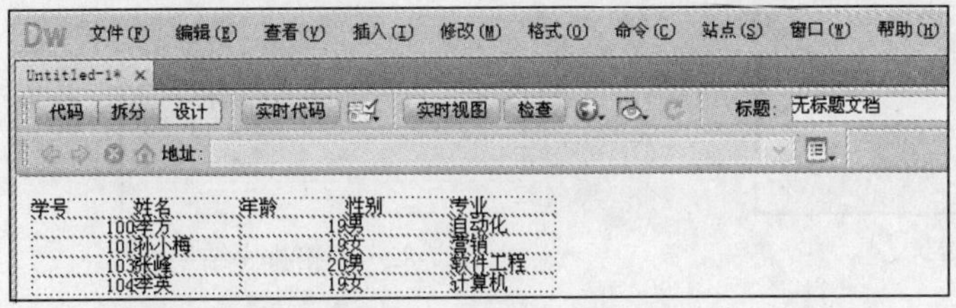

图 7-75　导入的表格

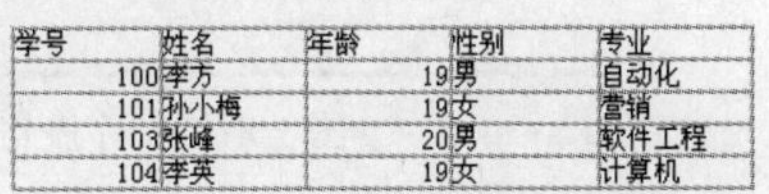

学号	姓名	年龄	性别	专业
100	李方	19	男	自动化
101	孙小梅	19	女	营销
103	张峰	20	男	软件工程
104	李英	19	女	计算机

图 7-76　导入网页中数据格式表格

2. 导出表格数据

（1）在网页中建立一个表格，如图 7-77 所示。

（2）在菜单栏中选择“文件”→“导出”→“表格”命令。

（3）在弹出的“导出表格”对话框中设“定界符”为“Tab”格式，如图 7-78 所示。

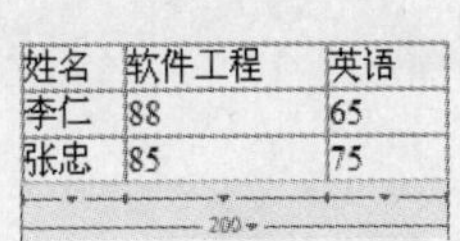

姓名	软件工程	英语
李仁	88	65
张忠	85	75

图 7-77　网页中的表格

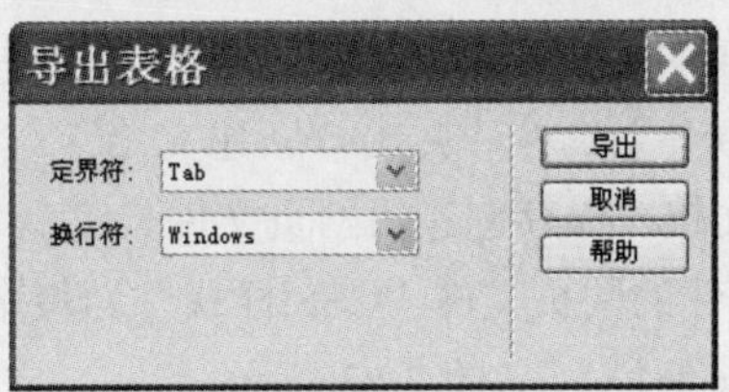

图 7-78　导出设置

（4）再单击“导出”按钮，在所弹出的“表格导出为”对话框中的“文件名”后文本框中输入文件名称时，要注意扩展名，如.txt 文件等。

（5）打开导出的文件，其表格是数据形式，如图 7-79 所示。

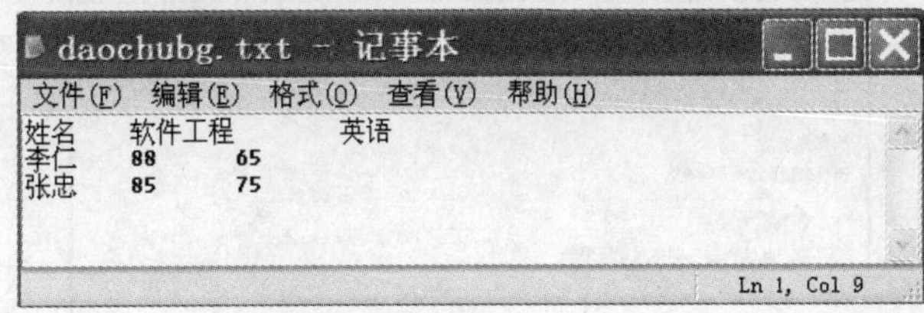

图 7-79　导出的文本数据格式

7.6.2　网页中表格排序操作

在 Dreamweaver 中，除了可以根据表中单个列的内容对表格中的行进行排序外，还可以根据两个列的内容对表格中的行进行排序。

（1）创建一个表格，并向表格中输入一些数据，如图 7-80 所示。

姓名	软件工程	英语	高数
李仁	88	65	77
张忠	85	75	85
孙东	76	77	76

图 7-80　创建表格

（2）选定表格，选择菜单“命令”→“排序表格”命令，弹出如图 7-81 所示的“排序表格”对话框，进行排序选项设置。

（3）单击“确定”按钮，得到排序后结果，如图 7-82 所示。

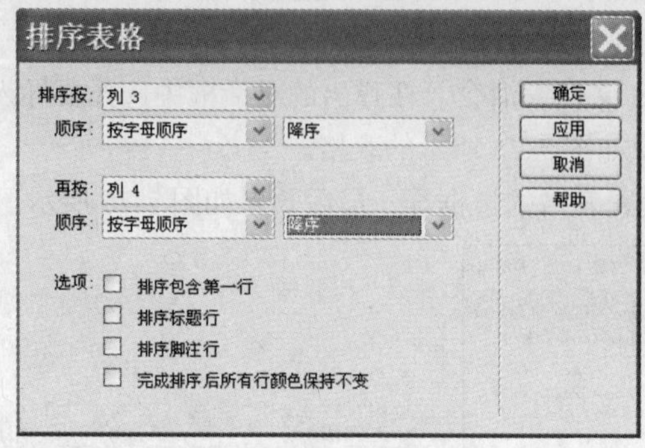

图 7-81　排序表格设置

姓名	软件工程	英语	高数
孙东	76	77	76
张忠	85	75	85
李仁	88	65	77

图 7-82　表格排序结果

7.7　上机练习：用表格布局模式设计网页

使用表格布局模式设计网页既方便又快捷，本章已经学习了一些使用表格布局页面的方法，下面通过练习操作，掌握表格布局模式设计网页的操作方法。

（1）启动 Dreamweaver CS5，在菜单栏中选择“文件”→“新建”命令，弹出“新建文档”对话框。新建 HTML 文档，保存创建的网页文件。

（2）在新建的网页文件“CSS 样式”面板中单击“新建 CSS”按钮，如图 7-83 所示。

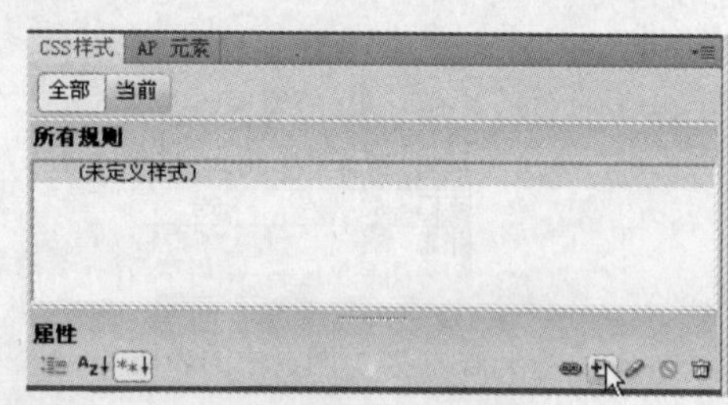

图 7-83　创建 CSS

（3）在弹出的“新建 CSS 规划”对话框中，在“为 CSS 规则选择上下文选择器类型”下拉列表中选择“标签（重新定义 HTML 元素）”，如图 7-84 所示。

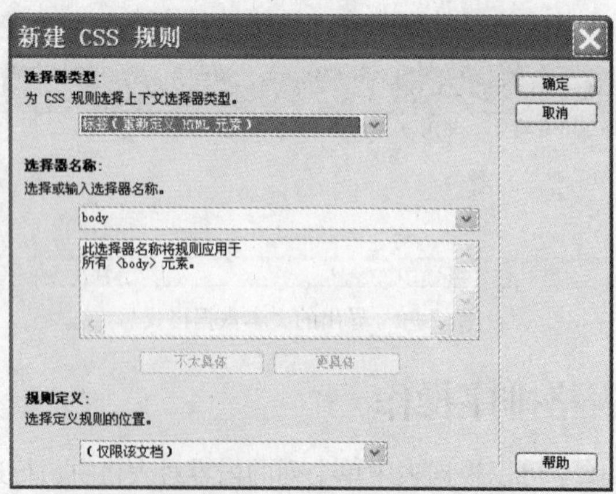

图 7-84　创建 CSS 规则

（4）单击“确定”按钮在弹出的“body 的 CSS 规则定义”对话框的“分类”列表中对“类型”的“Font-size”设为“12”，即 12 号字，如图 7-85 所示。

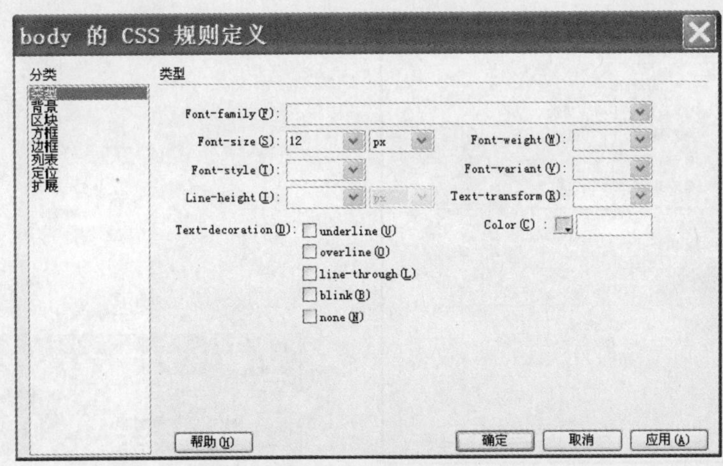

图 7-85　CSS 规则定义

（5）同上，对“背景”进行设置，如图 7-86 所示。

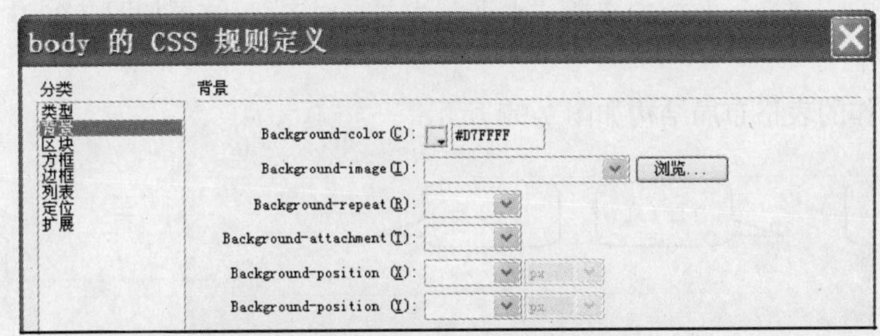

图 7-86　页面背景设置

（6）同理，对“方框”进行设置，如图 7-87 所示。

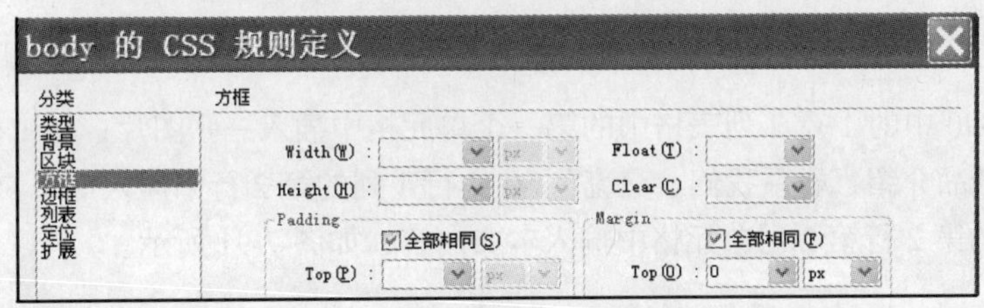

图 7-87　方框设置

（7）选择菜单“插入”→“表格”命令，弹出如图 7-88 的所示的“表格”对话框，并设插入表格的“宽”为“50”，如图 7-89 所示。得到 2 行 2 列表格，如图 7-89 所示。

（8）将光标定位到刚才所建立表格的第 1 行第 2 列的单元格中，在其单元格内插入一个 1 行 2 列的表格，其中“表格宽度”为“900”，并在其对应的“属性”面板中设其第 1 个单元格的“宽”为“260”，“垂直”为“顶端”。以上设置可在图 7-88 和图 7-89 所示的对话框中完成。插入的表格如图 7-90 中所标注的 1 行 2 列所示。

（9）在（8）所建立的 1 行 2 列表中第 1 行第 2 列中建立一个 2 行 1 列的表格，“表格宽度”为“684”,如图 7-90 中标注的“2 行 1 列”所示。

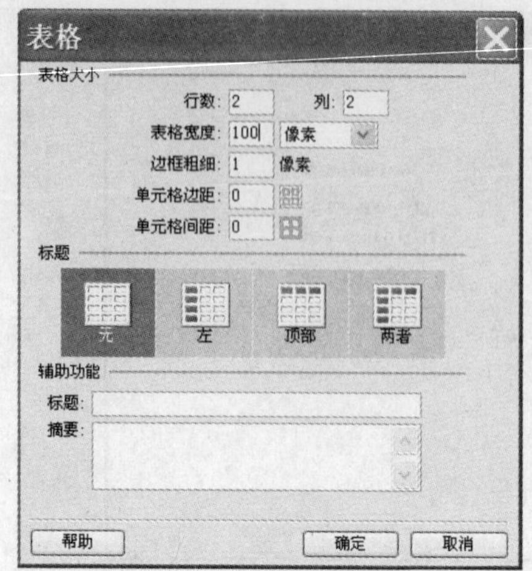

图 7-88　设置表格

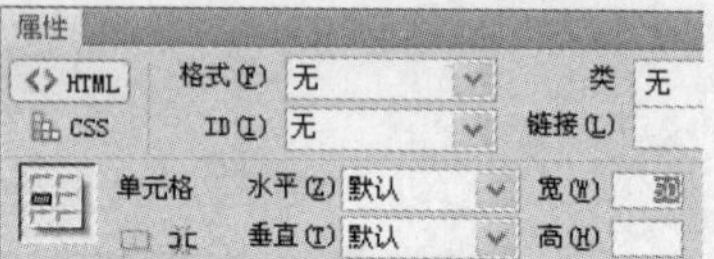

图 7-89　设置列的宽度

（10）在上一步所建的 2 行 1 列表格中的第 1 行中建一个 1 行 4 列的表格，“表格宽度”为“300”，在其对应的“属性”面板中选择“水平”为“右对齐”，结果如图 7-90 中所标注的“1 行 4 列”所示。

（11）以上操作的表格布局结构如图 7-90 所示。

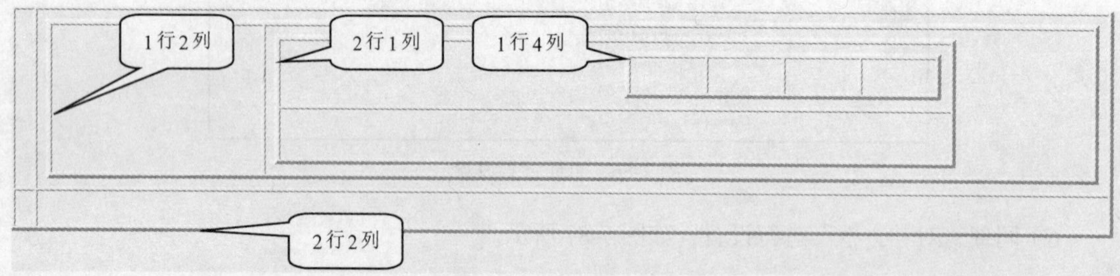

图 7-90　创建的表格布局

（12）在图 7-90 中的 1 行 2 列表格中的第一个单元格中插入一张图片；在 1 行 4 列表格中分别输入“首页、产品介绍、联系我们、交流”；在 2 行 1 列的第 2 行中插入一个 Flash 导航按钮动画；在 2 行 2 列的第 2 行第 2 列单元格中输入本文内容，如图 7-91 所示。

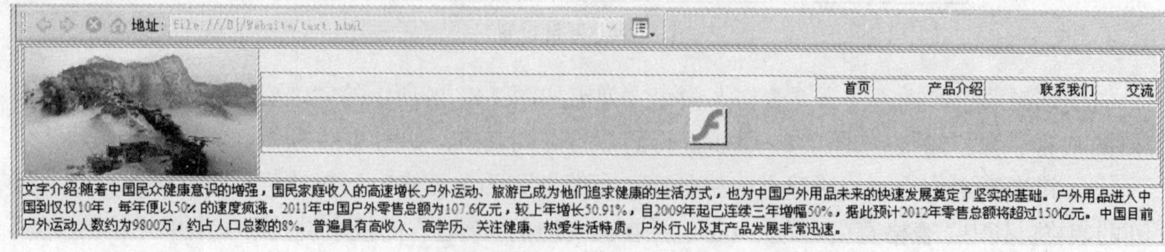

图 7-91　内容输入结果

（13）保存文档。按 F12 键，得到如图 7-92 所示的运行结果。在运行后，同时也能看到表格的边框线，如果在创建表格时设置其“边框粗细”的值为“0”，则在浏览器中就不会看到线条了，这些要根据页面具体要求来确定。

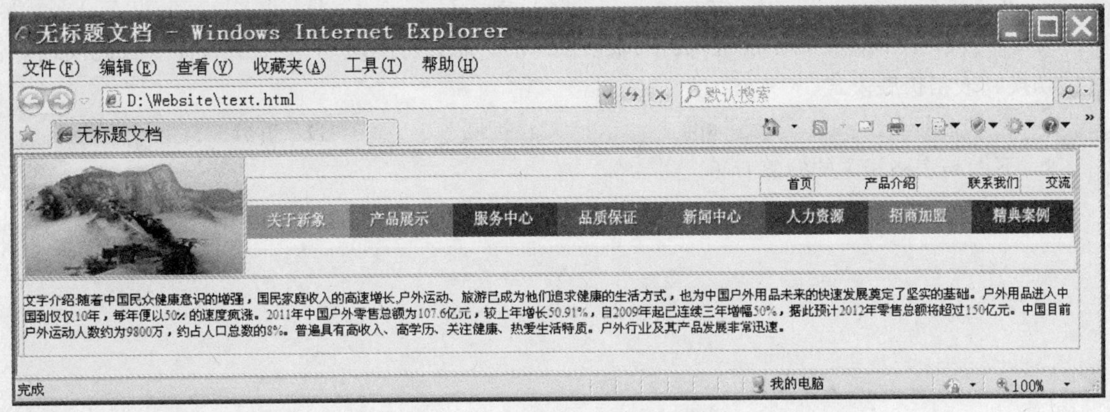

图 7-92　表格布局页面运行效果

小　结

本章主要对网页中的表格操作及其处理作了详细的介绍，表格既可以以一个网页中的元素来体现自己的使用特点，同时主要用来布局网页，用它来对页面平面结构进行划分布局有着极为重要的作用。一定要注意掌握在页面中通过 Dreamweaver CS5 对表格的操作与处理与在别的软件（如电子表格 Excel）中的不同。注意区分对表格以及单元格处理操作的不同，灵活使用属性面板属性设置功能。最后通过一个上机操作完成一个表格的页面布局，并在其中添加了图像、文本、动画等元素。

习　题

1. 在表格的“属性”面板中，图标的含义是（　　）。

   A. 将表格宽度转化为像素　　B. 将表格高度转化为像素

   C. 将表格宽度转化为百分比　　D. 将表格高度转化为百分比

2. “表格对话框”主要由 3 部分组成：表格大小、标题和辅助功能，其中标题有（　　）形式。

   A. 1 种　　B. 3 种　　C. 2 种　　D. 4 种

3 下列不属于表格操作的是（　　）。

   A. 选择行　　B. 删除列

   C. 隐藏表格的边框　　D. 插入行或列

4. 设置拆分单元格的取值范围是（　　）。

   A. 2～10　　B. 1～50　　C. 2～50　　D. 0～10

5. 若要在表格中选中一个单元格，首先将光标定位在此单元格内，然后按下（　　）键。

A. F12　　B. Alt　　C. 鼠标　　D. Shift

6. 导入表格的分隔符有（　　）。

A. 冒号　　B. 分号　　C. 制表符　　D. 逗号

7. 在“代码”视图中是不能进入扩展表格模式的，需要切换到（　　）视图中，在此模式下才能切换到表格扩展模式。

A. 设计　　B. 标准　　C. 扩展　　D. 拆分

8. 下面与表格相关的标签有（　　）。

A. <td>　　B. <frame>　　C. <table>　　D. <rules>

第 8 章 设计框架网页

8.1 框 架 网 页

框架的作用就是把浏览器窗口划分为若干个区域，每个区域用来分别显示不同的网页。框架由两个主要部分组成：框架集和单个框架。框架集在一个文档内定义一组框架的布局和属性，包括框架的数目、框架的大小和位置以及在每个框架中初始显示的页面的 URL；单个框架是指在网页上定义的一个区域。

8.1.1 框架网页概述

框架的作用就是把浏览器窗口划分为若干个区域，而且每个区域可以分别显示不同的网页。这样可以使得整个页面的布局和信息展现更为灵活。

但是由于大多数的搜索引擎都无法识别网页中的框架，或者无法对框架中的内容进行遍历或搜索，但是作为 html 发展过程中不可或缺的一部分，我们还是有必要了解它。

8.1.2 创建各种框架

1．创建框架集

在创建框架集前，首先选择“查看”→“框架边框”命令，这样就可以使框架边框在文档窗口中可见。

如果想要创建框架集，可以执行以下操作之一。

- 选择“修改”→“框架集”→“左、右、上或下拆分框架”命令。
- 按住 Alt 键，然后拖曳任一条框架边框，这样可以垂直或水平分割文档（或已有的框架）；按住 Alt 键，然后从一个角上拖曳框架边框，这样也可以把文档（或已有的框架）划分为 4 个框架。其实用这种方法创建框架集是最为方便的。

把框架边框拖曳到父框架的边框上，这样就可以删除框架。

2．插入预定义框架集

Dreamweaver 通常预定义了 8 种框架集，通过使用预定义框架集，我们就可以轻易创建想要的框架集。选择“插入”→“HTML”→“框架”命令然后选择一种框架。

选择“窗口”→“属性”菜单命令，然后打开属性检查器，设置“边框”为“是”，“边框宽度”为 1。

选择“文件”→“保存框架集”命令，然后在弹出的保存文件对话框中把原来的文件名改为myframeset，最后单击“保存”按钮保存框架集。

3. 创建嵌套框架集

要想实现一个框架集套在另一个框架集内，可以使用嵌套框架为一个文档设置多个框架。

创建嵌套框架集的具体步骤如下。

① 把鼠标光标定位在需要插入嵌套框架集的框架中。

② 执行如下操作之一：

- 选择“修改”→“框架集”→“左、右、上或下拆分框架”命令。
- 选择“插入”→“HTML”→“框架”命令，然后选择一种框架。

4. 框架实例

我们先设计好4个网页文件：

① welcome.htm，通常在顶框架显示；

② dir.htm，通常在左框架显示；

③ lession1.htm，通常在主框架显示；

④ lession2.htm，通常在主框架显示。

设定框架的源文件，其实就是指定在某个框架中需要打开的网页文件，具体步骤如下。

① 选择“文件”→“打开”菜单命令，就会打开上面第一步创建的框架集文件myframeset.htm。

如果提示某些文件不存在，单击“确认”按钮后忽略即可。出现这种情况是因为第一步只保存框架集文件，却没有保存框架文件）。

② 按住Alt键，然后在顶框架中单击，选择顶框架。

③ 选择 “窗口” → “属性” 菜单命令，打开属性检查器。

④ 单击“源”域右边的文件夹图标，接着在弹出的对话框中选择想要在顶框架中打开的网页文件welcome.htm。

⑤ 单击“选择”按钮，welcome.htm网页文件就会在顶框架中被打开。

⑥ 重复上述步骤，首先在左框架中打开dir.htm，然后在主框架中打开lession1.htm。

⑦ 选择“文件” → “保存所有文件”命令，保存所有文件。

⑧ 然后用浏览器预览myframeset.htm文件，这样就可以看到用框架设计的网页了。

如果想要选择左框架的一项，同时希望主框架的内容也同步更新，那么就需要通过创建链接来控制框架的显示内容。首先使用属性检查器的Target（目标）弹出菜单，可以指定在哪个框架中打开被链接的文件。具体步骤如下。

① 首先选择文本或对象，然后在属性检查器的Link域，执行如下操作：

输入要链接的文件名；单击文件夹图标，可以选择要链接的文件或者拖动指向文件图标，指向要选择链接的文件；在此需要指定链接到文件中的锚点，然后在锚点名前输入号码符号#，表示这是一个空链接（空链接单击后页面不变）。

② 在Target弹出菜单上，为被链接文档的显示选择一个合适的目标：

_blank可以在新的浏览器窗口中打开被链接文档，而且可以保持当前窗口可用。

_parent可以在链接所在的父框架集中打开链接文档。

_self可以在当前框架打开链接，替换该框架中的内容。

_top 可以在当前文档的最外层框架集中打开链接，替换所有框架。

③ 选择一个命名框架（本例中选择的是 mainframe，主框架），然后指定在选定的框架中打开被链接文档。

④ 重复上述步骤，就可以创建“设置框架属性”与 lession2.htm 的连接，最后得到结果。

⑤ 选择“文件”→“全部存储”命令，保存所有文件。然后用浏览器预览 myframeset.htm，还可以单击左框架的链接，这样也可以看到主框架的内容随之更新。

需要说明的是，有一些老版本的浏览器和文本浏览器不支持框架，当览到有框架的网页时可能不会正确显示，但是 Dreamweaver 中允许创建非框架内容，这样就可以供不支持框架的浏览器显示。它的使用与以下的语句相似，即把非框架内容插入框架集文档中：<noframes>这里是非框架内容。如果不支持框架的浏览器载入框架集文档时，那么浏览器就只显示非框架内容。

5．定义非框架内容

具体操作步骤如下。

选择“修改”→“框架集”→“编辑非框架内容”命令。Dreamweaver 清除文档窗口中的内容，“非框架内容”就会出现在窗口上部。然后在文档窗口输入或插入内容。接下来选择“窗口”→“html 源码检查器”命令，然后在<noframes>标记之间输入相应的内容或内容的 html 代码。再次选择“修改”→“框架集”→“编辑非框架内容”菜单命令，此时就会返回框架集文档的正常视图。

8.1.3 编辑框架集

1．使用 Dreamweaver 来编辑框架集

页面中经常可能混有框架和框架集，此时就需要选取不同对象来进行不同的属性设置。编辑主要经过如下步骤。

第一步：框架集的属性。选中框架集之后，就可以看见属性对象面板，属性对象面板中的“边框”一项用来设定是否显示边框，“边框宽度”一项用来设定边框宽度，“边框颜色”一项用来设定边框的颜色，除此之外，还可以设置每个边框的尺寸，可以选择像素或者百分比作为单位。

第二步：框架的属性。如果在框架面板中选择任意一个框架，那么在框架面板中被选中的框架就会有黑色的边框显示，此时就可以在属性面板中进行相应的设置了。例如，在属性面板中可以通过“源文件”地址栏来设置框架中的网页文件，通过“滚动”来设置是否加入滚动条，通过“边框”来决定是否显示边框，通过“不能调整大小”来表示不允许在浏览器改变框架大小，此外，还可以通过“边界宽度”和“边界高度”来分别设置边界的宽度和高度，它们可以决定框架中内容和边框的距离，如图 8-1 所示。

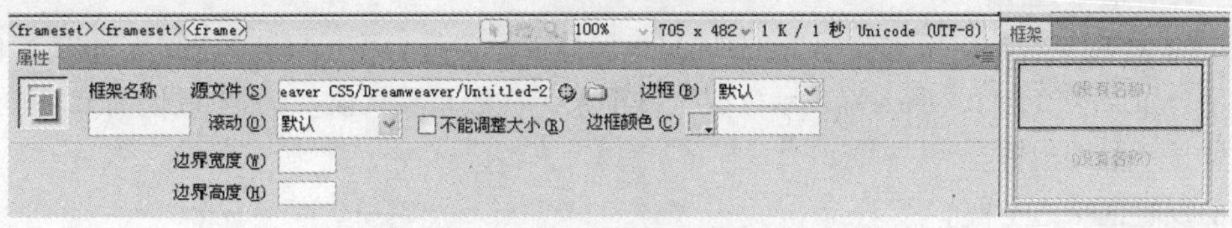

图 8-1 设置边框属性

第三步：输入框架中的内容。用鼠标单击任意一个框架之后，就可以像正常编辑页面一样，可以在框架中插入各种文本内容、图片、Flash 动画和背景音乐等网页元素。

2. 使用 HTML 语言来编辑框架集

框架集的代码基本格式如下所示：

```
<html><head> …</head>
  <frameset>
    <frame>
    <frame>
  </frameset>
</html>
```

从基本格式中可知，在框架组文档中，用<frameset>标记符代替了<body>标记符，使用框架的时候，html 代码中不能出现<body>标记。

<frameset>标记符可以用来分割浏览器窗口，它使用 cols 和 rows 两个属性项就可以把整个窗口按垂直方向或者水平方向分割成多个框架。例如，<frameset cols="150，50%，*">。

在上述示例中，<frameset>标记符把窗口总共分成 3 个垂直的框架，而且指定左框架宽度值为 150 像素，中间框架占总宽度的 50%，剩下的宽度则分配给右框架。由此可见，框架尺寸除了可以使用像素值和百分数外，也可以使用*和 n*，如果使用*时，就表示剩余部分；如果使用 n*（如 2*）时，n 值确定框架之间的比例。例如，“*，2*，3*”就表示左边（或上边）的框架占窗口宽度（或高度）的 1/6，而中间框架占 1/3，最后右边（或下边）框架占 1/2。

<frameset>标记符还可以嵌套使用，它的嵌套使用就是为了构造包含横向和纵向框架的窗口。如下所示代码就是用嵌套框架结构建立的一个多层框架的窗口。

```
<html>
<head>
     <title>框架的实现</title>
</head>
  <frameset rows="64,*,64">
     <frame >
     <frameset cols="150,* ">
          <frame><frame>
     </frameset>
     <frame>
  </frameset>
</html>
```

<frame>标记符同时也可以用于对各个框架进行初始化设置。使用<frame>标记符中的 src 属性，就可以指定需要在框架中显示的页面的文档，name 属性就可以指定框架的名称，这样方便在指定超链接的目标框架时引用该框架名。<frame>标记符的个数通常应该等于框架个数，这样就可以根据出现的次序和层次先行后列对框架进行初始化。

例如：<frame src="title.html" name="title">。如果想要在指定框架显示某页面，那么就必须在 src 指定的 URL 位置上存在指定的 html 文件。这样就意味着需要在设计的框架中完整地显示出所有内容，而这总共要编制页面个数为“框架数+1”。

（1）设置框架边框。

在<frame>标记符中，可以使用 frameborder 属性来设置是否显示框架边框，它的属性值可以取 1 或 0。如果取值为 1，那么就表示生成三维框架（一般是默认值）；如果取值为 0，那么就表示不需要显示框架边框。

（2）设置框架边空白。

在<frame>标记符中，可以使用 marginwidth 和 marginheight 属性来分别设定框架中的内容和框架的左右边框，还包括上下边框之间的空白。通常这 2 个属性的取值都是像素值。

（3）设置框架的滚动条。

在<frame>标记符中，可以使用 scrolling 属性来设置是否为某框架加入滚动条，这样就有利于观看框架中的内容。scrolling 属性的取值可以是 yes、no 或者 auto，它们分别表示加入垂直和水平滚动条，不加滚动条，根据需要加滚动条，此处 auto 一般为默认值。

（4）固定边框位置。

在<frame>标记符中，加入的 noresize 属性可以用来固定边框线的位置，设置好后浏览者就不能利用鼠标来移动框架的边框了。

8.1.4　向框架中添加内容

框架创建好以后，就可以往里面添加内容了。大家都知道，每一个框架里都是一个独立的文档，那么不仅可以直接添加内容，而且也可以在框架内打开已经存在的文档。

要添加网页内容，首先选择某一框架，然后选择“属性”→“源文件”命令来设定框架的网页，如图 8-2 所示。

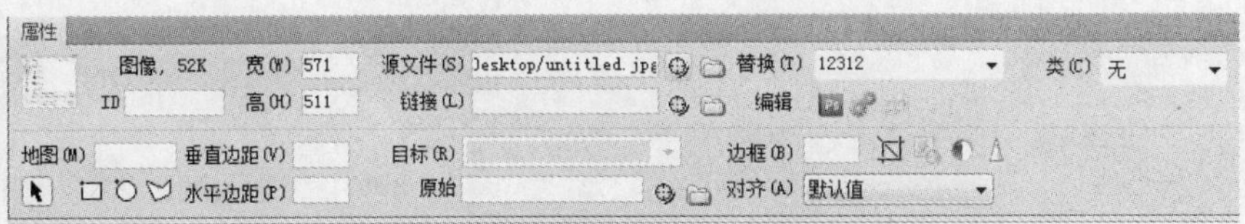

图 8-2　框架源文件设定

示例：创建一个如图 8-3 所示的 3 栏框架页，并且在相应的框架中添加 FrameA、FrameB 和 FrameC 3 个网页，最后构成如图 8-3 所示的网页，要求 3 栏分别命名为 LeftFrame、MidFrame 和 RightFrame，3 栏的宽度分别为 200 像素、500 像素和剩余空间所有像素。

图 8-3　3 栏框架示意图

操作步骤如下。

（1）首先创建一个左侧框架网页，等到选定整个框架之后，鼠标单击切换到拆分视图，然后把 Frameset 标记符中的 Cols 属性修改成：200，500，*（注意：这时应该切换到英文状态下输入）

```
<frameset rows="*" cols="200,500,* ">
```

（2）接下来分别在“框架”面板中选择相应的框架，然后插入相应的网页就可以完成了。

8.1.5　保存框架集

框架集是定义了一组框架结构的 html 网页，而单个框架是指在网页上定义的一个区域。本小节我们要深入研究框架和框架集文件及框架集文件的保存方法。

首先，想要创建一个左上框架集，就是在当前框架的左边添加一个窄小的框架，接下来在两个框架的上面添加另一个框架，效果如图 8-4 所示。

图 8-4 所示的框架集基本是由 3 个框架组成，当把 Dreamweaver 文档拆分为框架时，其实就已经为框架集和其中的每个框架创建了独立的 html 文档。由图 8-3 可知，在设计视窗（文档窗口）中有 3 个框架页面，但是它实际上包括了 4 个独立的文件，那就是框架集文件和 3 个框架文件。

图 8-4　框架效果图

如果想要在浏览器中预览页面，则必须先保存框架集和框架文件。在保存框架集和框架文件的过程中，有一种方法就是分别保存框架集和框架文件，还有一种方法就是同时保存所有框架和框架集文件，具体方法如下所示。

如果想要保存所有文件（包括框架集文件和框架文件），那么首先选择“文件“→“保存全部”选项，效果如图 8-5 所示。

如果是新创建的框架集，那么就会弹出如图 8-6 所示的“另存为”对话框。Dreamweaver 一般会首先保存框架集文件，在框架集边框上就会显示选择线，在“另存为”对话框的“文件名”域就会自动提供临时文件名 UntitledFrameset-1，此时用户可以根据自己的需要修改文件名，然后单击保存按钮就可保存框架集文件。

接下来就是保存框架文件，此时“文件名”域中的文件名变为 UntitledFrame-4（这主要是依框架的个数不同而不同），设计视图（文档窗口）中的选择线这时也会自动移到对应的被保存的框架中，根据选择线移动的位置就可以知道正在保存的是哪个框架文件。然后单击“保存”按钮，直到所有文件保存完为止。

在本例中，所有的保存操作都执行完成以后，就会得到 4 个文件：UntitledFrameset-1.htm（框架集文件）、Untitled-1.htm（主框架文件）、UntitledFrame-2.htm（左框架文件）和 UntitledFrame-3.htm（顶框架文件）。

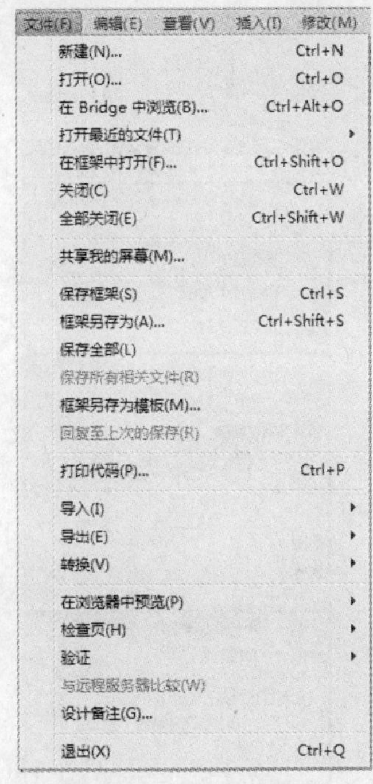

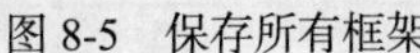
图 8-5　保存所有框架

图 8-6　保存框架集文件

框架集文件（UntitledFrameset-1.htm）其实也是一个 html 文件，它定义了页面显示的框架数、框架的大小、载入框架的源文件，还有其他可定义的属性等不同信息。在设计视图（文档窗口）中单击框架的边框，然后选择框架集，最后选择组合视图或代码视窗，这时在 html 源码窗口中就可以看到以下这些信息，效果如图 8-7 所示。

```
<frameset rows="*" cols="80,*" frameborder="no" border="0" fra
  <frame src="UntitledFrame-2" name="leftFrame" scrolling="No"
  <frameset rows="80,*" frameborder="no" border="0" framespaci
    <frame src="UntitledFrame-3" name="topFrame" scrolling="Nc
    <frame src="Untitled-1" name="mainFrame" id="mainFrame" ti
  </frameset>
</frameset>
```

图 8-7　框架集文件的 html 代码

框架文件（Untitled-1.htm、UntitledFrame-2.htm 和 UntitledFrame-3.htm）其实是在框架内打开的网页文件，它们只不过是新创建时的主体部分（<body>...</body>），其中不含任何内容，也就相当于一个“空的”html 文件。

从框架集文件的框架定义中我们可以看到，顶框架（topFrame）的源文件（就是在框架内打开的网页文件）是 UntitledFrame-3.htm；左框架（leftFrame）的源文件是 UntitledFrame-2.htm；主框架（mainFrame）的源文件是 Untitled-1.htm。

如果只想保存框架集文件，那么就可以选择“文件”→“保存框架集”命令，或者选择“文件”→“框架集另存为”命令，这样就可以把框架集保存为新文件。

框架文件其实就是在框架内打开的网页文件，如果想要保存框架文件，那么就在框架内单击，然后选择“文件”→“保存”命令，就可以保存框架文件。

改变框架文件其实就是改变在框架中打开的网页文件。例如，如果想要在顶框架（TopFrame）中打开另一网页，但是不能是默认的目标窗口，那就可以按如下所示的步骤进行操作。

① 先按住 Alt 键，然后在顶框架中单击选择顶框架。

② 选择“窗口”→“属性”菜单命令，打开属性检查器。

③ 单击“源文件”域右边的文件夹图标，选择需要显示的图像，然后在 Link 域中手动输入目标链接或者单击 Link 域右边的图标，选择想要打开的链接文件。最后在 Target 中选择想要打开

链接的帧窗口，效果如图 8-8 所示。

图 8-8　选择想要打开链接的目标窗口

④ 接下来按 F12 键，这样就可以在浏览器中查看预期的效果有没有实现。

如果想要修改在其他框架中打开网页的链接，那么就可以参照上述步骤进行修改。

其实框架集的实质就是把浏览器窗口划分为几个可相同可不同的小区（即框架），然后可以在每个小区中独立显示一个网页文件（html 文件），而最后这些独立小区的组合就是所谓的框架集。

8.2　框 架 属 性

框架属性用来确定框架集内各个框架的名称、源文件、链接、边距、滚动、边框和是否能够调整大小。每个框架和框架集都有属于自己的属性检查器，一般属性检查器可以用来设置框架和框架集的属性，但是框架集属性控制着框架的大小和其他几个子框架之间边框的颜色和宽度，还有打开链接的目标框架窗口等。

8.2.1　布局框架基本属性

框架属性检查器可以用来查看和设置框架属性，一般包括命名框架、设置边框、链接和边距等，它的具体操作步骤如下所示。

选择一个框架，在设计视图（即文档窗口）中按住 Alt 键，然后单击一个框架（被选择的框架边框有点线）。效果如图 8-9 所示。

图 8-9　选择预选的框架

其实也可以在框架检查器中单击一个框架，同时也可以选择欲选的框架。效果如图 8-10 所示。

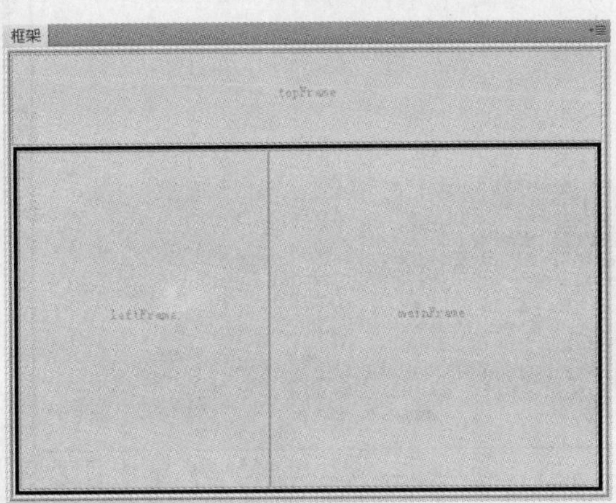

图 8-10　在框架检查器中选择框架

如果属性检查器在刚开始没有打开，那就选择 “窗口”→“属性”命令，此时就会显示属性检查器，接下来单击属性检查器右下角的扩展箭头，这样就可以查看所有框架属性。效果如图 8-11 所示。

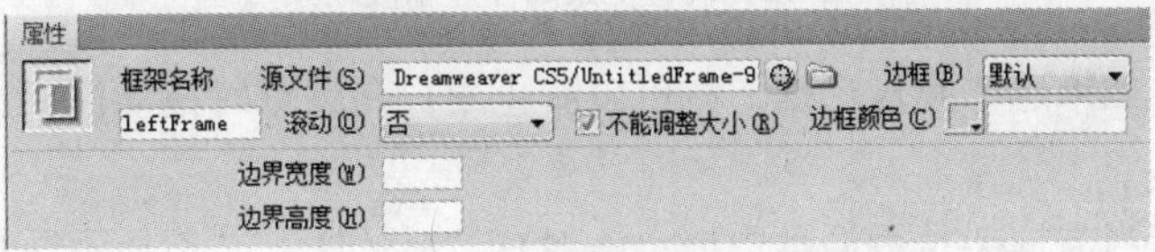

图 8-11　框架属性

如果想要命名框架，那么就在 Frame Name（框架名）域输入名称。此时输入的框架名将可能被超链接和脚本引用，所以，命名框架必须要让框架名是一个单词，可以使用下划线，但是却不能使用横杠、句号和空格等，而且框架名应该以字母开头，但是不要使用 JavaScript 的保留字（例如 top 或 navigator 等）。

源文件：用来指定当前框架中打开的源文件（网页文件）。它可以直接在输入域中手动输入文件名，或者单击文件夹图标，浏览文件并且选择一个合适的文件，而且也可以把光标置于框架内，接下来选择“文件”→“在框架中打开”命令来打开一个文件。

滚动条：用来设置当没有足够的空间来显示当前框架的内容时是否显示滚动条。

本项属性有 4 种选择：“是”表示显示滚动条；“否”表示不显示滚动条；“自动”表示当没有足够的空间来显示当前框架的内容时，就会自动显示滚动条；“默认”表示采用浏览器的默认值，图 8-12 是滚动条选择“是”时显示的结果。

图 8-12　设置框架属性显示滚动条

不能调整大小：如果选择此复选框，就可以防止用户在浏览时拖动框架边框来调整当前框架的大小。

边框：用来决定当前框架是否显示边框，一般有“显示”、“不显示”和“默认”3 种基本选择。通常大部分的浏览器默认值为“显示”。在这里此项选择覆盖框架集的边框设置。

边框颜色：表示设置与当前框架比邻的所有边框的颜色，在此就可以选择覆盖框架集的边框颜色设置。效果如图 8-13 所示。

图 8-13　设置框架属性边框的颜色

边界宽度：以像素为单位设置左边距和右边距（框架边框与内容之间的距离）。

边界高度：以像素为单位设置上边距和下边距（框架边框与内容之间的距离）。

使用框架集属性检查器可以设置边框和框架大小。设置框架属性会覆盖在框架集中设置的相应属性。例如，设置某框架的边框属性，将覆盖在框架集中对该框架设置的边框属性。

使用 Dreamweaver 预定义的框架集可以在文档中快速创建框架集。预定义框架集采用以下默认属性值：无边框、无滚动条、在浏览器中浏览时不能调整框架的大小。如果要改变默认值，就需要在属性检查器中选取所需的设置。

如果属性检查器没有打开，选择“窗口”→“属性”命令，打开属性检查器。

在设计视图（文档窗口）中单击两框架之间的边框，或者在框架检查器中单击框架集边框。

鼠标单击位于属性检查器右下角的扩展箭头，此时就可以查看所有框架集属性。效果如图 8-14 所示。

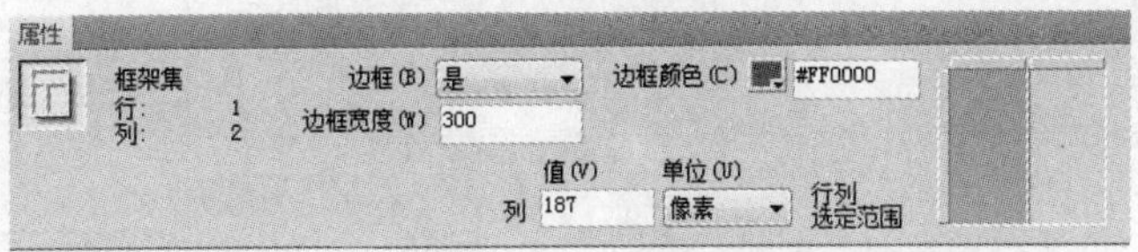

图 8-14　查看框架集属性并修改相应的选项

设置框架集属性的具体步骤如下。

首先选择一个框架集。在边框弹出菜单中，可以设置当文档在浏览器中被浏览时是否显示框架边框：如果想要显示边框，就选择 Yes；如果不想显示边框，就选择 No。如果想要让用户的浏览器来决定是否显示边框，就选择 Default。在边框宽度域中输入一个数字，用来指定当前框架集的边框宽度。如果输入 0，那么就表明指定为无边框。在边框颜色域中，既可以输入颜色的十六进制值，又可以使用拾色器为边框选择颜色。如果想要设置框架大小，那么就可以在 RowCol 行列选择区中单击行选择标签选择行，或者也可以单击列选择标签选择列。接下来，可以在值域输入一个数字，用来设置选定行或列的大小，如下并且可以在单位弹出菜单上为值域中输入值设定量度单位。量度单位一般有 3 个基本选项。

像素：用像素值来设置列宽度或行高度。像素这个选项对一直要保持一样大小的框架（例如导航栏）是最合适的选择。如果想要为其他框架设置不同的单位，那么这些框架的空间就只能在以像素为单位的框架完全达到指定的大小之后才可以分配。

百分数：用来表示当前框架行（或列）占所属框架集高度（或宽度）的百分数。设置的时候一般是以 Percent 为单位的框架行（或列）的空间分配一般位于设置以 Pixels 为单位的框架行（或列）之后，在以 Relative 为单位的框架行（或列）之前。

相对比例：用来表示当前框架行（或列）相对于其他行（或列）所占的比例。通常以 Relative 为单位的框架行（或列）的空间分配是在以像素和百分数为单位的框架行（或列）之后，但是它们却占据了浏览器窗口所有的剩余空间。

选择“相对比例”所得的效果图，如图 8-15 所示。

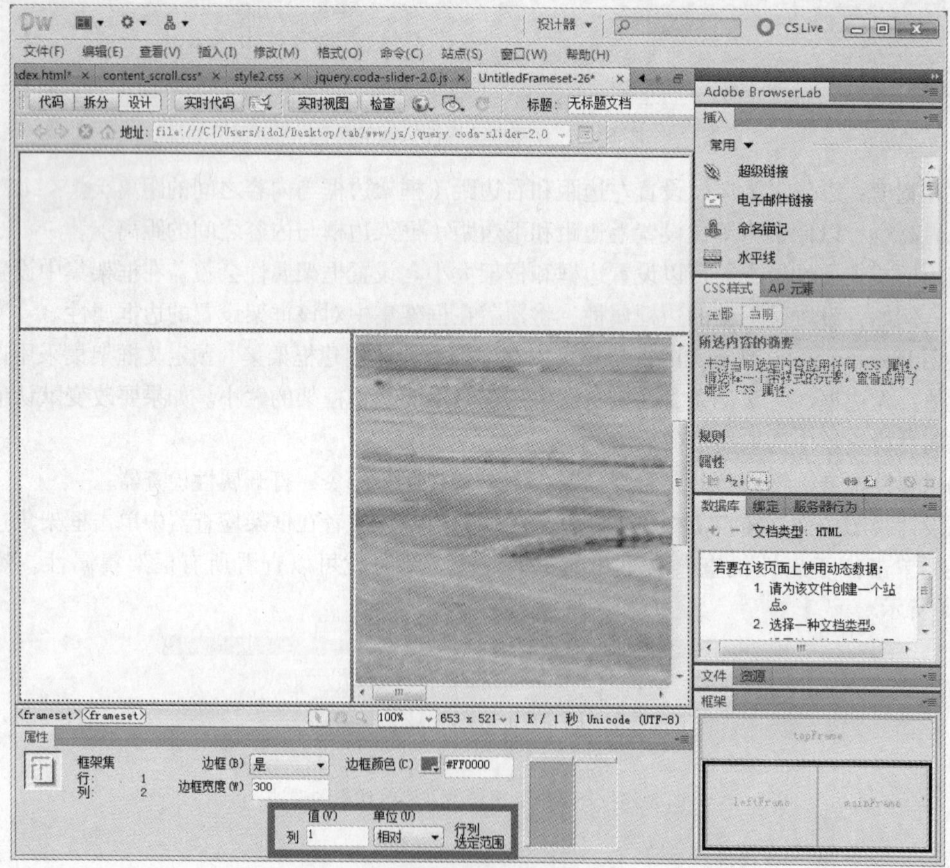

图 8-15 框架相对比例的选择

一般可以通过设置框架中文档的背景颜色来改变框架的背景颜色。具体方法如下：把鼠标指针放置于框架中，选择“修改”→“页面属性”命令；或者可以在框架内右击，接下来在快捷菜单上选择“页面属性”。然后单击“背景”方框，此时就可以从中选择一种颜色。

8.2.2 框架链接

如果在有框架的网页中设置了超级链接的功能，那么就必须指定所链接的文件是在哪一个框架中显示，此时就需要用到<frame>标记符中 name 属性所定义的框架名。如果你在框架网页中设置了超链接但是却不指定框架名，那么单击框架内的超链接时，目标文件就只会显示在当前框架内。

如果想要在一个框架中使用链接用来打开另一个框架中的文档，那么就必须设置链接目标（Tagert）。例如，如果导航条位于左框架，并且设计中希望链接的材料显示在右侧的主要内容框架中，那么就必须要将主要内容框架的名称指定为每个导航条链接的目标。这样当访问者单击导航链接时，指定的内容就会在主框架中打开。Tagert 属性使用的基本格式如下所示：

<a href="目标文件名"target="目标框架名">超链接内容</a>

target 属性的值不仅可以使用已定义的框架名，而且还可以是_top、_self、_blank、_parent，它们的含义分别是将目标文件装入整个浏览器窗口、或者装入当前框架、或者装入一个新的浏览器窗口、或者装入父框架，其中，target="_blank"使用的最多。

要设置目标框架时，在“设计”视图中，选择文本或对象。在属性检查器(“窗口”→“属性”)的“链接”字段中，单击文件夹图标并且选择想要链接到的文件或将“指向文件”图标拖动到“文件”面板中用来选择要链接到的文件。在属性检查器的“目标”弹出式菜单中，选择想要链接的文档应该在其中显示的框架或窗口。

框架名称此时也会出现在该菜单中，这样来选择一个命名框架以打开该框架中链接的文档。

如下所示的 5 个 html 文件，它们分别是 2 个初始化文件、2 个被链接的目标文件和 1 个框架集文件。

main.htm 初始化文件，代码如下：

```
<html>
<head>
<title>超链接的目标框架</title>
</head>
<body>框架的初始内容</body>
</html>
```

content.htm 初始化文件，代码如下：

```
<html>
<head>
<title>超链接的目标框架</title>
</head>
<body>
<P>单击目录，然后在右边框中查看对应图片：</P><br>
<p><B>目录</B>
<P> (1)<a href ="file1.htm" target = "main">图片 1</A></P>
<P> (2)<a href ="file2.htm" target = "main">图片 2</A></P>
</body>
</html>
```

file1.htm 被链接的目标文件 1，代码如下：

```
<html>
<head>
<title>超链接的目标框架</title>
</head>
<body>
<h1>此处是图片 1</h1>
<img src="imgE1.GIF">
</body>
</html>
```

FILE2.HTM 链接的目标文件 2，代码如下：

```
<html>
<head>
<title>超链接的目标框架</title>
</head>
<body>
<h1>此处是图片 2</h1>
<img src="FOO.GIF">
</body>
</html>
```

框架集文件，代码如下：

```
<html>
<head>
<title>目录式框架的实现</title>
</head>
<frameset cols="150,*">
<frame frameborder="1" src="./content.htm" name="content">
<frame frameborder="2" src="./main.htm" name="main">
</frameset>
</html>
```

8.2.3 框架标签

1. 框架的基本标签是<frameset></frameset>

其作用是用于定义框架，主要的属性如表 8-1 所示。

表 8-1 frameset 标签属性

标　签	属　性
Cols	用来设置框架分为几列
Rows	用来设置框架分为几行
Border	用来设置框架的边框
Bordercolor	用来设置边框颜色

其他属性有 class、style、title、id 等。

2. 标签<noframes></noframes>

作用：为不能显示框架的浏览器提供一种比较容易的解决方案。

使用方法：<noframes>请换成支持 Frame 功能的浏览器</noframes>。

标签解释：如果有些浏览器版本较低，那么就可能无法显示 Frame 的功能，所以，使用此标签的目的就是提醒用户，应该换换浏览器了。或者，也可以在<noframes>标签中，输入没有 Frame 语法的网页标签，这样做以后，不支持 Frame 功能的浏览器，也就会自动显示没有 Frame 语法的网页。

3. target 属性

基本用法：target=框架名称

使用方法：<a href="d1-1.htm" target=right>需要显示的内容</A>

标签解释：经常会出现的一种情况是，如果想要在框窗 left 的地方按下连接，但是却希望它的内容出现在框架 righ 中，那应该如何处理呢？其实就像上面一样加个 target=框架名称 就可以实现了。

4. cols 和 rows

cols 和 rows 主要用于定义框架的列和行。

例如：<frameset cols="120,*" frameborder=0 framespacing=5>

cols="120,*"这表示垂直切割页面，你可以选择一次切成左右两个页面，或者也可以选择切成 3 个，这要实现也是很简单，只需要改成 cols="30,*,50"（数字其实可以根据自己的需要调整），以此类推，4 个以上的当然就是四组数字了。

rows="120,*"表示的是横向切割页面，意思就是将页面上下分开，切法同上。

frameborder=0 表示设定框架的边框，它的值只有 0 和 1，0 代表的就是不要边框，1 代表的就是要显示边框。但是需要说明的是，边框是无法调整粗细的。

framespacing=5 表示框架与框架之间的保留空白的距离，这样可以避免太挤，例如：

```
<frame src="a.htm" name="1" frameborder=0 scrolling="no" noresize marginhight=2 marginwidth=2>
```

src="a.htm"用来设定此框架中要显示的网页名称，需要注意的是，每个框架一定要对应一个网页，不然就会产生错误，在这里一般就需要你填入对应网页的名称。（如果该网页在不同目录中，那么路径一定要写清楚）

name="1"用来这个框架的名称，只有这样才可以指定框架来作为连接，所以这个是一定要设置的，当然名称也可以根据自己的喜好命名。

frameborder=0 用来设定框架的边框，它的值只有 0 和 1，0 表示的就是不要边框，1 表示的就是要显示边框。但是需要说明的是，边框是无法调整粗细的。

scrolling="no"用来设定是否要显示滚动条，YES 表示的是要显示滚动条，NO 表示的是无论怎样都不要显示，auto 则是根据情况显示。

noresize 用来设定不允许使用者可以改变边框的大小，如果没有设定这个参数，那么使用者就可以很轻易的拉动框架，来改变它的大小。

marginhight=2 用来表示框架高度部份边缘所保留的空间。

8.3 内嵌框架 Iframe

8.3.1 关于 Iframe

在使用框架的网页中，通过在 html 网页文档中使用<frame></frame>标记，可以将一个页面拆分成多个区域，此时每一个区域中都会放置一个网页，而且这些网页之间既可以相互独立，而且也可以有所关联。通常框架内的网页是以一种平铺的形式充满整个页面空间，但是，有些时候希望在网页中开辟一块区域用于放置其他网页，形成 “画中画” 效果。这种功能的实现要利用嵌入式框架 Iframe 技巧的。一般嵌入其他网页的初始页面被称为父框架，而嵌入到父框架内的页面则被称为子框架或嵌入框架，这种网页的嵌入技术不仅在很大程度上丰富了网页的布局设计，而且也可以简单便捷地实现多种复杂的网页特效。

Iframe 是超文本标记语言 html 中的一个标记，它的作用是在父框架中开辟一块区域用来作为子框架，这样可以实现子框架中的 html 网页嵌入在父框架的 html 网页中显示的效果。Iframe 的使用语法如下所示：

```
<Iframe name= "IframeName" id = "IframeId" src="url" width = "xxx" height="xxx" frameborder="x" scrolling="[option]"></Iframe>
```

name 属性用来指定子框架的名称，这是因为一个父框架中可以有多个子框架，用 name 来区别子框架；id 属性用来指明了子框架的标识，因为各个子框架 id 属性不能相同；src 属性用来指明了子框架内要嵌入的网页位置，它不仅可以是一个网站链接，而且也可以是一个文件路径；width 和 height 属性用来指明了子框架的宽度和高度；frameborder 属性用来指明了子框架边框的宽度；scrolling 属性用来指明是否在子框架边缘显示滚动条，它的值为“yes”则表示显示滚动条，它的值为“no”则表示不显示滚动条，“auto”是根据内嵌页面的具体情况来自动设置。Iframe 标记其实还有其他的属性，例如 align，hspace，vspace 等，其中各个属性的灵活应用都可以用来实现子框架多种格式的设定。

图 8-16 所示的是一个应用 3 个嵌入式框架的网页实例。这个网页中的“书目子类”栏、书目详细资料栏和天气预报栏都是使用嵌入式框架 Iframe 完成的。

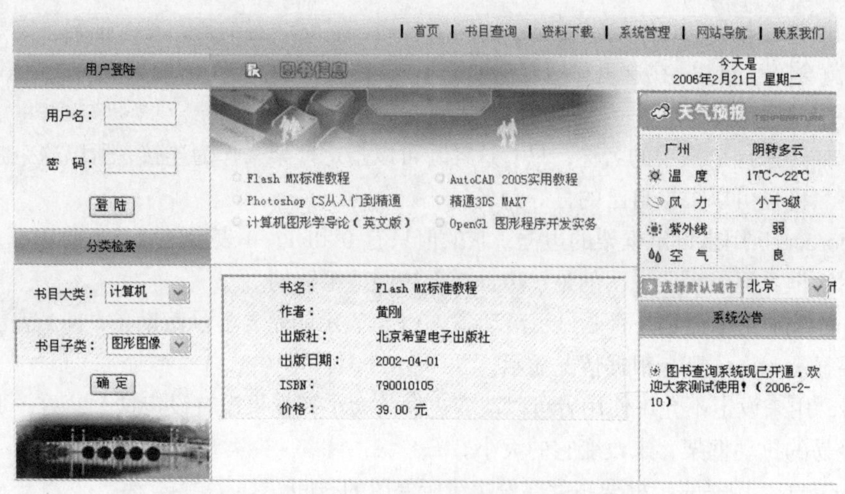

图 8-16 使用了嵌入式框架 Iframe 的网页

部分 html 程序代码如下：

```
<table>
<tr><td> 生成当前日期代码</td></tr>
<tr><td>
<iframe  id="ifm1"  width="192px"  heigth="190px"  align="center"  frameborder="1" scrolling = "no" src="http ://weath er.qq.com /inc/ss292.htm">
</iframe>
</td ></tr>
```

```
<tr><td>系统公告部分代码</td></tr>
</table>
```

从程序代码中可以看出，Iframe 标记的 src 属性指向了一个网站链接，这表示子框架内的网页来自于其他网站提供的天气预报链接。只要链接地址有效，就可以在网页中显示对方提供的天气预报信息。由此可见，用嵌入式 Iframe 框架可以方便地把一些商业网站提供的链接信息如天气预报、列车时刻等加入个人网站当中来。

8.3.2 Iframe 属性

1.文件位置

语法：src=url

说明：url 为嵌入的 html 文件的位置，不仅可以是相对地址，而且也可以是绝对地址。

示例：<Iframe src="Iframe.html">

2. 对象名称

语法：name=#

说明：#是对象的名称。该属性可以给对象命名，以便其他对象利用。

示例：<Iframe src="Iframe.html" name="Iframe1">

3. ID 选择符

语法：id=#

说明：用来指定该标记的唯一 ID 选择符。

示例：<Iframe src="Iframe.html" id="Iframe1">

4. 容器属性

语法：height=#　width=#

说明：该属性用来指定浮动帧的高度和宽度。一般取值为正整数（单位为像素）或百分数。

height：用来指定浮动帧的高度；

width：用来指定浮动帧的宽度。

示例：<Iframe src="Iframe.html" height=400px width=400px>

5. 尺寸调整

语法：noresize

说明：这一般是 IE 专有属性，用来指定浮动帧不可调整尺寸。

示例：<Iframe src="Iframe.html" noresize>

6. 边框显示

语法：frameborder=0、1

说明：该属性用来规定是否显示浮动帧边框。

0：表示不显示浮动帧边框；

1：表示显示浮动帧边框。

示例：<Iframe src="Iframe.html" frameborder=0>

<Iframe src="Iframe.html" frameborder=1>

7. 边框厚度

语法：border=#

说明：该属性用来指定浮动帧边框的厚度，一般取值为正整数和 0，单位为像素。为了实现浮动帧与页面无缝结合，border 一般取 0。

示例：<Iframe src="Iframe.html" border=1>

8. 边框颜色

语法：bordercolor=color

说明：该属性用来指定浮动帧边框的颜色。Color 既可以是 RGB 色（RRGGBB），也可以是颜色名。

示例：<Iframe src="Iframe.html" bordercolor=red>

9. 对齐方式

语法：align=left、right、center

说明：该属性用来指定浮动帧和其他对象的对齐方式。

left：左对齐；

right：右对齐；

center：居中。

示例：<Iframe src="Iframe.html" align=left>

<Iframe src="Iframe.html" align=right>

<Iframe src="Iframe.html" align=center>

10. 相邻间距

语法：framespacing=#

说明：该属性用来指定相邻浮动帧之间的间距。一般取值为正整数和 0，单位为像素。

示例：<Iframe src="Iframe.html" framespacing=10>

11. 内补白属性

语法：hspace=# vspace=#

说明：该属性用来指定浮动帧内的边界大小。一般取值为正整数和 0，单位为像素。两个属性一般是同时使用的。

hspace：表示浮动帧内的左右边界大小；

vspace：表示浮动帧内的上下边界大小。

示例：<Iframe src="Iframe.html" hspace=1 vspace=1>

12. 外补白属性

语法：marginheight=# marginwidth=#

说明：该属性用来指定浮动帧的边界大小。一般取值为正整数和 0，单位为像素。两个属性一般是同时使用的。

marginheight：表示浮动帧的左右边界大小。

marginwidth：表示浮动帧的上下边界大小。

例如：<Iframe src="Iframe.html" marginheight=1 marginwidth=1>

8.4 上机练习

创建一个框架页面，布局如下图所示：上面的文字是保存时的文件名，最外层页面名字统一命名为 index.html；框架名称用括号内的名字。

top.html（top）	
left.html(left)	main.html(main)

框架 top 中添加“我的网页”，加粗居中

框架 left 中有两行文字，分别为“作者介绍”和“作品介绍”

框架 main 中添加一张图片，在图片中添加介绍性文字

为“作者介绍”和“作品介绍”分别添加超级链接，连接到 1、2 部分所完成的页面中；要求“作者介绍”是打开一个新的窗口；“作品介绍”在框架 main 中显示。

操作步骤如下。

（1）在 dreamweaver 中选择“新建”→“更多”→“示例中的页”→“框架页”→“上方固定，左侧嵌套”。

（2）选中最外层框架，保存为 index.html，选中上层框架保存为 top.html，选中左侧框架保存为 left.html，选中主框架保存为 main.html。

（3）在 top.html 的<body></body>标签中间添加如下代码：

```
<p style="font-weight:bold; text-align:center;">我的网页</p>
```

（4）在 left.html 的<body></body>标签中间加入如下代码：

```
<p><a href="main.html" target="_blank">作者介绍</a></p>
<p><a target="main.html">作品介绍</a></p>
```

（5）在 main.html 的<body></body>标签中间加入如下代码：

```
<img src="7670069_193211530656_2.jpg" style="width=200px; height:300px;" />
<br/>
这是一幅水墨山水画！
```

小　　结

框架网页是一种通过拆分浏览器窗口而显示网页的形式，本章主要介绍了如何创建框架网页，如何保存框架网页，如何设置框架网页以及框架的属性和内嵌框架。框架网页的独特之处，就是页面属性的设置，链接的设置等都可以做相应的修改。

框架由两个主要部分：框架集和单个框架组成。框架集是在一个文档内定义的一组框架结构的 html 网页。框架集定义了一页显示的框架数、框架的大小、载入框架的网页源和其他可定义的属性等等。而单个框架则是指在网页上定义的一个区域。

使用框架的好处就是可以将一个网页分割成多个 html 页面，并且每一个框架都是一个独立的 html 页面。使用框架集可以使不同的框架能够很好地在一起运作，它最大的特点就是可以使网站风格一致。

通常一个网页的左边导航菜单是固定的，但是页面中间的信息可以上下移动，这样就可以认为是一个框架型网页。除此之外，一些框架型站点的模板在其页面上方还放置了公司的 Logo 或图片，不过放 LOGO 或图片的地方是位置固定的，但是页面的其他部分却是可以上下左右移动。而且有的框架型站点模板还可能在其固定区域中放入链接或导航按钮。

习　题

1. 、在 Dreamweaver 中，在浏览器中预览当前页面可用哪能个快捷键（　　）。

A. F12　　B. F8　　C. F5　　D. ctrl+S

2. 以下属于框架属性的是（　　）。

A. 滚动条　　B. 颜色　　C. 图层　　D. 效果

3. 、对一个有两个区域的框架网页，它有多少个 html 文件（　　）。

A. 1　　B. 2　　C. 3　　D. 4

4. 关于 font 标记符的说法，错误的是：（　　）。

A. 可以使用 color 属性指定文字颜色

B. 可以使用 size 属性指定文字大小（也就是字号）

C. 指定字号时可以使用 1～7 的数字

D. 语句 <font size="+2">这里是 2 号字</font> 将使文字以 2 号字显示

5. 关于框架显示效果的说法，错误的是：（　　）。

A. 只有所有相邻框架的边框都设置为 0，才能隐藏边框

B. 可以在 frame 标记符中使用 marginwidth 和 marginheight 属性控制框架内容与框架边框之间的距离

C. 框架的边框默认可以移动

D. 框架默认时有滚动条

6. 在框架属性中边框包括两种属性（　　）。

A. 上边框和左边框　　B. 上边框和右边框

C. 左边框和右边框　　D. 下边框和右边框

7. 在 FrontPage2000 中，以下不属于字幕表现方式的有（　　）。

A. 滚动条　　B. 翻转　　C. 幻灯片　　D. 交替

第 9 章 CSS 样式表

在前面的章节中，已介绍了使用 Dreamweaver CS5 的可视化操作插入基本文本、列表文本、图像、表格等对象的方法，但是很少涉及将网页中的对象进行排版或美化的内容。在 Web 标准化规范中，只允许用户通过 CSS 层叠样式表定义网页中各种对象的样式属性，因此，了解 CSS 层叠样式表的基本语法和常用属性设置，对网页设计而言是非常重要的。

9.1 CSS 的基本概念

运用 CSS 样式表可以一次对若干个网页所有的样式进行控制，使整个网站具有一个统一的风格。使用 CSS 样式表的好处除了它可以同时连接多个网页文档之外，还在于当 CSS 样式表有所更新或被修改之后，所有应用该样式表的文档会被自动更新。

9.1.1 CSS 简介

1. 什么是 CSS

CSS 是 Cascading Style Sheets（层叠样式表）的简称。CSS 是 W3C（World Wide Web Consortium）定义和维护的标准，是用来定义如何显示 HTML 元素外观（字体、字号、间距和颜色等）的计算机语言。

CSS 的基本概念在于可将网页要展示的内容与样式设定分开，也就是将网页的外观设定信息（CSS）从网页内容（HTML 代码）中独立出来，并集中管理。这样，当要改变网页外观时，只需更改样式设定的部分，而 HTML 文件本身并不需要更改。

2. CSS 的功能

CSS 样式表的功能一般可以归纳为以下几点。

- 可以灵活地控制网页中文字的字体、颜色、大小、间距等。
- 可以灵活地设置一段文本的行高、缩进，并可以为其加入三维效果的边框。
- 可以方便地为网页中的任何元素设置不同的背景颜色和背景图像。
- 可以精确地控制网页中各元素的位置。
- 可以与脚本语言相结合，从而产生各种动态效果。
- 可以使 HTML 代码更简练，缩短了浏览器打开页面的时间。

9.1.2 CSS 基本语法

作为一种网页的标准化语言，CSS 有着严格的书写规范和格式。

1. 基本组成

CSS 样式表由若干个样式（也称规则）组成，每个样式由两部分组成：选择器和声明（若干声明的集合）。选择器是表示要对谁设置样式，声明用于表示要设置成什么效果。每个声明由两部分组成：属性和属性值。

下面的示例表示一条完整的 CSS 样式语句。p 是选择器，大括号（{}）包含了 3 个声明。

```
p{
    font-family : "微软雅黑";
    font-size : 16px;
    line-height : 150%;
    /* 行高为字体大小的150% */
}
```

第一个声明的属性是 font-size，属性值是 16px；第二个声明的属性是 color，属性值是 blue。在上面的 CSS 样式中，为 p 标签创建了特定样式，所有链接到此样式的 p 标签的文本默认样式为微软雅黑字体、16 像素、150%行距的效果。

2. 书写规范

书写简洁、规范的 CSS 代码可以给以后修改和编辑网页带来很大的便利。

在书写 CSS 代码时，需要注意以下几点。

（1）声明

CSS 代码中的所有标点符号使用英文标点符号。每个声明的属性和属性值用冒号（:）隔开，为了便于阅读，在冒号左右各添加一个空格。每个声明用分号（;）隔开，为了便于阅读，一行最好只写一个声明。

（2）单位的使用

在 CSS 中，如果属性值是一个数字，那么必须为这个数字安排一个具体的单位，除非该数字是由百分比组成的比例，或者是数字 0。例如上面代码中的“16px”和“150%”属性值。

（3）引号的使用

多数 CSS 的属性值都是数字值或预先定义好的关键字，然而，还有一些属性值则是含有特殊意义的字符串。这时，引用这样的属性值就需要为其添加引号。典型的字符串属性值就是各种字体的名称。例如上面代码中的“"微软雅黑"”。

（4）大小写敏感

CSS 对大小写不敏感，但 class 和 id 选择符的名称对大小写是敏感的，例如，mainText 和 MainText 在 CSS 中是两个完全不同的选择符。属性和属性值（除了英文字体“Arial Black”等）建议使用小写。

（5）注释

为了便于后期维护，在 CSS 样式表中添加注释是一种好的习惯。CSS 的注释以“/*”开头，以“*/”结尾。注释独占一行，也可放在行尾。例如上面代码中的“/* 行高为字体大小的 150% */”独占一行。

9.1.3 CSS 样式的分类

CSS 代码在网页中主要有 3 种存在方式，即内联样式、内部样式表和外部样式表。

1. 内联样式

内联样式只能定义某个特定网页元素的样式（不需要使用选择器），并且 CSS 和 HTML 代码混在一起，不方便后期维护，这是一种过渡型的 CSS，不建议使用。

内联 CSS 是利用 HTML 标签的 style 属性（每个 HTML 元素都有这个属性）设置 CSS 样式。

例如，使用内联样式设置一个表格的宽度，代码如下所示。

```
<table style="width:600px;">
  <tr>
    <td>宽度为 600px 像素的表格</td>
  </tr>
</table>
```

2. 内部样式表

在需要设置单个页面的样式时，可以使用内部样式表，并且定义的样式只能用于当前文档。通常用于平时练习或只在这个页面中使用的样式的情况如下。

内部样式表由若干组包括在 HTML 文档头部分的 style 标签中的 CSS 规则组成。

例如，使用内部 CSS 定义网页（如 index.html）的文章标题字号和颜色、文章正文的字号。这个网页的主要代码如下所示。

```
<head>
<title>测试网页</title>
<style type="text/css">
h1 {
     font-size:32px;
     color: gray;
}
p {
     font-size: 16px;
}
</style>
</head>

<body>
<h1>文章标题</h1>
<p>文章正文</p>
</body>
</html>
```

在使用内部 CSS 代码时应注意，style 标签只能放置于 HTML 文档的 head 标签内。

3. 外部样式表

在需要同时控制多个网页文档的外观以便在多个页面上实现统一的格式时，可以使用外部样式表。外部样式表将 CSS 代码（若干组 CSS 规则）存储在一个单独的外部 CSS（.css）文件中。

CSS 文件（.css）与网页文档（.html）并没有什么直接的关系。如果需要用外部 CSS 文件控制网页文档的外观，则需要在网页文档 head 标签区域中使用 link 标签导入。

例如，建立一个外部样式表文件 main.css，代码如下所示。

```
h1{
     font-size : 32px;
     color : gray;
}
p{
     font-size: 16px;
}
```

将 CSS 代码保存为文件后，即可通过 link 标签将其链接到网页文档中。例如，index.html 网页文档的 head 标签内代码如下所示。

```
<head>
<title>测试网页</title>
<link href= "main.css" rel="stylesheet" type="text/css" />
</head>
```

这样 main.css 被链接到 index.html 网页文档中，即 index.html 网页文档中的元素可以使用 main.css 文件中所定义的样式。

如果要将 main.css 用于多个网页文档，如图 9-1 所示，只需将 main.css 链接到多个网页文档的 head 标签内即可。

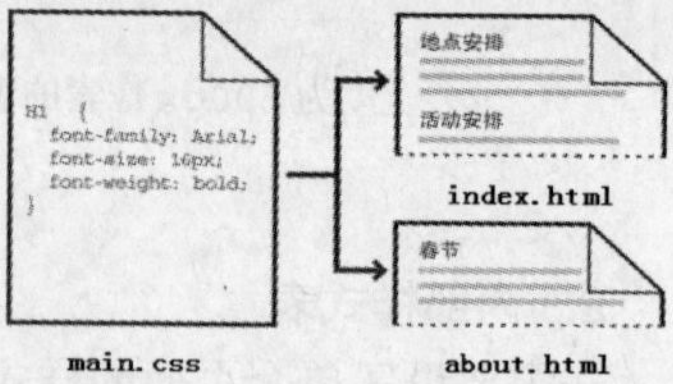

图 9-1 外部样式表用于多个网页文档

9.1.4 CSS 选择器

选择器是 CSS 代码的对外接口，网页浏览器就是根据 CSS 代码的选择器实现和 HTML 代码的匹配，然后读取 CSS 代码的属性和属性值，将其应用到网页文档中。

在 CSS 中常用 3 种选择器，即标签选择器、类选择器和 ID 选择器。

CSS 的选择器名称只允许包括字母、数字以及下划线，并只能以字母和下划线开头。

1. 基本选择器

（1）标签选择器

在 HTML 大约 100 种的标签（随着 HTML 版本的更新，标签个数也在不断地变化）中，CSS 允许用户直接定义多数 HTML 标签的样式。标签选择器就是 HTML 的标签名。

标签选择器通常用于改变整个文档中所有该类型标签为新的样式。

例如，定义网页中所有段落内文字颜色为灰色，代码如下所示。

```
p {
    color : gray;
}
```

（2）类选择器

类选择器可以把不同的 HTML 标签归为一类，为其定义相同的样式，简化 CSS 代码。一个类选择器可以用于网页文档中的多种标签或多个标签。

在使用类选择器时，先要在 CSS 代码中添加声明，然后适当地修改 HTML 文档标记。

例如，网页文档有两个不同的标签，一个是标题（h1 标签），另一个是段落（p 标签），如果使用标签选择器为这两个标签定义样式，使其中的文本均变为灰色，需要编写两个 CSS 样式，代码如下所示。

```
h1 {
    color : gray;
}
p{
    color: gray;
}
```

使用类选择器，则可以将上面两个 CSS 样式合并为一条。

① 添加 CSS 样式

在类选择器的名称前面加类符号“.”，代码如下所示。

```
.gray {
```

```
    color : gray;
}
```

② 修改 HTML 代码

为了将类选择器的样式与标签关联，必须要为 HTML 标签添加 class 属性，并将类选择器的名称（gray）作为 class 属性的值，代码如下所示。

```
<h1 class="gray">
    灰色的标题
</h1>
<p class="gray">
    灰色的段落
</p>
```

在上面的代码中，两个元素的 class 属性都指定为 gray 类：第一个是标题（h1 元素），第二个是段落（p 元素）。

在 HTML 标签中通过 class 属性调用类选择器时，不需要在属性值中添加类符号“.”，直接输入类选择器的名称即可。

（3）ID 选择器

之前介绍的标签选择器和类选择器都是一种范围性的选择器，即可设定多个标签的 CSS 样式，两个标签各有其用途。

在某些方面，ID 选择器类似于类选择器，最主要的差别是 ID 选择器只是针对某一个标签的，而类选择器是针对某一类（多个）标签的。

在 HTML 文档中，允许用户为任意一个标签设定 id 属性。但是，在一个 HTML 文档中，id 属性值不能重复出现，即不允许两个及多个标签使用相同的 ID。

例如，网页文档有两个段落标签，使第一个段落文本颜色为红色，第二个段落文本颜色为灰色。

① 添加 CSS 样式

在类选择器的名称前面加类符号“#”，代码如下所示。

```
#textred {
    color : red;
}
#textgray {
    color : gray;
}
```

② 修改 HTML 代码

为了将 ID 选择器的样式与标签关联，必须要为 HTML 标签添加 id 属性，并将 ID 选择器的名称作为 id 属性的值，代码如下所示。

```
<p id="textred">
    红色的文本
</p>
<p id="textgray">
    灰色的段落
</p>
```

在 HTML 标签中通过 id 属性调用 ID 选择器时，不需要在属性值中添加 ID 符号“#”，直接输入 ID 选择器的名称即可。

在实际应用中，通常在布局标签所使用的样式（这些样式通常不会重复）中使用 id 选择器，而在内容标签所使用的样式（这些样式通常会多次重复地被使用）中使用类选择器。

这两种选择器都是在适当地修改网页文档元素属性后才能使用，所以使用这两种选择器通常需要先做一些构想和计划，不要为每一个 HTML 元素添加 id 和 class 属性，使用越少越好。

2. CSS 选择方法

CSS 选择方法即是使用 CSS 选择器的方法。通过 CSS 选择方法，用户可以对各种网页标签进行复杂的选择操作，提高 CSS 代码的效率。在 CSS 2.1 标准中，允许用户使用的选择方法有十多种，其中最常用的主要包括 3 种：包含选择、分组选择和通配符选择。

（1）包含选择

包含选择通常应用于定义各种多层嵌套网页元素标签的样式，可根据网页元素标签的嵌套关系，帮助浏览器精确地查找该元素的位置。在使用包含选择方法时，需要将具有包含选择关系的各种标签严格按照指定的顺序写在选择器中，同时以空格将这些选择分隔开。

例如，网页文档中有一个被嵌套在 div 标签内的 p 标签，还有一个和 div 标签并列的 p 标签。代码如下所示。

```
<div id="content">
    <p>文本 1<p>
<div>
<p>文本 2</p>
```

现在只想改变“文本 1”的样式，而不改变“文本 2”的样式。如果直接通过 p 的标签选择器定义“文本 1”的样式，则一定会影响第二个“文本 2”的样式。如果使用类选择器，还要为第一个 p 标签添加 class 属性。这时，使用包含选择方法进行定义就显得简单许多。代码如下所示。

```
div p {
    color : yellow;
}
```

包含选择方法不仅可以将多个标签选择器组合起来使用，也适用于 ID 选择器、类选择器等选择器，甚至还可混合使用，只要它们之间存在嵌套关系。上面的 CSS 样式可以改写为如下形式。

```
#content p{
    text-align : center;
}
```

使用包含选择符，可以使 CSS 代码的结构更加清晰，CSS 代码的可维护性更强，同时使 HTML 代码更加简洁（无需为每个标签添加不必要的 class 或 id 属性）。

（2）分组选择

分组选择是同时为多个标签定义相同 CSS 样式时使用的一种选择方法。通过一个选择器组，将组中包含的选择器定义为同样的样式。分组中用户可定义任意数量的选择器，每个选择器以逗号“,”隔开。

例如，定义网页中所有 p 元素和 h1 元素的文字均为灰色，其代码如下所示。

```
p , h1 {
    color : gray;
}
```

通过分组，可以将某些类型的样式“压缩”在一起，这样就可以得到更简洁的样式表。但是，分组选择方法不宜使用过滥，否则将降低代码的可读性和结构性，使代码的判读相当困难。

（3）通配符选择

通配符选择方法是使用通配符“*”来定义网页中所有标签的样式，即设置星号“*”的样式属性就是设置网页中所有标签的属性。

例如，定义网页中所有标签（包括 p、h1、table 等标签）内的文本字体大小为 16px，其代码如下所示。

```
* {
    font-size : 16px;
}
```

同理，通配符也可以结合上面两种选择方法，定义某一个网页标签中嵌套的所有标签的样式。

例如，定义 id 为 content 的层中所有文本的行高为 30px，代码如下所示。

```
#content * {
    Line-height : 30px;
}
```

在使用通配符选择方法时需要慎重，因为通配符选择方法会影响所有元素的样式。

9.1.5　在 Dreamweaver 中使用 CSS 样式表

本章前面的内容主要介绍了手工输入代码的例子，对于初学者来说有些复杂，但是，可以从本质上了解 CSS 的原理和使用方法，为以后编辑维护 CSS 代码打下良好的基础。

在 Dreamweaver CS5 中，用户可以方便地（减少了手工输入）在可视化界面中为网页添加 CSS 样式表，并对 CSS 样式进行编辑。

1. 创建 CSS 样式表

Dreamweaver 允许用户为任何网页中的标签、类或 ID 等选择器创建 CSS 规则（即样式）。

在 Dreamweaver 中打开 index.html 网页，单击网页中的某个标签，如 p 标签，在“CSS 样式”面板（见图 9-2）中单击（新建 CSS 规则）按钮，打开“新建 CSS 规则”对话框，如图 9-3 所示。

如果 Dreamweaver 窗口右侧没有“CSS 面板”，选择菜单栏“窗口”→“CSS 样式”菜单命令，也可打开该面板。

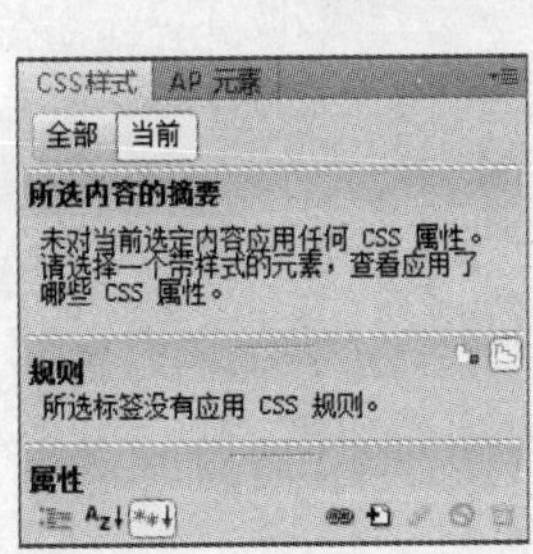

图 9-2　“CSS 样式”面板

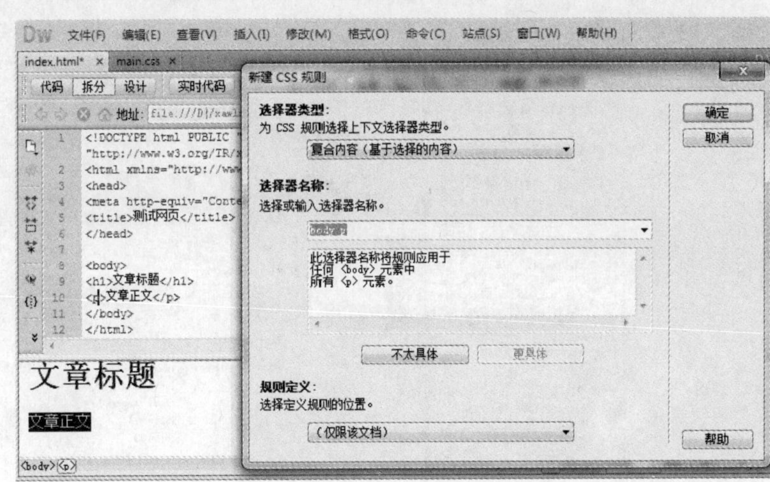

图 9-3　“新建 CSS 规则”对话框

在“新建 CSS 规则”对话框中，主要包含了 3 种属性设置。

（1）“选择器类型”下拉列表框

该列表框主要用于为创建的 CSS 规则定义选择器类型，选项见表 9-1。

表 9-1　　“选择器类型”下拉列表框的选项

选项名	说明
类	定义创建的选择器为类选择器
ID	定义创建的选择器为 ID 选择器
标签	定义创建的选择器为标签选择器
复核内容	定义创建的选择器为带选择方法的选择器或伪类选择器

（2）“选择器名称”下拉列表框

该列表框主要作用是设置 CSS 规则中选择器的名称，与“选择器类型”相关联。

下面的“不太具体”按钮表示选择器是多层包含选择器，“更具体”按钮表示精简包含选择器名称，尽量具体到 ID、类、标签选择器。根据实际情况决定。

（3）“规则定义”下拉列表框

该列表框主要作用是帮助用户选择创建的 CSS 规则属于内部样式表还是外部样式表。

如果网页文档中没有链接外部样式表，则该选项中有“仅限该文档”和“新建样式表文件”两个选项；否则，还会显示站点内已有的外部样式表名称。“仅限该文档”表示创建的 CSS 规则是内部样式表；“新建样式表文件”表示创建的 CSS 规则将是外部样式表。

如图 9-3 所示，“新建 CSS 规则”对话框中的“选择器名称”文本框内容已被自动添加。如果在单击按钮前没有单击某个标签，该对话框中的内容要手工选择和输入。

如果选择了 HTML 代码中有 id、class 属性的标签，那么“选择器名称”文本框中会显示所选择 id 属性值（前面多个#）或 clsss 属性值（前面多个.）。

在实际操作中，可以单击网页“设计”或“代码”视图中的某个标签，也可单击下端状态栏中左侧的当前用户选择的网页标签及其树状结构中的标签（例如，图 9-3 左下角的<body><p>），然后再单击按钮，这样可以减少工作量，同时防止输入错误。

单击图 9-3 中的“确定”按钮，弹出“CSS 规则定义”对话框，在“font-size”属性列表框中选择“12”，如图 9-4 所示。

图 9-4　“CSS 规则定义”对话框

单击“确定”按钮，CSS 样式将对网页产生作用，如图 9-5 所示。“CSS 样式”面板中显示了当前网页当前选择器的设置结果，和“代码”视图中新增的 CSS 代码相一致。在网页中的效果在下面的“设计”视图中。

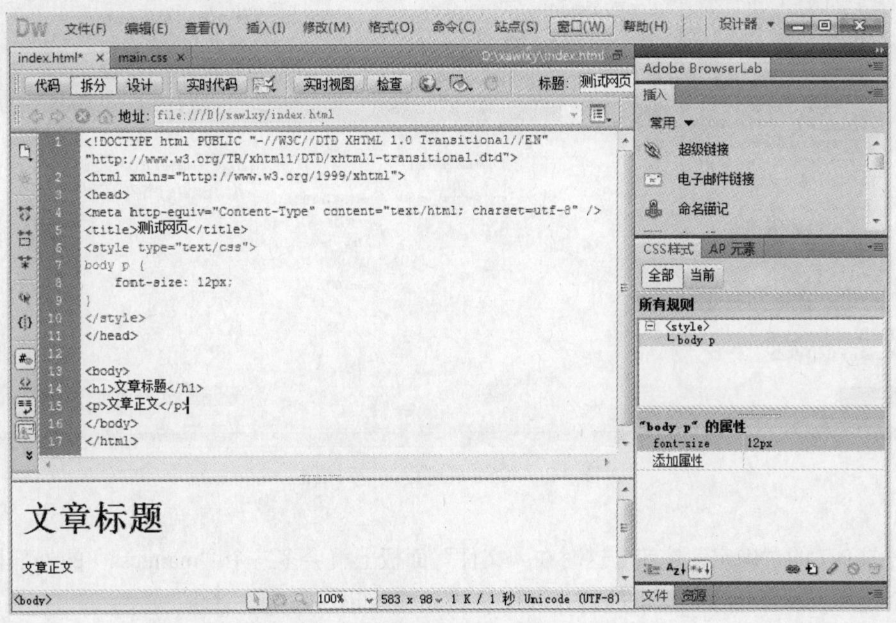

图 9-5 “CSS 样式”的“全部”视图

2. 创建外部样式表

（1）建立外部样式表

如果在图 9-3 的“选择定义规则的位置”下拉列表框中选择“新建样式表文件”，将弹出“将样式表文件另存为”对话框，在“保存在”下拉列表框中选择保存的路径（如当前根文件夹下），在“文件名”文本框中输入文件名（如“main”），如图 9-6 所示。单击“保存”按钮，弹出“CSS 规则定义”对话框，在“Font-size”下拉列表框中选择“16”，如图 9-7 所示。同时，“代码”视图中的 head 元素内添加了 link 元素，表示链接了 main.css 样式表文件。

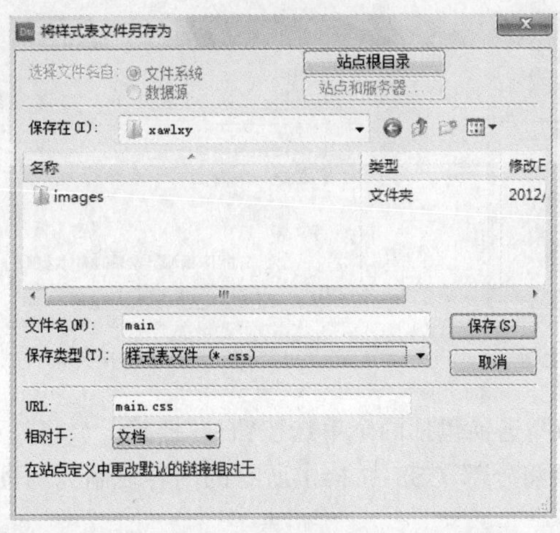

图 9-6 “将样式表文件另存为”对话框

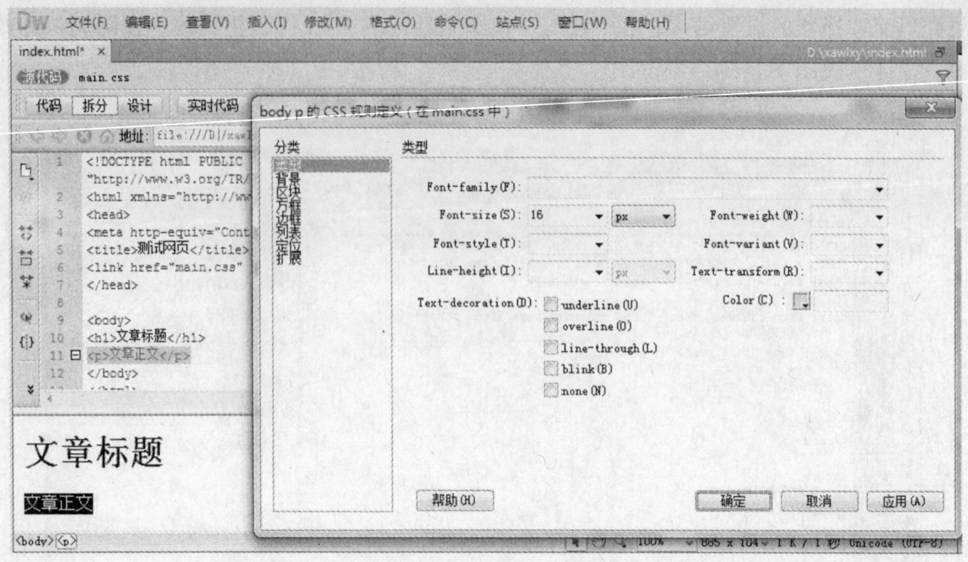

图 9-7 “CSS 规则定义”对话框

单击图 9-7 的“确定”按钮，这时在“文件”面板上就会多一个“main.css”的外部样式表文件（这个样式表没要包含任何的样式，即空样式表），如图 9-8 所示。

（2）在 HTML 文档中链接外部样式表

使用外部 CSS 的优点是用户可以为多个 HTML 文档使用同一个 CSS 文件，通过一个.css 文件控制这些.html 文档的样式。前面已经创建了一个名为 main.css 的外部样式表文件。下面将这个样式表链接到另外一个网页文档中，例如 about.html。

在 Dreamweaver 中打开 about.html 网页文档，单击“CSS 样式”中的 （附加样式表）按钮，即可打开“链接外部样式表”对话框，单击“浏览”按钮，在打开的“选择样式表文件”对话框中单击“main.css”，单击“确定”按钮，回到“链接外部样式表”对话框，在“文件/URL”文本框中显示“main.css”，如图 9-9 所示，单击“确定”按钮。

图 9-8 “文件”面板

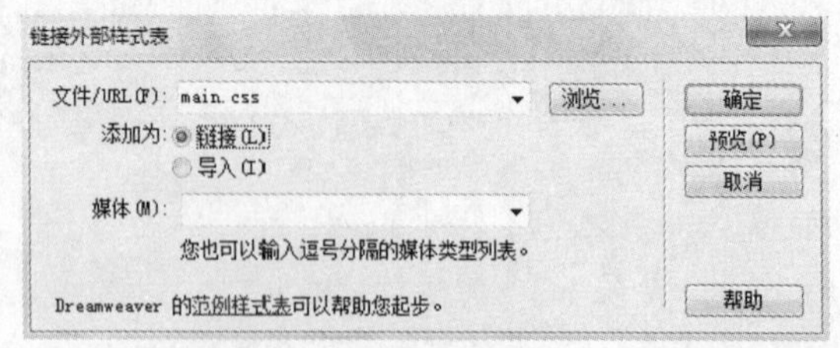

图 9-9 “链接外部样式表”对话框

在图 9-9 中，“添加为”选项包括两个单选按钮。“链接”会将外部的 CSS 文档以 link 标签链接到网页中。“导入”会将外部 CSS 文档中所有的内容复制到网页中，作为当前网页的内部样式表。

“媒体”下拉列表框表示当前 CSS 文档是为打开网页的哪一种设备而建立的，这里不作选择。

在平时练习和单独为一个网页定义样式表的时候，选择内部样式表。如果是建立一个含有多个网页的网站时，选择外部样式表。

3. 编辑样式

如果用户以后要编辑某个选择器的样式，单击“CSS 样式”面板中的“所有规则”列表框中的某个选择器，如图 9-5 所示，再单击“CSS 样式”面板中的（编辑样式）按钮（而不是单击按钮），可再次打开该选择器的“CSS 规则定义”对话框来进行编辑。

鼠标单击的选择器已建立过样式，按钮当前可用，否则按钮不可用。不要为已定义样式的选择器单击按钮，这样会在 CSS 样式表中重复定义选择器样式，会产生冲突和意外。

4. 删除样式和声明

（1）删除样式

单击“CSS 样式”面板中的“所有规则”列表框中的某个选择器，再单击（删除 CSS 属性）按钮。

（2）删除声明

单击“CSS 样式”面板中的“所有规则”列表框中的某个选择器，然后单击“属性”列表框中的某个声明，再单击按钮。

在熟悉了 CSS 样式表之后，也可以手工在网页的“代码”视图中新建、编辑和删除样式表。

9.2　设置文本 CSS 样式

在“CSS 规则定义”对话框中，Dreamweaver 将 CSS 各种常用属性进行分类组织，以方便用户设置。在此对话框的“类型”、“区块”分类中可以设置文字、文本对象的样式，如图 9-10 和图 9-11 所示。

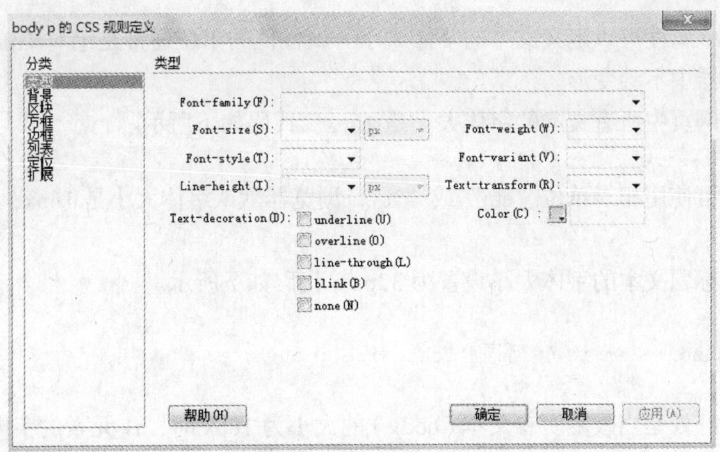

图 9-10　“类型”分类

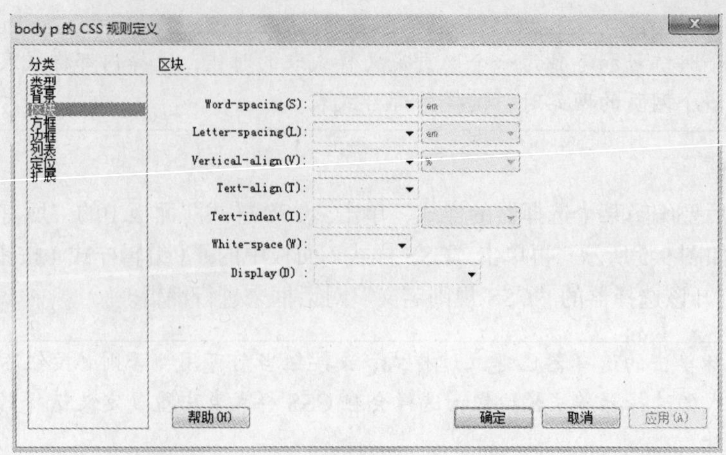

图 9-11 “区块”分类

9.2.1 设置文字样式

在 CSS 中，用户可以方便地设置文本的字体、字号、前景色、粗体、风格（斜体）、修饰，以及超链接的样式等。

1. 字体

使用 font-family 属性可以定义文本的字体系列。字体系列是指几个字体的列表，每个字体用逗号“,”将多个字体分隔开，每一个字体的名称都应以英文双引号“"”括起来。当第一个字体不能显示时（浏览者计算机没有安装该字体），会自动用系列中第二个字体或后面的字体显示。

例如，设置网页中所有文本的字体是“微软雅黑”、“宋体”系列。只需为 body 元素设置字体，因为继承关系，body 元素中包含的所有元素均使用这个字体。代码如下所示。

```
body {   font-family : "微软雅黑", "宋体" ;  }
```

不要使用计算机上非默认安装的字体（如方正兰亭字体），因为浏览者的电脑可能没有安装该字体，就会以宋体显示。Windows 系统常用的字体是宋体、黑体、微软雅黑。

2. 字号

使用 font-size 属性可以定义文本的字体大小。属性值的单位通常是绝对单位“px”（像素），这样文本在浏览器中不会变形。

例如，设置网页中所有文本的字体大小是 16px。代码如下所示。

```
body {  font-size : 16px ;  }
```

字体大小也可使用相对单位“em”或“%”，浏览器默认字体大小是 16px，所以 1em=16px，100%=16px。

例如，要将标题文本的字体大小设置为 32px。代码如下所示。

```
h1 {
     font-size : 2em ;  /* 等同于 font-size : 200%; */
}
```

这样设置的好处是当改变所有文本（body）的大小为 18px 时，h1 元素的字体大小就是 36px。

3. 粗细

使用 font-weight 属性可以定义文本字体的粗细。常用属性值是“normal”（标准，网页中字体粗细默认为标准）和“bold”（粗体）。

例如，将 h1 元素的文本设置为粗体。代码如下所示。

```
h1 {  font-weight : bold ;  }
```

4. 风格

使用 font-style 属性可以定义文本字体的风格。常用属性值是“normal”（标准，网页中字体粗细默认为标准）和“italic”（斜体）。

例如，将 h1 元素的文本设置为斜体。代码如下所示。

```
h1 {  font-style : italic ;  }
```

建议不要为中文字设置斜体，因为不好辨认和阅读。

5. 修饰

使用 text-decoration 属性可以定义文本字体的辅助线，使文本更加突出。常用属性值有“none”（默认值，无修饰）、“underline”（下划线，通常表示超链接）、“line-through”（贯穿线，通常表示文本被删除）等。多用于超链接样式的设置。

例如，去掉超链接的默认下划线，代码如下所示。

```
a {  text-decoration : none ;  }
```

6. 字体颜色

使用 color 属性可以定义文本字体的颜色。

属性值常用 2 种表示形式。

- #RRGGBB 格式。RR、GG 和 BB 都是两位十六进制数字（0～F），分别代表红色、绿色、蓝色的深度。通过描述这 3 种颜色（三原色），即可组合出目前可在显示器中显示的所有 1600 多万种颜色。例如，“#FFFFFF”表示白色，“#000000”表示黑色，“#ff0000”表示红色。当描述每种原色的两位 16 进制数字相同时，可将其缩写为一位，例如#ff5588 可缩写为“#f58”。
- 颜色名称。CSS 规定了 16 种标准颜色，例如，“red”表示红色，“gray”表示灰色，“blue”表示蓝色等。因颜色数有限，在实际中使用不多。

例如，将 h1 元素内的文本定义为蓝色。代码如下所示。

```
h1 {  color : #0000ff ;  }
```

9.2.2　设置文本对象样式

文本对象往往是由文字组成的各种单位，如段落、标题等。设置文本对象的样式往往与文本的排版密切相关，包括文本的行高、对齐文本、段首缩进等。

1. 行高

使用 line-height 属性可以指定文本的行高。行高是指文本所在行的高度。其属性值单位可以是绝对单位（px），可以是相对单位（em 或%），通常使用相对单位。

例如，设置网页文档中所有段落的行高为 150%（字体大小的 1.5 倍），代码如下所示。

```
p {
    line-height : 150% ;   /*  相当于 line-height : 1.5em  */
}
```

2. 段首缩进

使用 text-indent 属性可以指定段落的首行缩进。段首缩进是段落排版的常用方法。

例如，设置网页文档中所有段落首行缩进 2 个字符，代码如下所示。

```
p {  text-indent : 2em ;  }
```

3. 水平对齐方式

使用 text-align 属性可以设置文本的水平对齐方式。常用属性值有 left（默认值，左对齐）、right（右对齐）、center（居中对齐）。

例如，设置网页中 h1 元素的文本（文章标题）居中对齐，代码如下所示。

```
h1 { text-align : center; }
```

4. 垂直对齐方式

使用 vertical-align 属性可以设置元素所在行的垂直对齐方式。属性值有 sub（下标）、super（上标）、top（与顶端对齐）、middle（居中）、bottom（与底端对齐）等。常用于表格单元格（th、td 标签）内文本对齐，图像（img 标签）对齐。

如果想使文本在一个矩形区域中垂直对齐，请参看 9.4.1 小节。

5. 字符间距

使用 letter-spacing 属性可以设置字符之间的间距。常用这个属性设置标题文本每个字之间的距离。

例如，设置标题（h1 标签）文字间距为 0.5 倍字体大小，代码如下所示。

```
h1 {  letter-spacing : 0.5em ;  }
```

6. 超链接

超链接的默认样式是蓝色带下划线的文本。通过伪类选择器可以改变网页中超链接默认样式，和超链接有关的 4 种伪类选择器见表 9-2。

表 9-2　　伪类选择器

伪类选择器	作　用
:link	未被访问过的超链接
:hover	鼠标滑过（经过）超链接时
:visited	已被访问过的超链接
:active	被激活的超链接（鼠标按下没有松开时）

例如，改变网页中超链接的 4 种默认样式，改变这 4 种状态的默认颜色，在超链接默认和已被访问过时不显示下划线，在鼠标经过和被激活时显示下划线，代码如下所示。

```
a:link {
    text-decoration : none ;
    color : gray ;
}
a:visited {
    text-decoration : none ;
    color : #2f2 ;
}
a:hover {
    text-decoration : underline ;
    color : #f22 ;
}
a:active {
    text-decoration : underline ;
    color : #22f ;
}
```

提示

要严格按照上面伪类选择器的顺序来定义超链接的 4 种状态样式。

在 Dreamweaver 中，可选择菜单栏"修改"→"页面属性"命令，弹出"页面属性"对话框，单击左侧"分类"列表框中的"链接（CSS）"来进行设置，效果基本同上面代码，稍作修改即可。

9.3　修饰背景和边框

使用 CSS 样式表，用户可以方便地定义各种网页容器和内容标签的背景、边框等属性，对其进行美化。一般是对 body（页面）、div（区域）、table（表格）等标签进行设置。

9.3.1　背景颜色和背景图像

合理使用背景颜色和背景图像可以使网页更美观。一般背景颜色或背景图像颜色深，文字颜色应该偏浅；背景颜色或背景图像颜色浅，文字颜色应该偏深，这样容易阅读。

在"CSS 规则定义"对话框"背景"分类中可以设置标签背景颜色和背景图像样式，如图 9-12 所示。

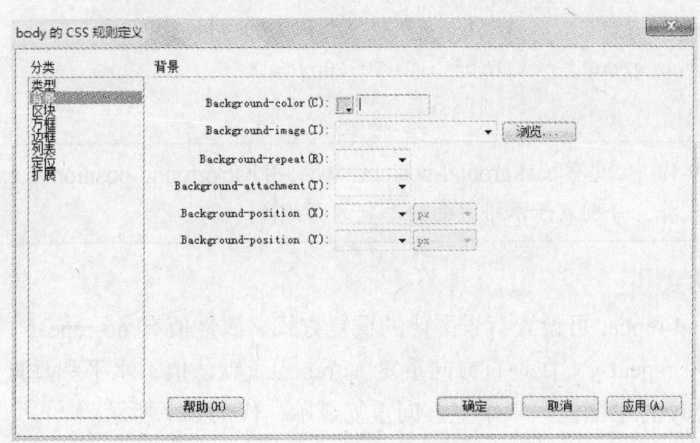

图 9-12　"背景"分类

1. 背景颜色

使用 background-color 属性可以设置网页标签（body、div、h1、p、table 等标签）的背景颜色。设置背景颜色的方法同前面讲的文本颜色设置相同。单击图 9-12 中的▪按钮可选择颜色。

例如，设置整个网页背景颜色为淡灰色，代码如下所示。

```
body { background-color : #eee; }
```

2. 背景图像

使用 CSS 样式表可以将一个图像设置为网页标签的背景，提升美感。

（1）设置背景图像

使用 background-color 属性可以设置网页标签（body、div、h1、p、table 等标签）的背景图像。常用属性值是 url（即图像所在地址，可以是本网站的相对地址，也可以是互联网上的地址）。

例如，设置整个网页背景图像为"images"文件夹下的"bg.png"，代码如下所示。

```
body {  background-image : url ("images/bg.png") ;  }
```

假如同时设置了背景颜色和背景图像，背景图像会覆盖在背景颜色之上，只有背景图像覆盖不到的地方才会显示背景颜色。通常背景图像只占标签的一部分区域，使网页背景颜色和背景图像边缘颜色一致，起到一种过渡的效果，占满标签所在区域。

（2）背景图像定位

使用 background-position 属性可以设置背景图像位置。背景图像定位是指控制背景图像在网页标签所占区域的位置。

该属性的属性值包括 left（背景图像居左显示）、right（背景图像居右显示）、top（背景图像居顶部显示）、bottom（背景图像居底部显示）、center（背景图像居中显示）、长度值（背景图像的具体位置，如 4px）。这几种属性值可以搭配使用。

在默认情况下，背景图像水平方向居左、垂直方向居中显示在标签内。定位一个背景图像的位置需要设置图像左上角或右下角的水平方向和垂直方向的位置，因此该属性后面的属性值分别代表图像左上角或右下角距离元素左上角或右下角的位置。

例如，设置整个网页背景图像左上角距浏览器显示网页区域左上角左边 0 像素，上边 10 像素。代码如下所示。

```
body {
    background-image : url ("images/bg.png") ;
    background-position : 0 10px ;  /* 属性值是 0 时可省去单位 */
    /* 等同于 background-position : left 10px ; */
}
```

在图 9-12 中，没有 background-position 属性，用 background-position-x、background-position-y 两个属性代替，分别表示水平方向和垂直方向距离。

3. 设置重复方式

使用 background-repeat 可设置背景图像的重复方式。属性值有 no-repeat（不重复）、repeat-x（在水平方向重复）、repeat-y（在垂直方向重复）、repeat（默认值，水平和垂直方向均重复）。

例如，设置 body 背景图像只以垂直方向重复显示，代码如下所示。

```
body{
    background-image : url ("images/bg.png") ;
    background-repeat : repeat-y ;
}
```

4. 设置固定方式

使用 background-attachment 可设置背景图像是否随文本滚动（如果网页比较长，那么当向下滚动网页时，背景图像也会随之滚动，当文档滚动到超过图像的位置时，图像就会消失）。属性值有 fixed（不随文档滚动）、scroll（默认值，随文档滚动）。

例如，设置 body 背景图像不随文档滚动，代码如下所示。

```
body{
    background-image : url ("images/bg.png") ;
    background-repeat : no-repeat ;
    background-attachment : fixed ;
}
```

9.3.2 设置边框样式

使用 CSS 样式表可以方便地设置网页标签的 4 个边框的各种属性。“边框”分类如图 9-13 所示。

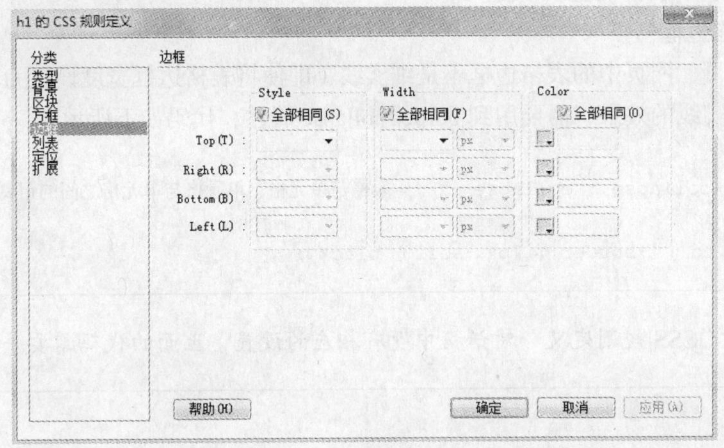

图 9-13 “边框”分类

1. 边框线样式

网页标签的边框样式包括 4 种相关属性设置，即网页标签顶部、底部、左侧和右侧的边框设置。

边框线样式的 4 种属性：border-top-style（顶部边框样式）、border-bottom-style（底部边框样式）、border-left-style（左侧边框样式）、border-right-style（右侧边框样式）。对应图 9-13 中左侧一列。

属性值包含 9 种，常用的有 none（默认值，无边框）、solid（实线）、dashed（虚线）、dotted（点划线，边框宽度不能小于 2px）、double（双线，边框宽度不能小于 3px）等。

2. 边框线宽度

边框线宽度包括 4 种属性：border-top-width（顶部边框宽度）、border-bottom-width（底部边框宽度）、borer-left-width（左侧边框宽度）、border-right-width（右侧边框宽度）。属性值通常为绝对或相对长度。对应图 9-13 的中间一列。

3. 边框线颜色

边框线颜色包括 4 种属性：border-top-color（顶部边框颜色）、border-bottom-color（底部边框颜色）、borer-left-color（左侧边框颜色）、border-right-color（右侧边框颜色）。属性值通常为十六进制的数字颜色值。对应图 9-13 中右侧一列。

在为网页标签设置边框时，必须同时设置边框的宽度、颜色和样式，这样边框才能显示出来。

4. 设置边框线所有规则

在图 9-13 中，如果分别为每条边框定义样式、宽度、颜色，则在 CSS 代码中会显得不够简洁和清晰（每条边框会有 3 个声明），CSS 允许用户为每条边框一次性定义样式、宽度、颜色（1 条声明），使用 border-top、border-botttom、border-left、border-right 属性可以简化 CSS 代码。

例如，定义 h1 标签的下边框线为 1px 的黑色双线，代码如下所示。

```
h1 { border-bottom : 4px double #000 ; }
```

这个需要手工在网页“代码”视图中修改。

用户也可以通过 1 个声明定义 4 条边框线的统一样式。这个相当于在图 9-13 择选择“Style”、“Width”、“Color”下面的“全部相同”复选框。

例如，定义 h1 标签的 4 条边框线均为 1px 的绿色实线，代码如下所示。

```
h1 {  border : 1px solid #0f0;  }
```

5. 设置表格边框

在默认情况下，网页中的表格边框不是细实线（即使将表格边框宽度设置为 1px 也不是）效果，为了实现细实线的效果，需要用到 border-collapse 属性，代码如下所示。

```
table {
    border-collapse : collapse ;  /* 表格与单元格、单元格与单元格之间的距离为 0 */
}
table ,th ,td {  border : 1px  solid  black ;  }
```

在“CSS 规则定义”对话框中没有相应的设置，上面的代码需要手工输入。

9.4 盒 模 型

在标准化的 Web 页面设计中，将 HTML 中所有块状标签视为装网页内容的容器。使用 CSS 样式表可以方便地控制这些容器性标签，为网页布局定义这些标签的位置、尺寸等属性。

9.4.1 盒模型简介

盒模型是指将网页中的每个块状标签（如 div、hl、p、table、ul、li 等，独占网页一行，可以作为容器在其中嵌入其他标签）看作是一个矩形的盒子，通过 CSS 样式表定义盒子的高度、宽度、填充、边框、边距等属性，从而实现网页布局的标准化。盒模型理论是 Web 标准化布局的基础，理解盒模型将有助于将复杂的 Web 布局简化为一个个简单的矩形块拼接的问题，从而提高布局的效率。

1. 盒模型结构

在 CSS 中，所有网页和其中的块状元素都被看作是一个个大小不同的盒子（矩形）。CSS 盒模型正是描述这些标签在网页布局中所占的空间和位置的基础。盒模型如图 9-14 所示。

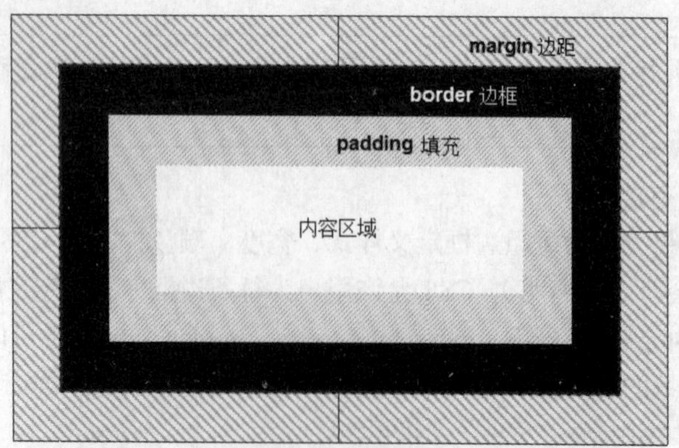

图 9-14 盒模型

在盒模型中，将网页的标签所占空间拆分为 4 个区域，即内容区域、填充、边框和边距。用户可以方便地定义盒模型的 4 个区域属性。

在“CSS 规则定义”对话框的“方框”分类中可以定义这 4 个属性，如图 9-15 所示。

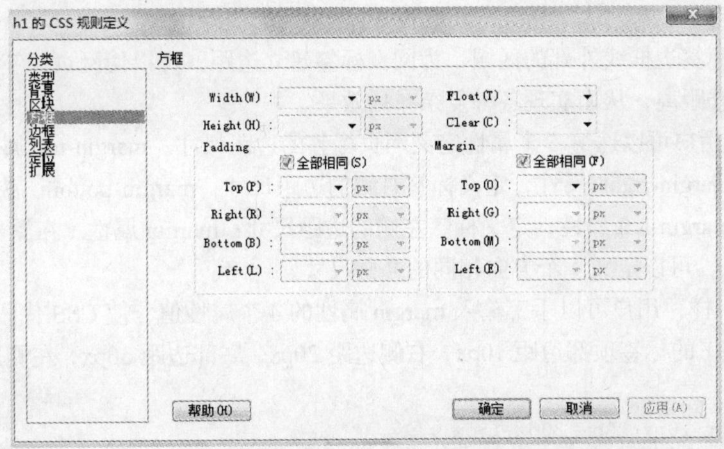

图 9-15　“方框”分类

2. 设置内容区域

在没有定义内容区域宽度和高度的情况下，盒子的宽度等于整个网页的宽度（独占一行），高度为字体的高度。如果要定义一个特殊尺寸的网页标签，需要使用 width 和 height 属性定义网页标签的宽度和高度。

例如，定义 h1 标签的宽度为 80%，高度为 80px，代码如下所示。

```
h1 {
    width : 80% ;
    height : 80px;
}
```

3. 设置填充属性

填充是网页内容区域和边框线之间的区域。内容只会显示在内容区域，而不会显示在填充区域。填充可以增大网页标签内容与边框之间的距离。

在 CSS 中，用户可以通过 5 个属性定义网页标签的填充尺寸：padding-top 属性，定义标签顶部的填充尺寸；padding-right 属性，定义标签右侧的填充尺寸；padding-bottom 属性，定义标签底部的填充尺寸；padding-left 属性，定义标签左侧的填充尺寸；padding 属性，可以定义 4 个方向的填充尺寸（在图 9-15 中选择“全部相同”复选框）。

在图 9-13 中分别设置 4 个方向的距离，在 CSS 代码中会显得不够简洁和清晰,可以手工输入 padding 属性的 4 个属性值以达到同样作用。

例如，定义 h1 标签顶部填充 10px，右侧填充 20px，底部填充 30px，左侧填充 15px，代码如下所示。

```
h1{  padding : 10px 20px 30px 15px ;  }
```

4 个属性值必须按照上右下左的逆时针方向设置，每个属性值用空格隔开。

利用 padding 属性还可以实现不固定高度的块状元素里的内容垂直居中，代码如下所示。

```
h1 {  padding : 10px  0 ;  }
```

属性值只有两个，10px 表示上和下的填充距离均为 10px，0 表示左和右的填充距离均为 0px。只需设置上和下的距离一致，就可实现垂直居中效果，切记不要设置 height 属性。

4. 设置边距属性

补白是网页标签边框线外部的区域。为网页标签建立边距，可以使网页标签与其父标签或其他同级别标签拉开距离，从而实现各种复杂布局效果。

在 CSS 中，用户可以通过 5 个属性定义网页标签的边距尺寸：margin-top 属性，定义标签顶部的边距尺寸；margin-right 属性，定义标签右侧的边距尺寸；margin-bottom 属性，定义标签底部的边距尺寸；margin-left 属性，定义标签左侧的边距尺寸；margin 属性（在图 9-15 中选择“全部相同”复选框），可以定义 4 个方向相同的补白尺寸。

同 padding 一样，用户可以手工输入 margin 属性的 4 个属性值，使 CSS 代码变得简洁。

例如，设置 h1 的标签顶部边距 10px，右侧边距 20px，底部边距 30px，左侧边距 15px，代码如下所示。

```
h1{ margin : 10px 20px 30px 15px ; }
```

4 个属性值同 padding 属性一样，必须按照上右下左的逆时针方向设置。

利用 margin 属性还可以实现块状元素在父元素（如 body 元素）中水平居中，代码如下所示。

```
h1 {
    width : 200px;
    margin : 0 auto ;
}
```

属性值只有两个，0 表示上和下的边距均为 0px，auto 表示左、右边距值相同（=（父元素的宽度－当前标签的宽度）/2）。

9.4.2 设置标签的显示方式

使用 display 属性可以实现显示和隐藏等，内联元素（如 span、a、img 等元素，不独占一行，由所装的容器决定）以块状方式显示。这个属性在图 9-11 中最下方。

例如，隐藏 id 属性为“detail”的 div 标签网页布局元素，代码如下所示。

```
#detail {    display : none ; }
```

同时也可结合 javascript 脚本语言实现鼠标经过显示、鼠标离开隐藏的动态效果。

在为网页标签进行布局时，display 属性的作用十分重要，可以对网页标签等进行转换，实现复杂的布局。

例如，将内联元素 a 以块状方式显示，代码如下所示。

```
a { display : block; }
```

9.5 布　局

布局就是指将组成网页的每个块级元素如何排版显示出来。在 Web 标准化布局中，通常包括 3 种布局，即流动布局、浮动布局和绝对定位布局。

9.5.1 流动布局

最简单的布局方式就是流动布局，其特点是将网页中各种布局元素按照其在 HTML 代码中的顺序从上而下依次显示。在流动布局的网页中，用户无需设置网页各种布局元素的边距属性。

例如，一个典型的 HTML 网页，其 body 标签中通常由头部、导航条、主题内容和版尾 4 大部分组成，使用 div 标签建立这 4 个部分所在的层，代码如下所示。

```
<div id= " header">网页头部的标签，这部分主要包含网页的 logo 和 banner 等内容</div>
<div id= "navigator"> 网页导航的标签，这部分主要包含网页的导航条</div>
<div id= "content">网页主题部分的标签，这部分主要包含网页的各种版块栏目</div>
<div id= "footer">网页版尾的标签，这部分主要包含网页的版权信息等内容</div>
```

在上面的 HTML 网页中，用户只需定义 body 标签的宽度、边距属性，然后根据网页的前期设计定义各种布局元素的高度，即可实现各种上下布局或上中下布局。

例如，定义整个网页宽度为 500px，在整个浏览器中水平居中，网页背景颜色为#EFEFEF。网页头部高度为 50px，导航条高度为 30px，主题部分高度为 120px，版尾部分高度为 40px。代码如下所示。

```
body {
    width : 500px ;
    margin: 0 auto;
    background-color : #EFEFEF ;
}
#header {  height : 50px ;  }
#nav {  height : 30px;  }
#content {  height : 120px;  }
#footer {  height:40px; }
```

显示效果如图 9-16 所示。

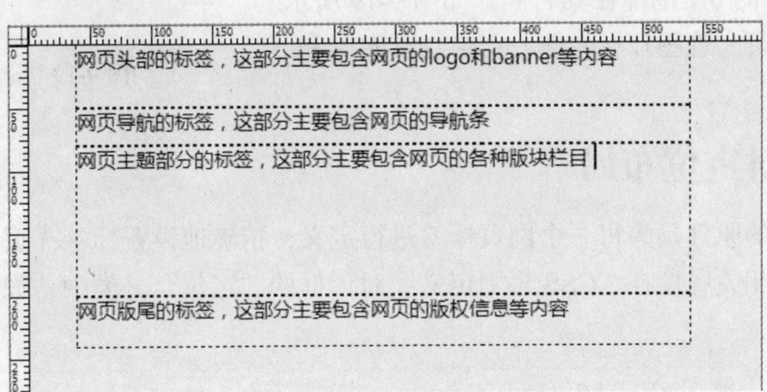

图 9-16 流动布局

流动布局方式的优点是结构简单，各浏览器兼容性好，缺点是无法实现左右分栏的样式。

9.5.2 浮动布局

浮动布局的作用是定义网页布局标签在脱离网页的流动布局结构后显示的方向。在网页设计中，主要可应用于多个方面，例如，实现文本环绕图像或实现浮动的块状标签布局。它是目前最主要的布局方法。

使用 float 属性可实现标签的浮动显示。float 属性在图 9-15“方框”分类中可以编辑当前选择器的 float 属性。属性值有 3 个：none，默认值，网页布局标签以流动方式显示，不浮动；left，定义网页布局标签以左侧浮动的方式脱离流动布局，使其后面的标签环绕在其右侧；right，定义网页布局标签以右侧浮动的方式脱离流动布局，使其后面的标签环绕在其左侧。

例如，以网页设计中最常见的上、中（分为左右两栏）、下布局为例，网页 body 标签中包含头部、左侧边栏、右侧边栏和版尾 4 大部分，使用 div 标签建立这 4 个部分所在的层，代码如下所示。

```
<div id= " header"> 网页头部的标签 </div>
<div id= "left"> 网页左侧的标签 </div>
<div id= "right"> 网页右侧的标签 </div>
<div id= "footer"> 网页版尾的标签 </div>
```

在默认状态下，块状元素 div 在网页中会以上下流动的方式显示，如图 9-17 所示。

在定义 id 为 left 的 div 的宽度后，这些标签仍然以流动的方式显示，如图 9-18 所示。

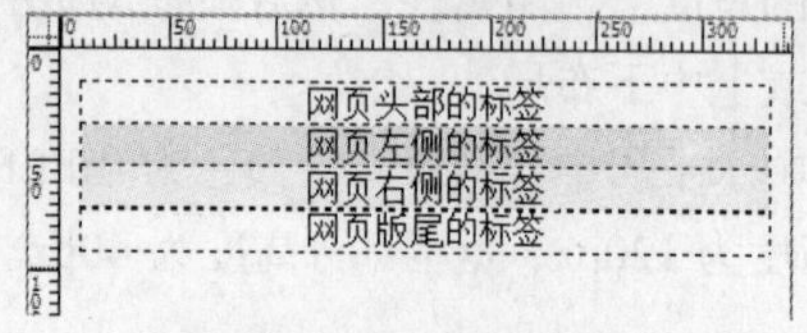

图 9-17　默认的流动布局

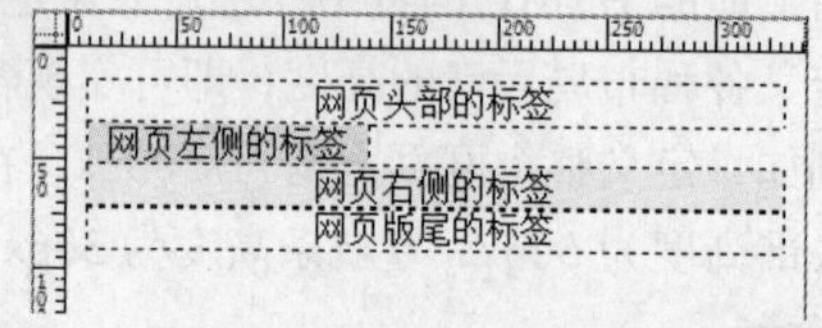

图 9-18　改变 id 为 left 的 div 标签宽度的流动布局

在为 id 为 left 的 div 标签定义浮动属性后，即可使 id 为 left 和 id 为 right 的 2 个 div 左右分列布局，代码如下所示。

```
#left {
    width : 130px;
    float : left;
}
```

这时，id 为 left 的在左侧浮动，且占 130px，右侧有了空隙；id 为 right 的 div 围绕在其右侧，如图 9-19 所示。

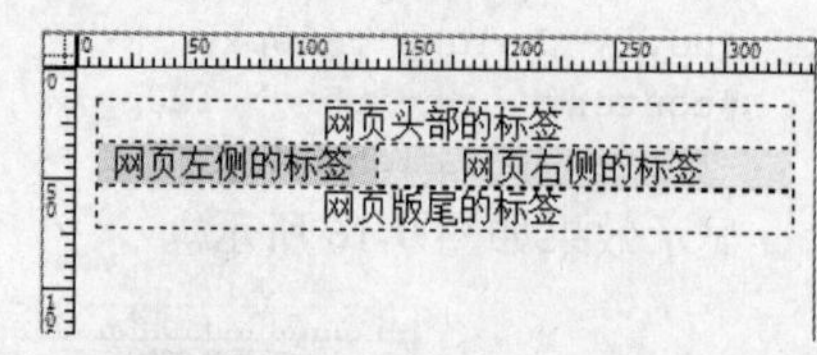

图 9-19　分栏浮动布局

使用此方法还可实现图片在左侧，文字在其右侧和下方环绕。

9.5.3　绝对定位布局

绝对定位布局的原理是为每一个网页标签进行定义，精确地设置标签在页面中的具体位置和层叠次序。定位的相关属性在“CSS 规则定义”对话框的“定位”分类中，如图 9-20 所示。

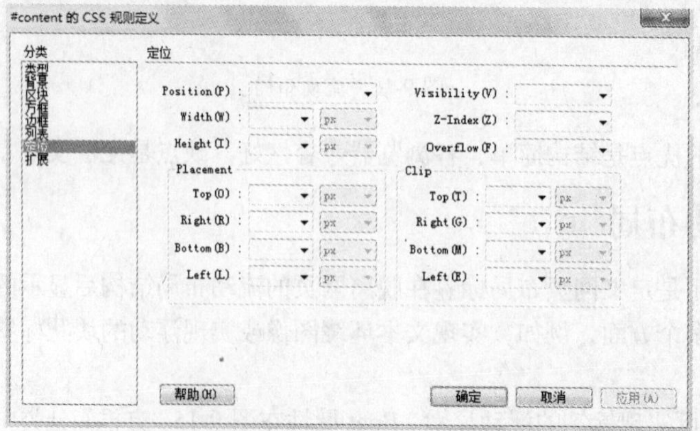

图 9-20　“定位”分类

1. 设置精确位置

设置网页标签的精确位置，可使用 position 属性先定义标签的定位方式。属性值有 4 个：static，默认值，按原来方式定位；absolute，绝对定位方式，定义网页布局标签按照 left、right、bottom 和 right 共 4 种具体属性定位；relative，相对定位，定义网页布局标签按照 left、top、bottom 和 right 共 4 种属性定位，但不发生重叠，即忽略 z-index 属性设置；fixed，固定定位，和 absolute 类似，它相对于浏览器窗口，而 absolute 相对于 body 或父标签（设置了相对定位或绝对定位）。

设置了相对定位的标签通常用来包含设置为绝对定位的标签，限制绝对定位的位置。

设置了绝对定位的标签会从网页当前的流动布局或浮动布局中脱离出来，用户应该定义其左侧、顶部、右侧和底部 4 种针对 body 或父标签（设置了相对定位或绝对定位）的距离属性中的两种来实现其定位，否则绝对定位不起作用。

例如，定义 id 为 banner 的 div 距离网页顶部为 80px，左侧为 30px，代码如下所示。

```
#banner {
      position: absolute ;
      top : 80px ;
      left : 30px ;
}
```

fixed 属性值常用于设置网页标签在浏览器中固定位置定位，如快速导航栏。

2. 设置层叠次序

绝对定位的元素在重叠后，将按照用户定义的 z-index 属性决定层叠位置，或自动按照其代码在网页中出现的顺序依次层叠显示。z-index 的值为 0 或任意正整数（无单位），值越大，网页布局标签的层叠次序越高。

例如，两个 id 分别为 up 和 down 的层，其中 up 覆盖在 down 上方，代码如下所示。

```
#up {
     position : absolute;
     z-index : 2;
}
#down {
     position : absolute;
     z-index : 1;
}
```

9.6 上机练习：使用 CSS 美化文本

网页中的大量文章都是由一个个段落组成到一起的。段落中的文本属性不可能是一成不变的，需要改变文本属性来使网页看起来更美观。本练习通过定义段落属性、文本属性来制作文章页面。操作步骤如下。

（1）新建站点，对应“09\1”文件夹，从“文件”面板打开 index.html。

（2）在“设计”视图中的文字“时尚网>时尚指标>穿出地中海浪漫情怀 28 款经典搭配”上单击，在状态栏的标签栏中单击“div#title”（见图 9-21），然后单击“CSS 样式”面板中的⊞按钮，弹出“新建 CSS 规则”对话框（对话框中的“选择器名称”文本框中的“#content #leftmain #title”是包含选择符），单击“确定”按钮，在弹出“CSS 规则定义”对话框中设置其属性，属性设置如图 9-22 所示。

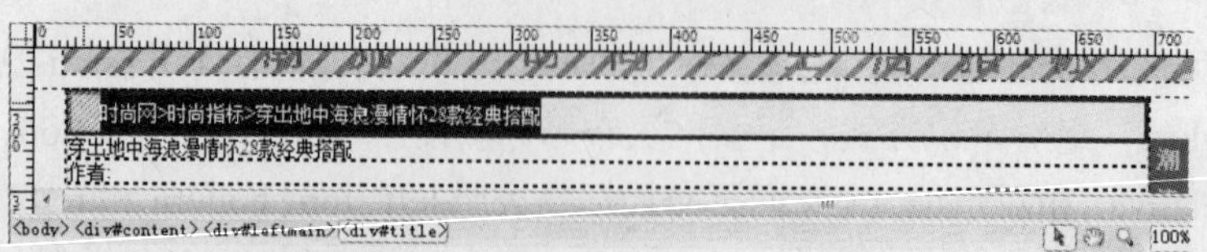

图 9-21　在状态栏选择“div#title”

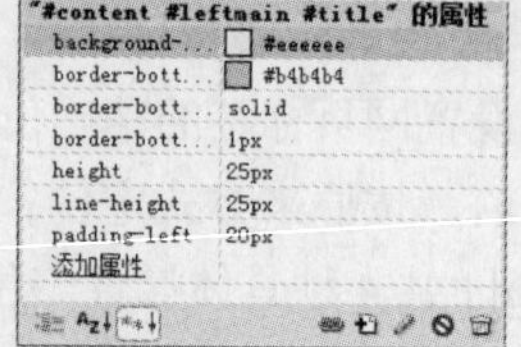

图 9-22　ID 为“title”的 Div 的属性

标签栏中的“div#title”表示 id 为“title”的 Div 层。

（3）选择“时尚网”这 3 个字，在“属性”面板中的“链接”文本框中输入“#”。使用同样的方法选择“时尚指标”文字，在“属性”面板中的“链接”文本框中输入“#”，如图 9-23 所示。

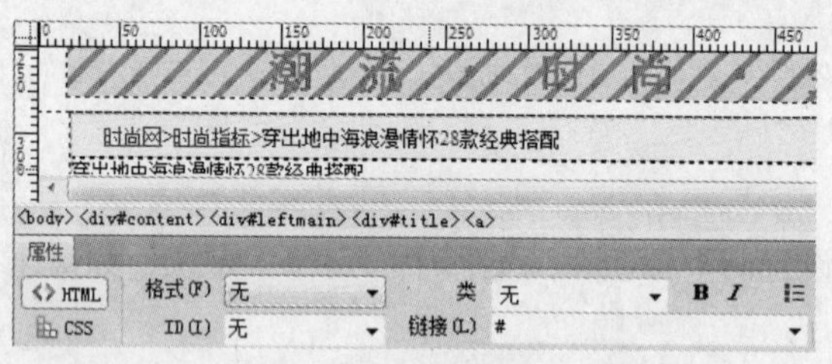

图 9-23　创建超链接

（4）将光标置于 ID 为“homeTitle”的 Div 层中，在标签栏中单击“div#hometitle”，设置其 CSS 样式属性，如图 9-24 所示。在标签栏中单击“div#htitle”，设置其 CSS 样式属性，如图 9-25 所示。在标签栏中单击“div#publish”，设置其 CSS 样式属性，如图 9-26 所示。在标签栏中单击“div#mark”，设置其 CSS 样式属性，如图 9-27 所示。

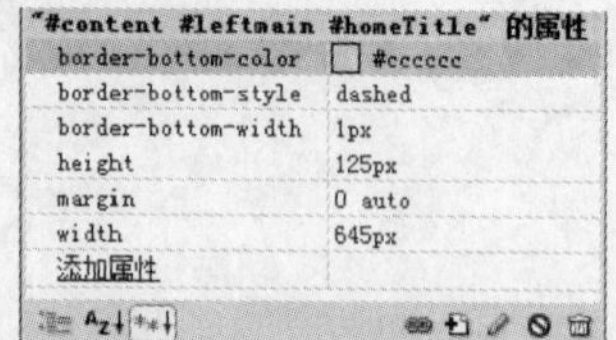

图 9-24　ID 为“homeTitle”的 Div 属性

"#htitle" 的属性

color	#1092f1
font-size	16px
font-weight	bold
height	40px
line-height	40px
text-align	center
添加属性	

图 9-25　ID 为“htitle”的 Div 的属性

"#publish" 的属性

height	30px
line-height	30px
添加属性	

图 9-26　ID 为“publish”的 Div 的属性

图 9-27　ID 为“mark”的 Div 的属性

（5）将光标置于 ID 为“publish”的 Div 层中，在标签栏中单击“div#zz”，设置其 CSS 样式属性，如图 9-28 所示。在标签栏中单击“div#times”，设置其 CSS 样式属性，如图 9-29 所示。在标签栏中单击“div#pl”，设置其 CSS 样式属性。其中，ID 为“times”、“pl”的两个 Div 层的 CSS 样式属性设置相同。

（6）单击“CSS 面板”中的按钮，在弹出的“新建 CSS 规则”对话框中创建名称为“font2”的类选择器，如图 9-30 所示。在弹出的“CSS 规则定义”对话框中设置其属性，属性如图 9-31 所示。

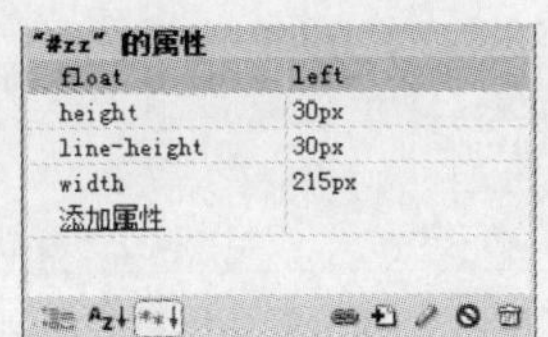

图 9-28 ID 为“zz”的 Div 的属性

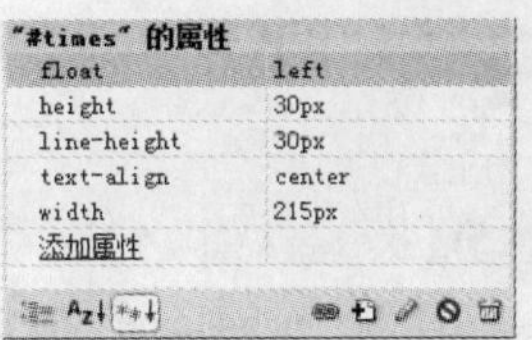

图 9-29 ID 为“times”的 Div 的属性

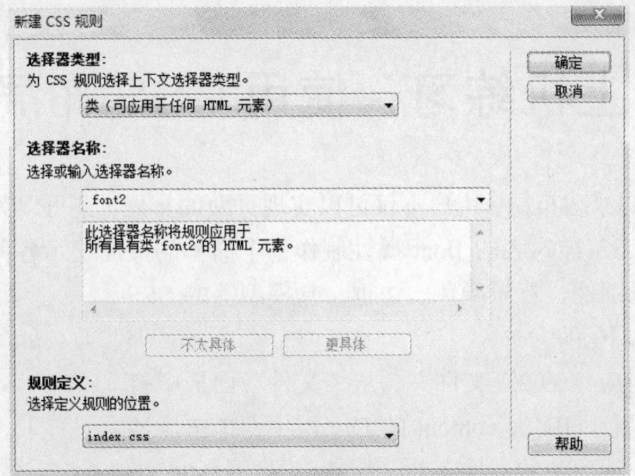

图 9-30 “新建 CSS 规则”对话框

使用同样的方法创建类名为“font3”的样式，属性如图 9-32 所示。

图 9-31 类名为“font2”的属性

图 9-32 类名为“font3”的属性

分别选择“作者:”、“发布时间:2012-8-8 12:15:20”、“发表评论: 0 条点评”、“发布时间:2012-8-8 12:15:20”、“标签关键字”这些文字，然后在“属性”面板中的“类”下拉列表框中选择“font2”。使用同样的方法选择“韩国 世界 潮流 浪漫 搭配 纯美 魅力 独特 享受”文字，选择“font3”，如图 9-33 所示。

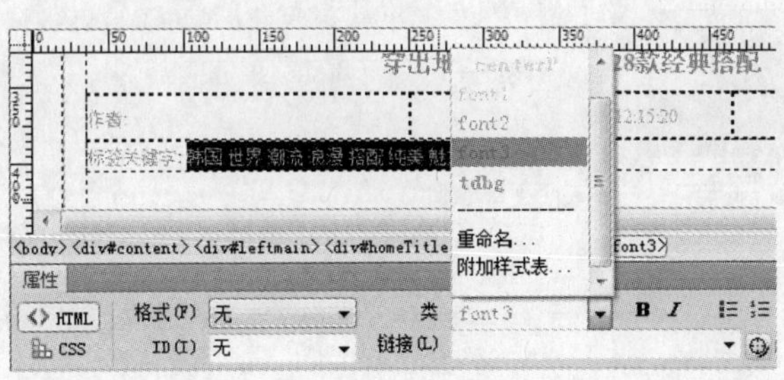

图 9-33 为文字设置类样式

（7）将光标置于 ID 为“mainHome”的 Div 层中，在标签栏中单击“div#mainHome”，设置其 CSS 样式属性，如图 9-34 所示。

（8）将光标置于 ID 为“mainHome”的 Div 层中，在标签栏中单击“<p>”，设置其 CSS 样式属性，属性如图 9-35 所示。

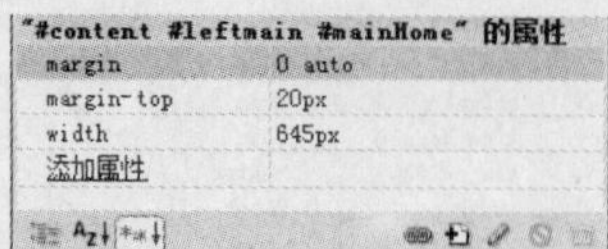

图 9-34 ID 为"mainHome"的 Div 的属性

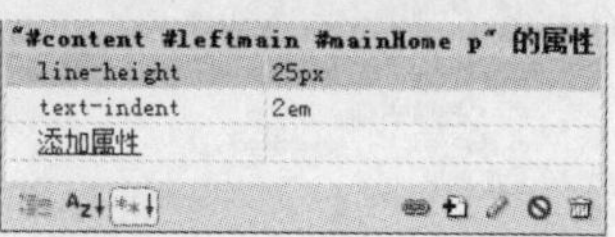

图 9-35 p 标签选择符的属性

这样就完成了整个文章不同部分的 CSS 样式设置。

9.7 上机练习：使用 CSS 布局网页

使用 CSS 样式表的浮动布局，用户不仅可以实现页面的布局，还可以为网页中的各种块状标签定位。本例将使用 CSS 样式表的 float 属性制作一个简单的页面显示各种商品。同时还涉及图文混排、超链接、背景图像、背景颜色、边框、盒模型等的 CSS 样式设计。操作步骤如下。

（1）新建站点，对应"09\2"文件夹，从"文件"面板中打开 index.html，将光标置于 ID 为 content 的 Div 层中，单击"插入"面板中的"常用"选项中的"插入 Div 标签"（见图 9-36），分别插入 ID 为 leftmain、rightmain 的 Div 层，分别如图 9-37 和图 9-38 所示。

图 9-36"插入 Div 标签"按钮

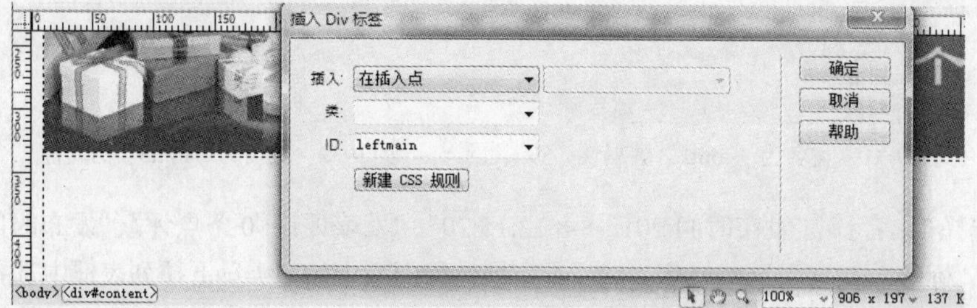

图 9-37 插入 ID 为"leftmain"的 Div 层

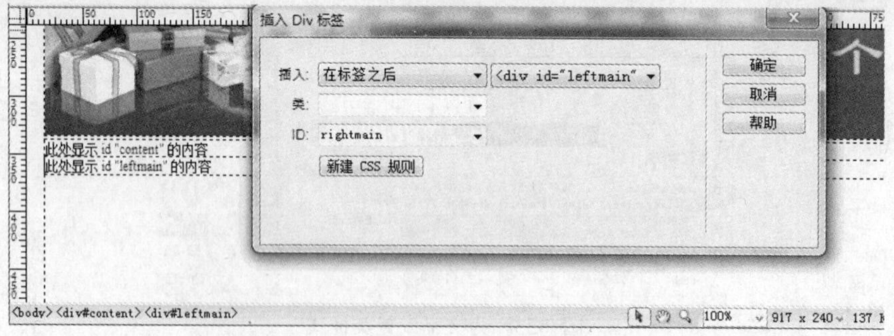

图 9-38 插入 ID 为"rightmain"的 Div 层

将光标置于 ID 为 leftmain 的 Div 层中，分别插入并列关系的 ID 为 menuTitle、menu 的 Div 层。

将光标置于 ID 为 rightmain 的 Div 层中，插入 ID 为 newsTitle，在该层下方创建类名称为 rows 的 Div 层。将光标置于类名称为 rows 的 Div 层中，分别以并列关系地插入 ID 为 pic、picText 的 Div 层。

ID 为“content”的 DIV 层的“拆分”视图如图 9-39 所示。

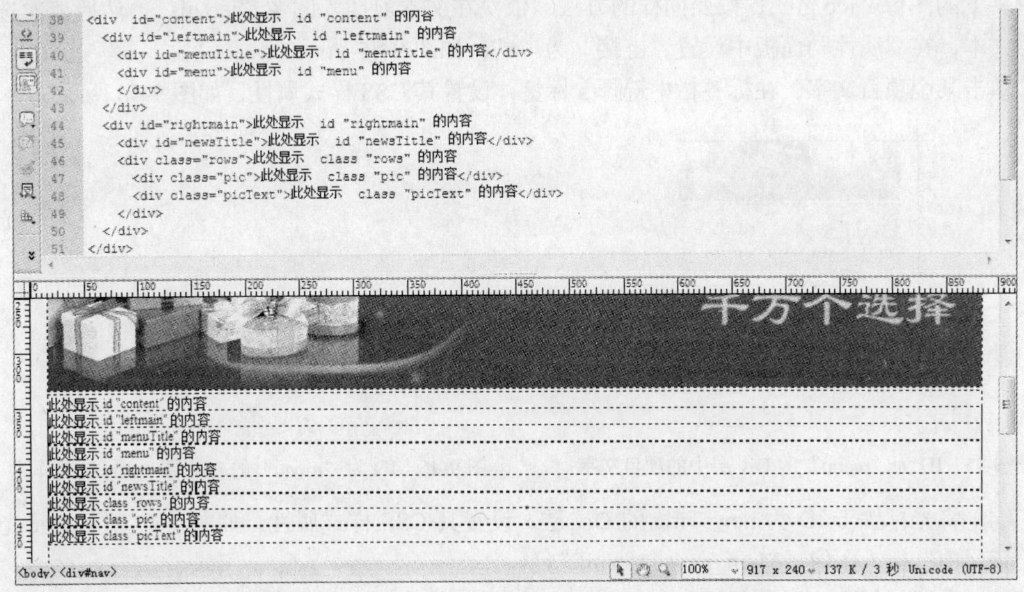

图 9-39　“拆分”视图中 ID 为“content”的 Div 层

（2）选择 ID 为“leftmain”的 Div 层，设置其样式，如图 9-40 所示。选择 ID 为“rightmain”的 Div 层，设置其样式，如图 9-41 所示。选择 ID 为“menuTitle”的 Div 层，设置其样式，属性如图 9-42 所示。

"#leftmain" 的属性	
background-color	#f2f2f2
border	1px solid #CCC
float	left
height	440px
width	198px
添加属性	

图 9-40　ID 为“leftmain”的 Div 层样式

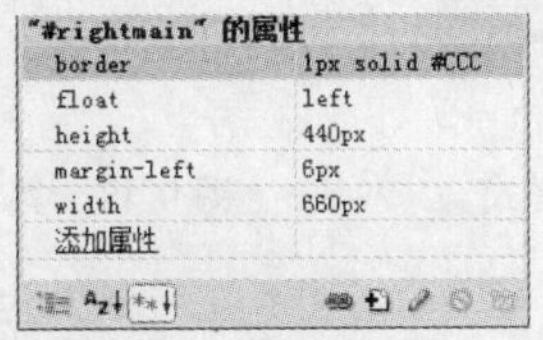

"#rightmain" 的属性	
border	1px solid #CCC
float	left
height	440px
margin-left	6px
width	660px
添加属性	

图 9-41　ID 为“rightmain”的 Div 层样式

"#menuTitle" 的属性	
background-image	url(images/Main_menu_title.gif)
height	40px
margin-bottom	20px
添加属性	

图 9-42　ID 为“menuTitle”的 Div 层样式

（3）将光标置于 ID 为 menu 的 Div 层中，输入文本“礼品袋”。单击“属性”面板中的☰（项目符号）按钮，出现项目列表符号，按“Enter”键，出现下一个项目列表符号，在项目列表符号后再输入文本，依次类推，如图 9-45 所示。

在状态栏中的标签栏选择 ul 标签，设置其 CSS 样式属性，如图 9-43 所示。在标签栏中选择 li 标签，设置其 CSS 样式属性，如图 9-44 所示。

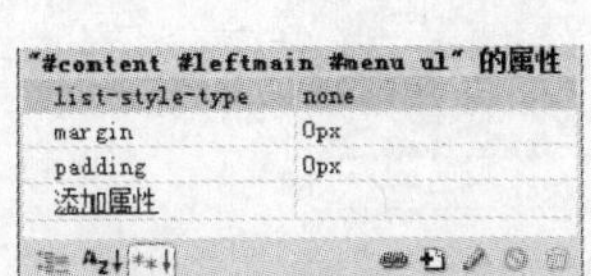

"#content #leftmain #menu ul" 的属性	
list-style-type	none
margin	0px
padding	0px
添加属性	

图 9-43　ul 标签的属性

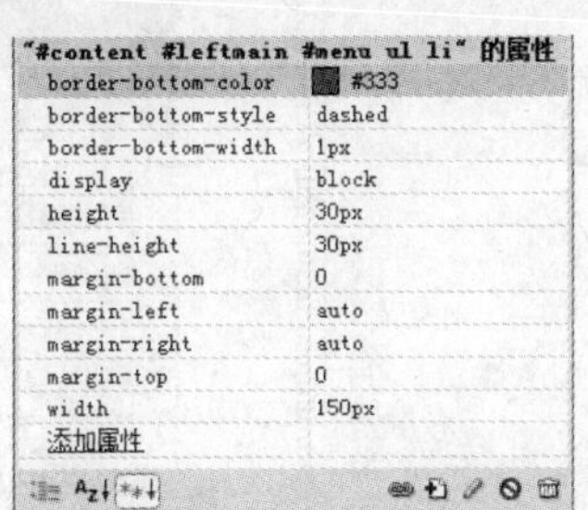

"#content #leftmain #menu ul li" 的属性	
border-bottom-color	#333
border-bottom-style	dashed
border-bottom-width	1px
display	block
height	30px
line-height	30px
margin-bottom	0
margin-left	auto
margin-right	auto
margin-top	0
width	150px
添加属性	

图 9-44　li 标签的属性

将光标置于“礼品袋”这3个字之前，单击“插入”面板中的“图像”按钮，插入“images”文件夹下的图像“ico.gif”；按照同样的方法，依次在文本前插入图像“ico.gif”。然后依次选择项目文本，在“属性”面板中设置“链接”为“#”，如图9-45所示。

单击某个项目文字，在标签栏中选择a标签，设置其CSS样式属性，如图9-46所示。

图9-45　ID为“menu”的Div层中的项目文字

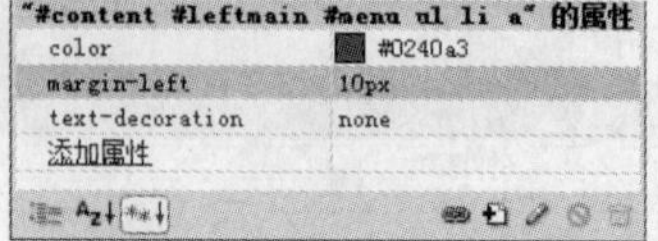

"#content #leftmain #menu ul li a" 的属性

属性	值
color	#0240a3
margin-left	10px
text-decoration	none
添加属性	

图9-46　ID为“menu”的Div层中a标签的样式

（4）将光标置于ID为newsTitle的Div层，设置其CSS样式属性，如图9-47所示。将光标置于该层中，插入图像“Main_news_top.gif”。

（5）在标签栏中选择类名称为“rows”的Div层，设置其CSS样式，如图9-48所示。选择类名称为“pic”的Div层，设置其CSS样式，如图9-49所示。选择类名称为“picText”的Div层，设置其CSS样式，如图9-50所示。

"#newsTitle" 的属性

属性	值
background-color	#f4f4f4
height	17px
添加属性	

图9-47　ID为“newsTitle”的Div层样式

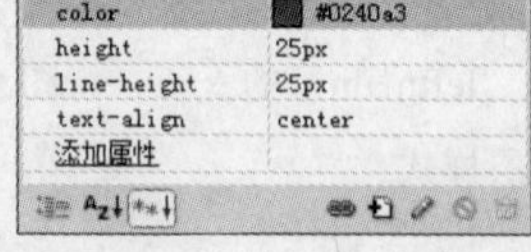

".rows" 的属性

属性	值
float	left
height	172px
margin	10px 8px
width	147px
添加属性	

图9-48　类名称为“rows”的Div层的样式属性

".pic" 的属性

属性	值
border	1px dashed #F00
height	145px
margin	0 auto
width	145px
添加属性	

图9-49　类名称为“pic”的Div层的样式属性

".picText" 的属性

属性	值
color	#0240a3
height	25px
line-height	25px
text-align	center
添加属性	

图9-50　类名称为“picText”的Div层的样式属性

将光标置于类名称为pic的Div层中，插入图像“pic1.jpg”。在类名称为picText的Div层中插入图像“Arrow_03.gif”，并输入文本“礼品袋”，如图9-51所示。

图9-51　“设计”视图中类名称为“rows”的Div层

（6）按照上面方法，分别插入 7 个类名称为“rows”的 Div 层，在其中分别插入类名称为“pic”、“picText”的 Div 层，在相应的 Div 层中插入图像和输入文本，如图 9-52 所示。

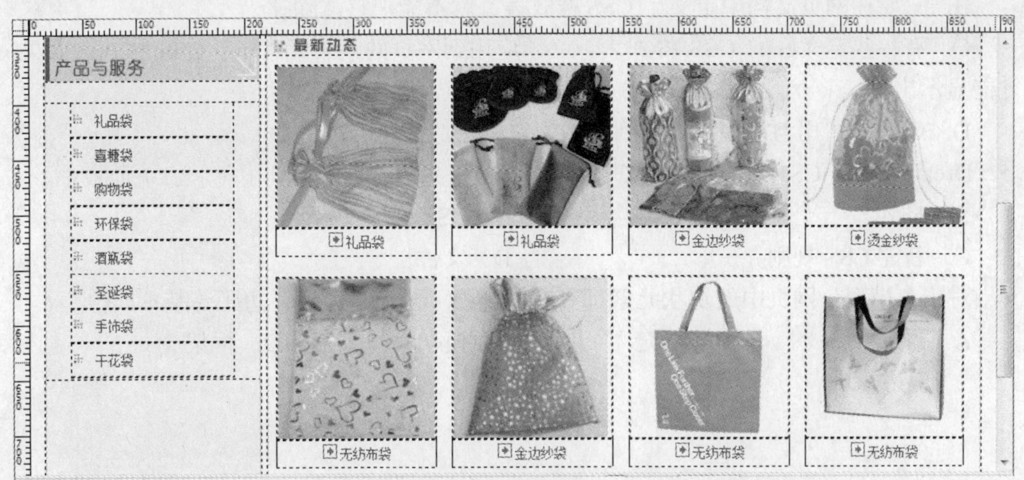

图 9-52 “设计”视图中 8 个类名称为“rows”的 Div 层

经过上述步骤，就完成了商品列表页面的制作。

小 结

网页只有 HTML 时，只能实现简单的网页效果。用了 CSS 样式表后，网页排版有了天翻地覆的变化，可以实现印刷中的精美排版效果。Dreamweaver CS5 极大地简化了实现的过程，在熟练掌握了创建和应用样式的方法后，即可以通过实践逐步掌握各种各样的 CSS 效果。

本章重点介绍了 CSS 的基本语法和常用属性，以及 Dreamweaver CS5 中 CSS 样式表的使用方法。选择符、盒模型、布局是 CSS 的核心和难点，只有通过不断地练习和思考，才能得心应手地使用 CSS 层叠样式表，使用最简洁的代码做出美观的网页。本章所讲内容虽然力求完整，但是由于篇幅有限，对 CSS 本身的技术知识没有进行深入详细的介绍，有关方面的内容大家可以参考 CSS 相关书籍。

习 题

1. 如果要使一个网站的风格统一并便于更新，在使用 CSS 样式表时，最好使用（　　）。
   A. 外部样式表　　B. 内部样式表　　C. 内联样式　　D. 以上三种都可以
2. 如果定义了一个名称为.text 的选择器的样式，那么这个“选择器类型”为（　　）。
   A. 句点　　B. 标签　　C. ID　　D. 类
3. 外部 CSS 样式表文件的扩展名是（　　）。
   A. .htm　　B. .html　　C. .css　　D. .txt
4. 以下说法中正确的是（　　）。

A．只要在网页文档中定义了 CSS 样式表，那么样式表效果就可以在网页中自动显示出来

B．只要在网页文档中定义了 CSS 样式表，就不能把它清除掉

C．有一些定义好的 CSS 样式表，必须应用到网页的某个元素中，CSS 样式表效果才能显示出来

D．CSS 样式用与不用都看不到，因为它只是隐含的形式

5．Dreamweaver CS5 把简单运用 CSS 样式表的相关功能都汇集到了（　　）面板中。

A．插入　　B．CSS 样式

C．新建 CSS 规则　　D．文件

6．对于盒模型，网页中的块状元素都具有内容、（　　）、边框、边距等基本属性。

A．形式　　B．填充　　C．模样　　D．框架

第 10 章 网页交互和特效

在制作网页时，为了使网站具有较强的吸引力，可以在网页中添加交互和特效，这样制作的网页不但新颖、风格突出，让浏览者过目不忘，而且也能增加网站的访问量。网页的交互和特效一般是由 JavaScript 脚本代码完成的，对于没有任何编程基础的设计者而言，可以使用 Dreamweaver 中内置的行为，而不用书写一行代码就可以实现丰富的动态页面效果。

10.1 网页交互行为

行为是被用来动态响应用户操作，改变当前页面效果或是执行特定任务的一种方法。行为是由一个事件所触发的动作。事件是访问者对网页所做的事情，例如，单击某个图像，鼠标经过指定的元素等。动作就是完成某个动作的 Javascript 代码。

10.1.1 交换图像

交换图像行为是通过改变<img>标签的 src 属性将一个图像和另一个图像进行交换，或者交换多个图像。

如果要添加"交换图像"行为，首先要在文档中插入一个图像，然后选择该图像，单击"标签检查器"面板中的"行为"面板，如图 10-1 所示，然后单击+.（添加行为）按钮，在弹出的快捷菜单中选择"交换图像"命令，如图 10-2 所示，在弹出的"交换图像"对话框中单击"浏览"按钮，选择另外一张要交换的图像，如图 10-3 所示。

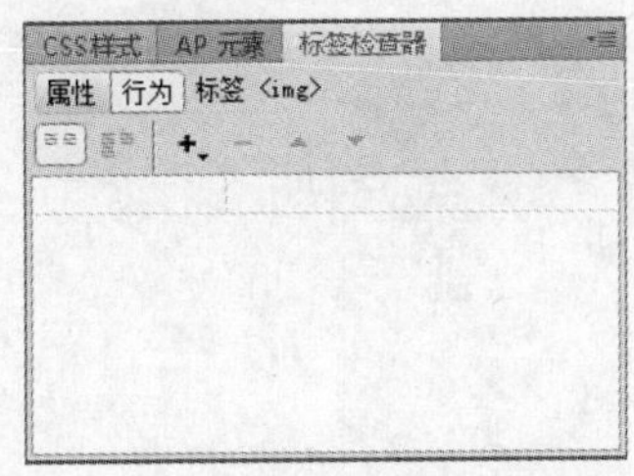

图 10-1 "标签检查器"面板中的"行为"面板

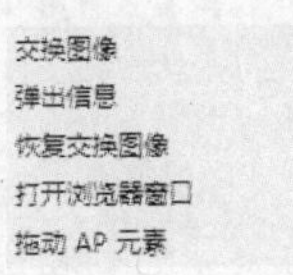

图 10-2 单击"添加行为"按钮弹出的快捷菜单

设置完成后，在浏览器中打开页面，可以发现当鼠标指针经过浏览器中的源图像时，该图像即会转换为另外一张图像；当鼠标指针离开图像时，则又恢复到源图像。

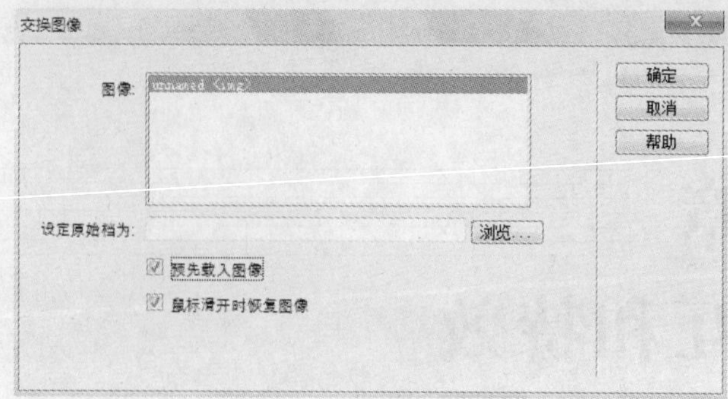

图 10-3 “交换图像”对话框

提示 源图像与交换的图像应该具有相同的尺寸（高度和宽度），否则交换的图像显示时会被压缩或扩张，以适应源图像的尺寸。

在“行为”面板中会显示已设置的两个行为，如图 10-4 所示。

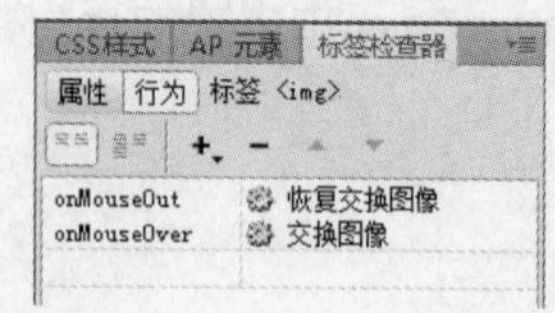

图 10-4 “行为”面板中的行为

左边一列是事件，单击可以选择其他事件；右边一列是 Dreamweaver 内置的行为，如果想编辑某个行为，可双击右边一列中的某个行为。

图 10-4 表示为 img 标签的 onMouseOut（鼠标移出）事件添加了“恢复交换图像”行为，为 onMouseOver（鼠标滑过）事件添加了“交换图像”行为，当 img 标签这两个事件被触发时，执行相应的行为。

如果想删除某个行为，先选中一行，然后单击−（删除行为）按钮。

在网页“代码”视图中用<script></script>标签括起来的内容就是 JavaScript 脚本语言。

10.1.2 弹出信息

弹出信息行为是用于弹出一个显示预设信息的 Javascript 警告框，该警告框只有一个“确定”按钮，所以使用此行为可以为用户提供信息，但不能提供选择操作。

选择文档中的一个标签，单击“行为”面板中的+按钮，在弹出的快捷菜单中选择“弹出信息”命令，如图 10-2 所示，然后在弹出的对话框中输入文字信息，如图 10-5 所示。单击“确定”按钮。

图 10-5 “弹出信息”对话框

设置完成后，在浏览器中打开页面，可以发现当鼠标单击该标签时，会弹出一个包含输入内容的对话框。

10.1.3　打开浏览器窗口

要打开浏览器窗口，可以在一个新的窗口中打开页面，同时还可以指定该新窗口的属性、特性和名称。

选择文档中的某一标签，单击“行为”面板中的+按钮，在弹出的快捷菜单中选择“打开浏览器窗口”命令，如图 10-2 所示，弹出“打开浏览器窗口”对话框，如图 10-6 所示。

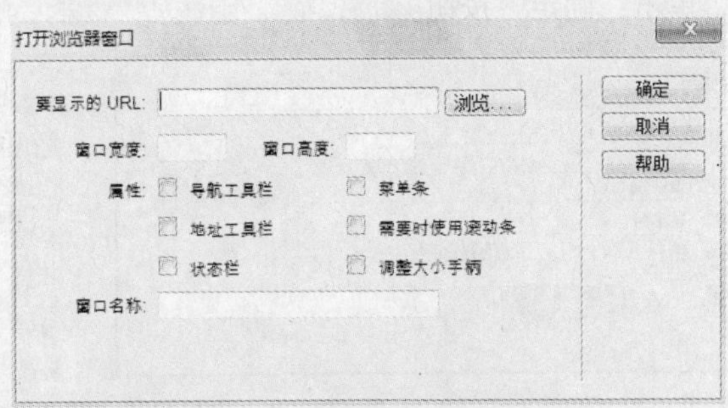

图 10-6 “打开浏览器窗口”对话框

在“打开浏览器”窗口对话框中包括 5 个选项，其功能和名称见表 10-1。

表 10-1　“打开浏览器窗口”对话框的选项

选项名称		功能
要显示的 URL		设置弹出浏览器窗口的 URL 地址，可以是相对地址或绝对地址
窗口宽度		以像素为单位设置弹出浏览器窗口的宽度
窗口高度		以像素为单位设置弹出浏览器窗口的高度
属性	导航工具栏	指定弹出浏览器窗口是否显示前进、后退等导航按钮
	菜单条	指定弹出浏览器窗口是否显示文件、编辑、查看等菜单条
	地址工具栏	指定弹出浏览器窗口是否显示地址工具栏
	需要时使用滚动条	指定弹出浏览器窗口是否使用滚动条
	状态栏	指定弹出浏览器窗口是否显示状态栏
	调整大小手柄	指定弹出浏览器窗口是否允许调整大小
窗口名称		设置弹出浏览器窗口的标题名称

10.1.4　拖动 AP 元素

AP（Absolute Position）元素是指绝对定位的元素（参看第 9 章的 9.5.3 小节），拖动 AP 元素行为可以让访问者拖动绝对定位的 AP 元素。

在添加“拖动 AP 元素”行为之前，首先要在文档中插入 AP 元素，单击“插入”面板“布局”类的“绘制 AP Div”按钮，如图 10-7 所示。

在网页的“设计”视图中拖动鼠标绘制 AP 元素。然后在 AP 元素内部插入图像或输入文本内容等。

图 10-7 “插入”面板的“布局”分类

提示

AP 元素处于选中状态时，周围有蓝色的粗线边框，左上角有个图标□，可以通过这个图标随意拖动 AP 元素，调整它在“设计”视图中的位置，也可通过“属性”面板设置。

在网页的“设计”视图中任意位置单击，使焦点离开 AP 元素，单击“行为”面板中的+按钮，在弹出的快捷菜单中选择“拖动 AP 元素”命令，如图 10-2 所示，即可打开“拖动 AP 元素”对话框，如图 10-8 所示，单击“确定”按钮。

图 10-8 “拖动 AP 元素”对话框

设置完成后，在浏览器中浏览网页，单击并拖动 AP 元素中的图像，可以发现该图像能够被移动到任意位置，释放鼠标后，该图像将停留在新位置上。此功能可用来制作拼图游戏等。

10.2 Spry 框架

Spry 是从 Dreamweaver CS3 版本开始新增的一个功能，网页设计人员使用它可以为访问者提供更加丰富的网页。框架支持一组用标准 HTML、CSS 和 Javascript 编写的可重用构件，设计者可以方便地在文档中插入这些构件。

10.2.1 Spry 效果

Spry 效果具有视觉增强功能，可以将其应用于页面上几乎所有 HTML 的元素。效果通常是在一段时间内高亮显示信息，创建动画过渡或者以可视化方式修改页面元素。

选中某个元素，单击“行为”面板中的+按钮，在弹出的快捷菜单中选择“效果”命令，弹出下级子菜单，如图 10-9 所示。

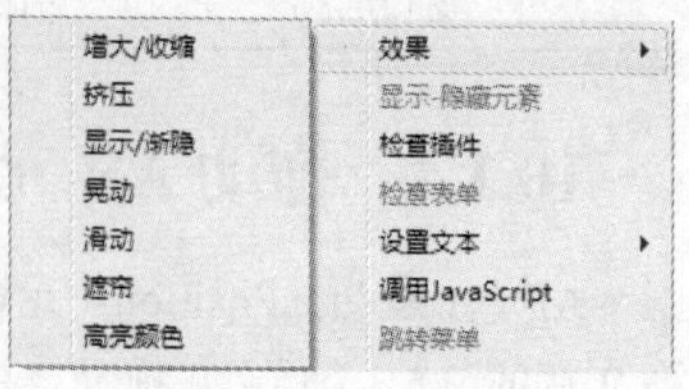

图 10-9 Spry 效果

单击某一个效果，弹出相应的对话框，设置完成后单击“确定”按钮，在浏览器中单击这个元素，即可看到效果。可以组合两个或多个效果来创建有趣的视觉效果。

其中“滑动”效果需要将目标元素（image、div 等）包含在一个具有唯一 id 的 div 中，代码如下所示。

```
<div id="slide">
    <img src="01.jpg" />
<div>
```

选中此 div，然后按照前面添加效果的相同方法操作，在浏览器中打开即可看到效果。

10.2.2　Spry 菜单栏

菜单栏构件是一组可导航的菜单按钮，当站点访问者将鼠标悬停在其中的某个按钮上时，将显示相应的子菜单。

1. 插入菜单栏构件

在网页中单击“插入”面板“布局”分类中的“Spry 菜单栏”按钮，如图 10-7 所示。在弹出的“Spry 菜单栏”对话框中选择“水平”或“垂直”，如图 10-10 所示，单击“确定”按钮。在网页“设计”视图中显示了插入的菜单栏构件，如图 10-11 所示。

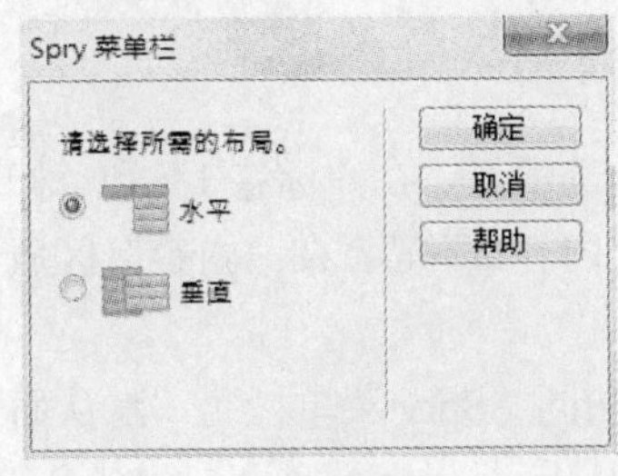

图 10-10　“Spry 菜单栏”对话框

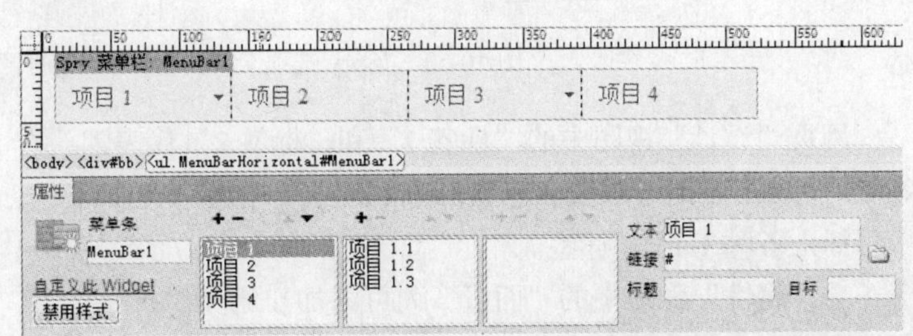

图 10-11　“Spry 菜单栏”和“属性”面板

2. 添加菜单项

在“设计”视图中选择菜单栏构件，在“属性”面板中单击第 1 列（主菜单项）上方的+（添加菜单项）按钮，即可添加一个新的菜单项，然后在最右侧的“文本”文本框中可以重命名该菜单项，在“链接”文本框中可输入或选择要链接到的页面。

选中第 1 列某个主菜单项名称（如项目 1），单击第 2 列上方的+按钮，即可向该主菜单项中添加一个子菜单项。在右侧的“文本”文本框中可以重命名该子菜单项，在“链接”文本框中可输入或选择要链接到的页面。

使用同样的方法，可以在第 3 列中添加子菜单的下一级菜单项。

3. 删除菜单项

在第 1 列选择要删除的主菜单项或后两列的子菜单项的名称，然后单击−（删除菜单项）按钮即可。

4. 排序菜单项

在第 1 列选择要删除的主菜单项或后两列的子菜单项的名称，然后单击▲（上移项）或▼（下移项）按钮即可。

5. 保存构件脚本和层叠样式表

按“Ctrl+S”组合键保存，将会弹出“复制相关文件”对话框，里面有扩展名为.css、.js、.gif 的文件，单击“确定”按钮。这些文件被自动保存在了站点“SpryAssets”文件夹下。

Spry 框架中的每个构件都与唯一的 CSS 和 JavaScript 文件相关联（还包含一些图片，起到美化作用）。CSS 文件设置构件样式，JavaScript 赋予控件功能，当使用 Dreamweaver 插入这些控件时，Dreamweaver 会自动将这些文件链接到网页中，第一次保存时，会提示保存这些文件到站点中。

10.2.3　Spry 选项卡式面板

Spry 选项卡式面板构件是一组面板，用户可以通过单击面板上的选项卡来隐藏或显示存储在选项卡式面板中的内容。当访问者选择不同的选项卡时，构件的面板会相应地打开。

在网页中单击“插入”面板“布局”分类中的“Spry 选项卡式面板”按钮，如图 10-7 所示。在网页“设计”视图中显示了插入的选项卡式构件，如图 10-12 所示。

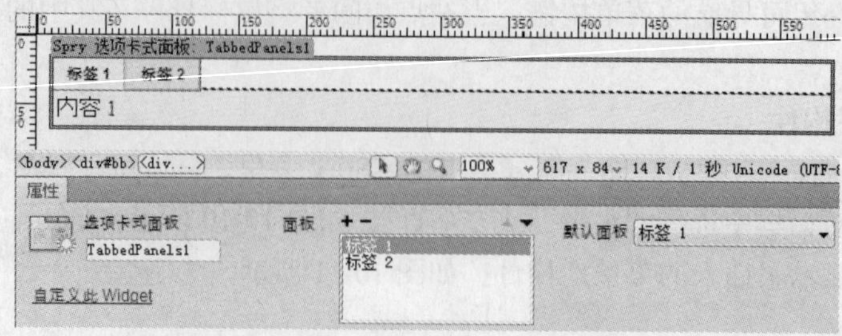

图 10-12 “Spry 选项卡式面板”和“属性”面板

网页“设计”视图中的“标签 1”和“标签 2”代表默认有 2 个选项卡。在“标签 1”和“标签 2”上单击，即可重命名标签。每个选项卡中都有“内容 1”或“内容 2”等，在“内容”区域中可插入各种 HTML 标签。

在“属性”面板中的“面板”列可添加、删除、排序标签，方法同“Spry 菜单栏”。“默认面板”下拉列表框表示在浏览器中打开网页时先显示哪一个面板。

10.2.4 Spry 折叠式

Spry 折叠式面板是一组可折叠的面板，用户通过选择面板上的选项卡来隐藏或显示存储在折叠构件中的内容。当选择不同的选项卡时，可折叠面板会相应地展开或收缩，每次只能有一个内容面板处于打开且可见的状态。

在网页中单击“插入”面板“布局”分类中的“Spry 折叠式”按钮，如图 10-7 所示。在网页“设计”视图中显示了插入的折叠式面板构件，如图 10-13 所示。

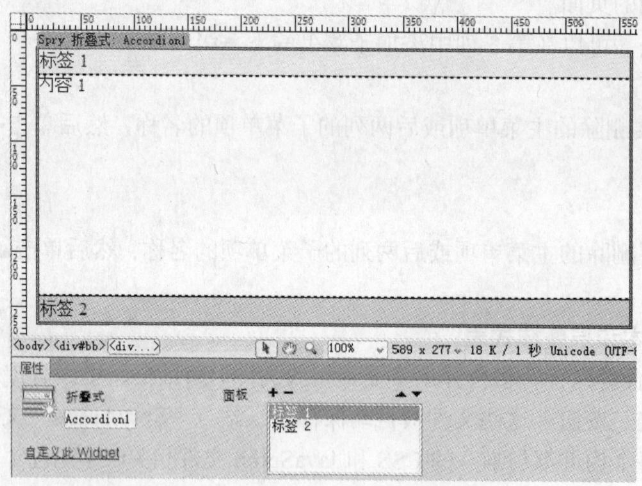

图 10-13 “Spry 折叠式”和“属性”面板

网页“设计”视图中的“标签 1”和“标签 2”代表默认有 2 个选项卡。在“标签 1”和“标签 2”上单击，即可重命名标签。每个选项卡中都有“内容 1”或“内容 2”等，在“内容”区域中可插入各种 HTML 标签。

在“属性”面板中的“面板”列可添加、删除、排序标签，方法同“Spry 菜单栏”。

10.2.5　Spry 可折叠面板

Spry 可折叠面板是一个面板，它可将内容同存储在紧凑的空间中，用户单击控件的选项卡即可隐藏或显示存储在可折叠面板中的内容。

在网页中单击“插入”面板“布局”分类中的“Spry 可折叠面板”按钮，如图 10-7 所示。在网页“设计”视图中显示了插入的折叠式面板构件，如图 10-14 所示。

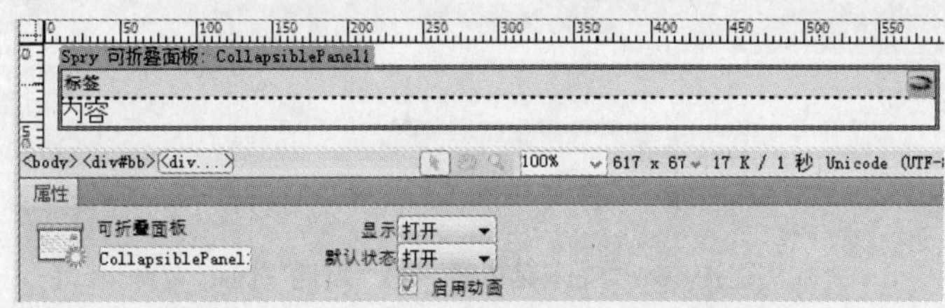

图 10-14　“Spry 可折叠面板”和“属性”面板

网页“设计”视图中的“标签”表示面板的名称，单击可重命名标签。“内容”区域中可插入各种 HTML 标签，表示会被隐藏或显示的内容。

“属性”面板中的“显示”列表框表示在编辑时打开或关闭面板，“默认状态”表示在浏览器中浏览时默认是打开还是关闭面板。

10.3　上机练习：制作导航条

导航条是网站的重要组成部分之一，访问者可以通过导航条快速访问指定的位置，方便浏览网站的内容，本练习将通过在网页文档中插入 Spry 菜单栏制作网站导航条。操作步骤如下。

（1）新建站点，对应“10\1”文件夹，从“文件”面板中打开“index.html”，切换到“拆分”视图。

（2）将光标置于 ID 为 main 的 Div 层中，单击“插入 Div 标签”按钮，创建 ID 为 nav 的层。“代码”视图中页面整体布局代码如下所示。

```
<div id="main">
  <div id="nav"></div>
</div>
<div id="copyright">
</div>
```

设置 ID 为 nav 的 Div 层的样式如图 10-15 所示。

图 10-15　“ID 为 nav 的 Div 层”的 CSS 属性

（3）将光标置于 ID 为 nav 的 Div 层中，单击“插入”面板“布局”分类的“Spry 菜单栏”按钮，弹出“Spry 菜单栏”对话框，选择“水平”，单击“确定”按钮。保存网页，弹出“复制相关文件”对话框，单击“确定”按钮。

提示　插入 Spry 构建后，先保存网页，使 Dreamweaver 将相关文件复制到站点中。

（4）在网页“设计”视图中单击“Spry 菜单栏: MenuBar1”蓝色菜单栏，在“属性”面板中选择菜单项文本“项目 1”，在右侧的“文本”文本框中输入“网站首页”，然后单击第 2 个菜单栏上的−按钮，把二级菜单项删除，如图 10-16 所示。

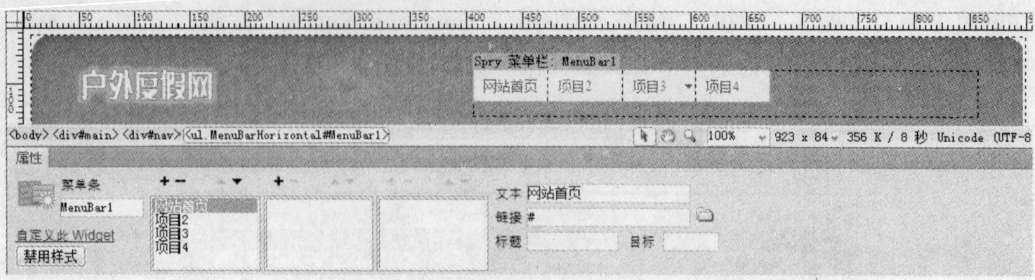

图 10-16 “Spry 菜单栏”的“属性”面板

（5）按照相同的方法设置其他菜单，分别如图 10-17、图 10-18、图 10-19、图 10-20 和图 10-21 所示。

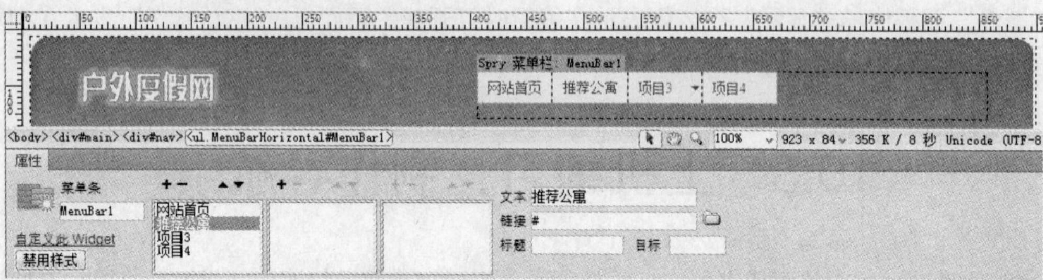

图 10-17 “推荐公寓”菜单项

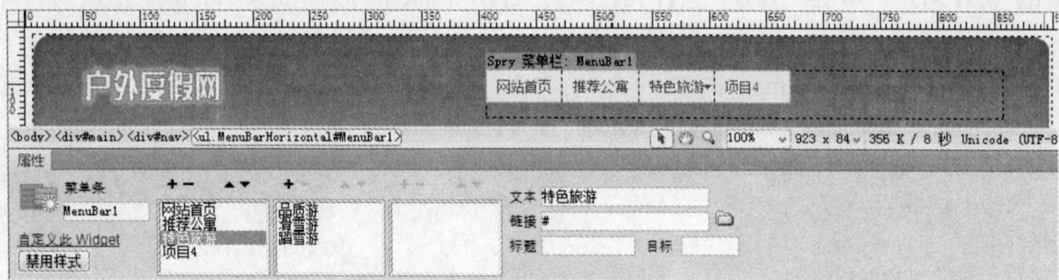

图 10-18 “特色旅游”菜单项

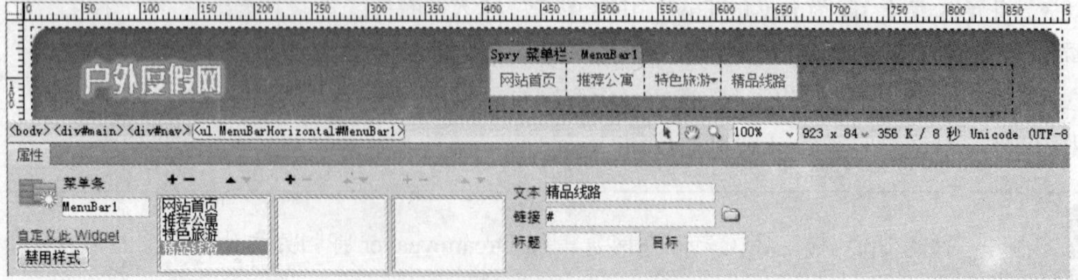

图 10-19 “精品线路”菜单项

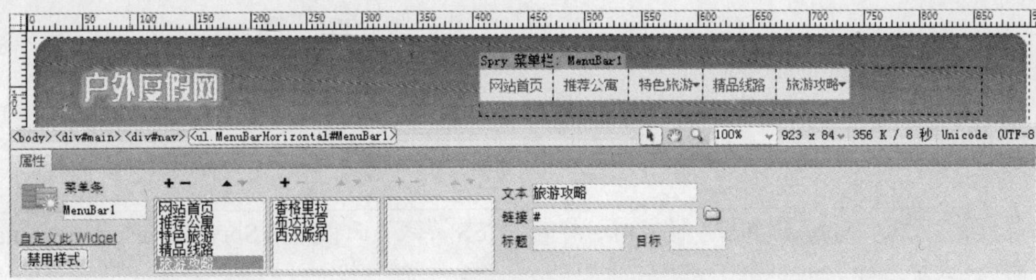

图 10-20　“旅游攻略”菜单项

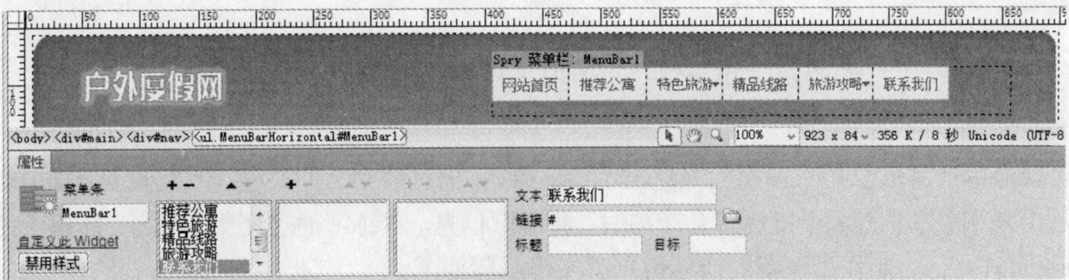

图 10-21　“联系我们”菜单项

（6）在网页的“设计”视图中选择“网站首页”菜单项，在“属性”面板中设置“宽”为“6em”，如图 10-22 所示。

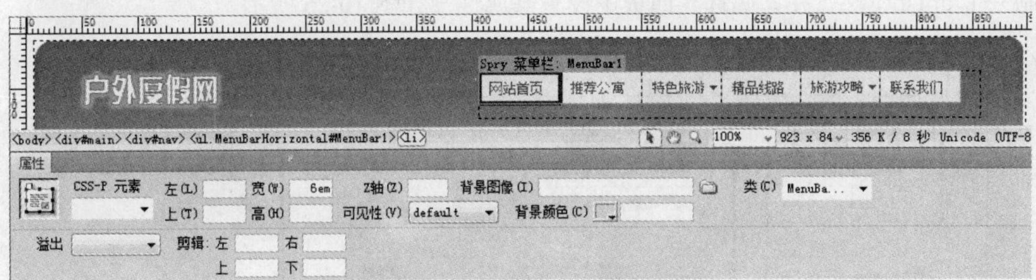

图 10-22　“网站首页”菜单项的“属性”面板设置

在“属性”面板中可以设置“Spry 菜单栏”的左间距、上边距、宽、高、背景图像、背景颜色等属性。

（7）在“CSS 样式”面板中找到“ul.MenuBarHorizontal a:hover, ul.MenuBarHorizontal a:focus”选择符，如图 10-23 所示。设置其 CSS 样式，如图 10-24 所示。

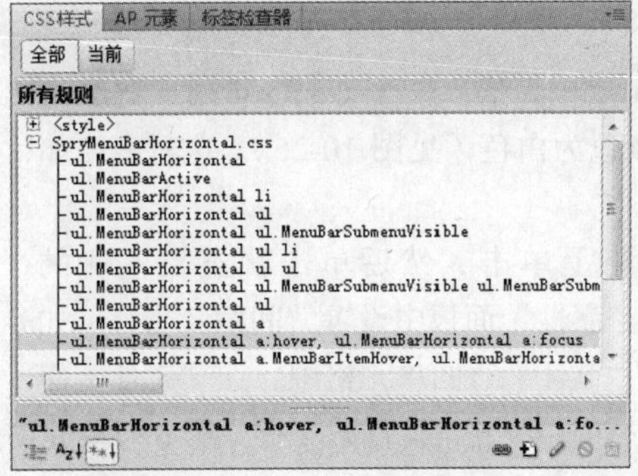

图 10-23　“CSS 样式”面板

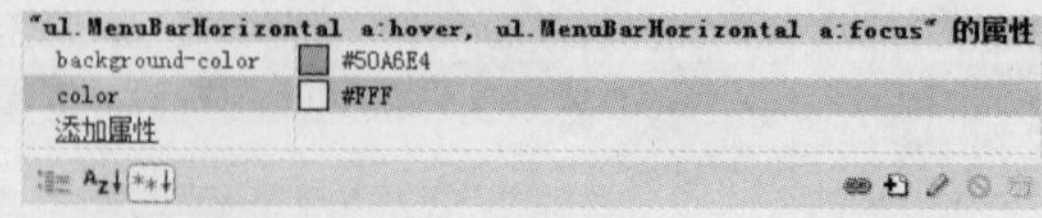

图 10-24 “a:hover”和“a:focus”选择器样式

设置“Spry 菜单栏”样式时，打开“CSS 样式”面板，在 SpryMenuBarHorizontal.css 样式中选择。

10.4 上机练习：制作可隐藏的产品信息

可隐藏的产品信息是一种跟随鼠标显示的效果，将信息放到 AP Div 层中，当鼠标指向产品时，将显示出来相关的信息；当鼠标移开产品时，将隐藏信息。本练习通过使用“行为”面板中的“显示-隐藏元素”行为制作可隐藏的产品信息。操作步骤如下。

（1）新建站点，对应“10\2”文件夹，从“文件”面板中打开“index.html”，切换到“拆分”视图。

（2）单击“插入”面板“布局”选项中的“绘制 AP Div”按钮，在 ID 为 main 的 Div 层范围内绘制一个 apDiv1 层，在“属性”面板中设置其属性，如图 10-25 所示。

图 10-25 “apDiv1”的属性设置

（3）将光标置于 apDiv1 层中，插入一个 6 行×4 列、宽度为“400 像素”的表格，并在表格的 CSS 样式中定义背景颜色为白色（见图 10-26），这时表格如图 10-27 所示。

图 10-26 表格样式

（4）在表格任意单元格上单击，然后单击状态栏左侧的 <table>，即可选择表格，在“属性”面板中设置“间距”为 1，如图 10-28 所示。然后将光标置于第 1 行的单元格中，在“属性”面板中设置高为 40，合并第 1 行的单元格。设置第 2 行～第 6 行单元格的高度为 30。在表格中输入相应文本，如图 10-29 所示。

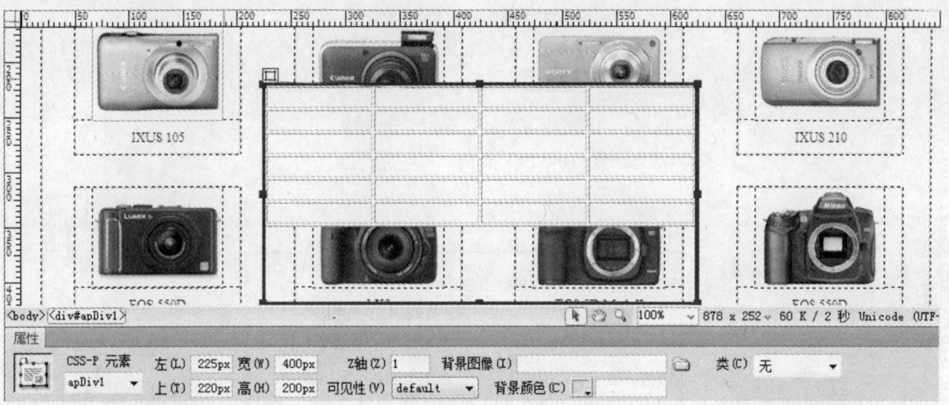

图 10-27　“apDiv1”里插入表格

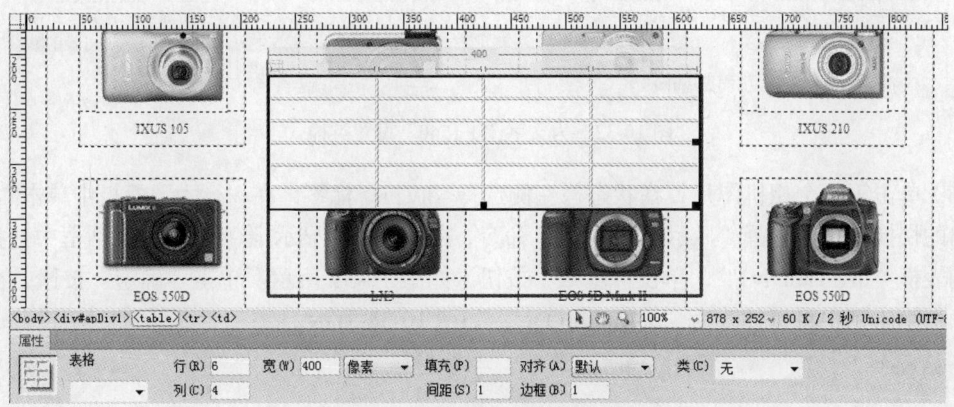

图 10-28　表格的间距属性设置

（5）单击“CSS 面板”中的按钮,在弹出的“新建 CSS 规则”对话框中创建类“font2”，如图 10-30 所示，单击“确定”按钮，在弹出的对话框中设置“.font2”选择器的样式，如图 10-31 所示。选择表格中“￥1540”文字，在“属性”面板中的“类”选项中选择“font2”，如图 10-32 所示。

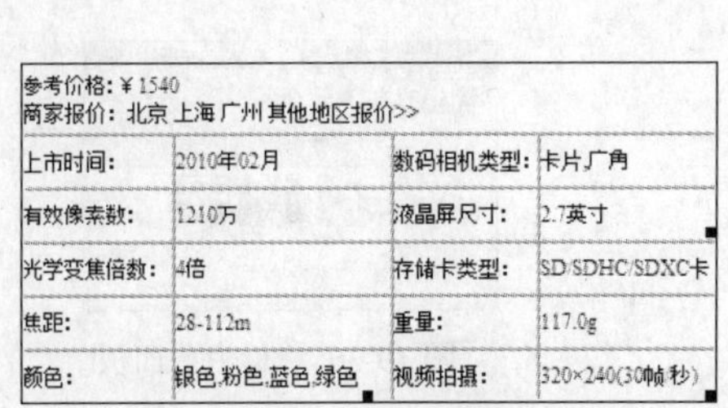

参考价格：¥ 1540
商家报价：北京 上海 广州 其他地区报价>>

上市时间：	2010年02月	数码相机类型：	卡片 广角
有效像素数：	1210万	液晶屏尺寸：	2.7英寸
光学变焦倍数：	4倍	存储卡类型：	SD/SDHC/SDXC卡
焦距：	28-112m	重量：	117.0g
颜色：	银色,粉色,蓝色,绿色	视频拍摄：	320×240(30帧/秒)

图 10-29　表格内容

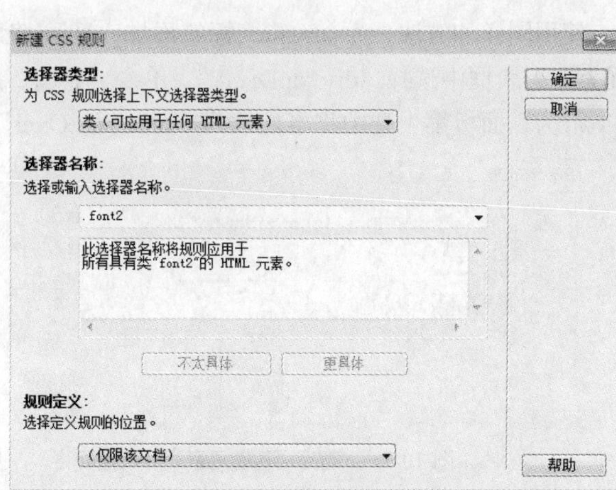

图 10-30　创建“font2”类

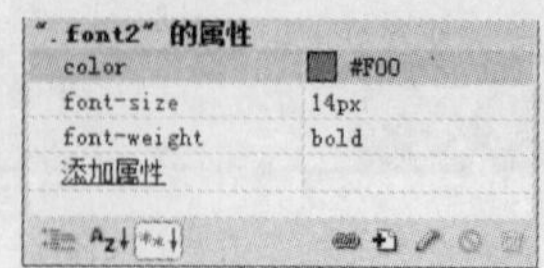

图 10-31 “font2”类的属性

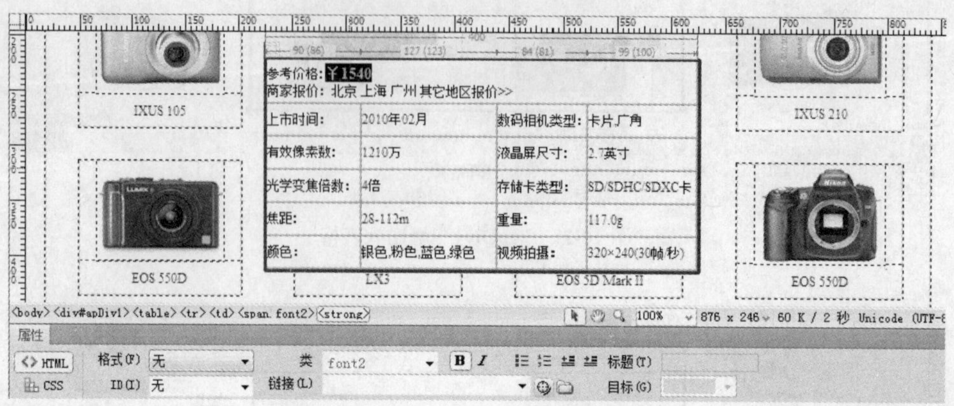

图 10-32 为文字“￥1540”设置类样式

（6）单击第一个相机图片，在状态栏左侧选择<div.pic>标签，在“行为”面板中单击+按钮，在弹出的快捷菜单中选择“显示-隐藏元素”命令，在弹出的“显示-隐藏元素”对话框中选择“元素”列表框“div "apDiv1"”，单击“隐藏”按钮，如图 10-33 所示。单击“确定”按钮，在“行为”面板第 1 列中将事件改为“onMouseOut”，如图 10-34 所示。

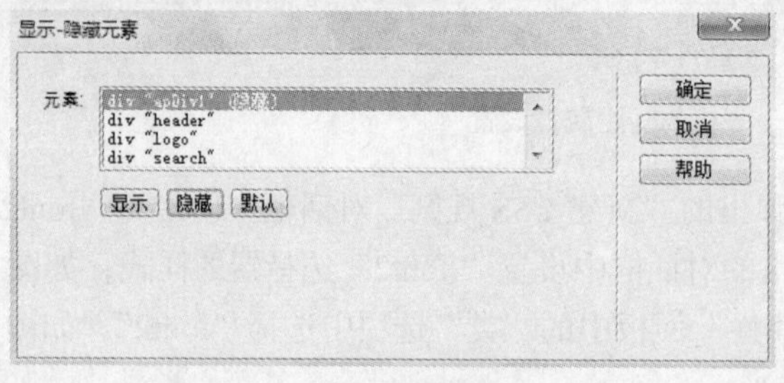

图 10-33 “显示-隐藏元素”对话框

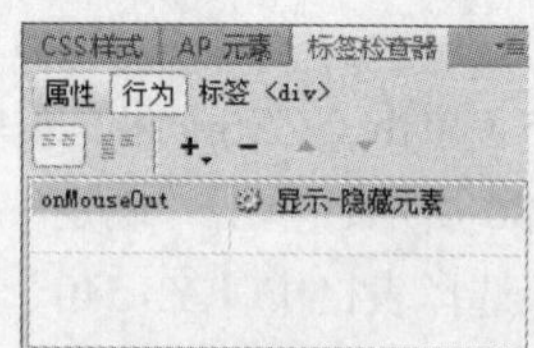

图 10-34 “行为”面板

使用同样的方法，为<div.pic>标签添加“显示-隐藏元素”行为，在“显示-隐藏元素”对话框“元素”列表框中选择“div "apDiv1"”，单击“显示”按钮，如图 10-35 所示。单击“确定”按钮。在“行为”面板第 1 列中将事件改为“onMouseOver”，如图 10-36 所示。

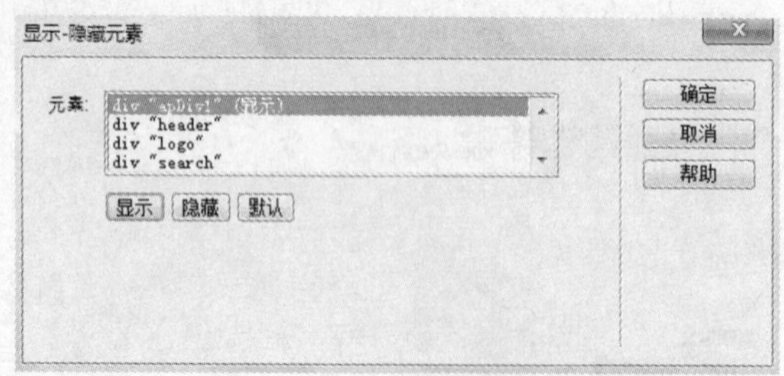

图 10-35 “显示-隐藏元素”对话框

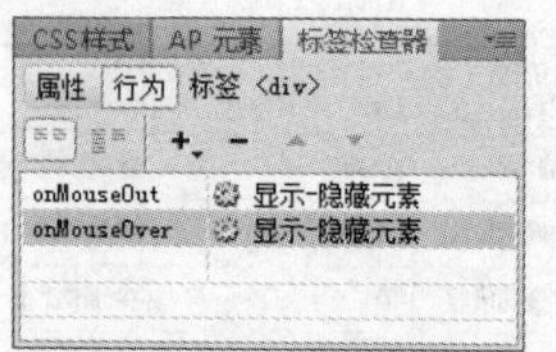

图 10-36 “行为”面板

（7）选择 apDiv1 层，在“属性”检查器中设置“可见性”为“hidden”，如图 10-37 所示。这样在网页显示的时候，apDiv1 层就被隐藏了。

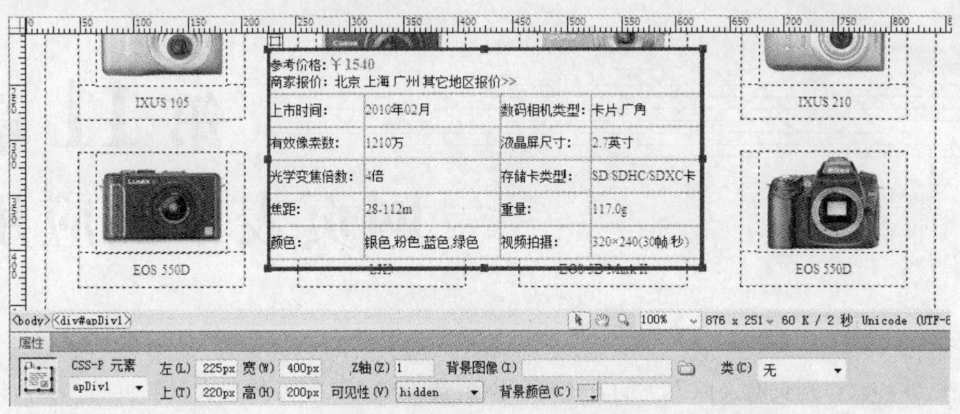

图 10-37　apDiv1 的“属性”面板

按照同样的方法为其他相机产品添加行为。

小　结

使用 Dreamweaver CS5 内置的行为和 Spry 构件以及 AP 元素，不用输入代码，就可使网页具有一些动感效果。这些动感效果是在客户端实现的，Dreamweaver CS5 插入客户端行为实际上是 Dreamweaver CS5 自动给网页添加了一些 JavaScript 脚本代码，这些代码能实现动感网页效果。

习　题

1. 下列（　　）表示鼠标滑过事件。

A. OnClick　　B. OnMouseOver

C. OnMouseDown　　D. OnMouseOut

2. 如果想制作模拟百叶窗效果，向上或向下滚动百叶窗来隐藏或显示网页中的元素，那么应该定义的 Spry 效果是（　　）。

A. 挤压　　B. 滑动　　C. 遮帘　　D. 渐隐

3. 如果想设置页面上的某个 AP 元素不可见，可以进入“属性”面板，展开“可见性”后面的下拉列表，在其中选择（　　）。

A. default　　B. delete　　C. none　　D. hidden

4. 所有脚本程序都必须封装在一对特定的 HTML 标签之间，这对标签是（　　）。

A. <script></script>　　B. <title></title>

C. <table></table>　　D. <screen></screen>

5. 下面不是 AP 元素优点的选项是（　　）。

A. 定位精确　　B. 加速浏览　　C. 兼容性好　　D. 可维护性

第 11 章 网页表单的应用

在设计和制作网页时，以人工的方式更新网页费时费力，需要构建大量的页面，会占用很多服务器的存储空间。因此，人们通过各种编程语言，以数据库的方式存储数据，动态地更新网页，提高页面的效率。

动态网页的功能十分强大，其可以借助网页表单组件，动态获取用户输入的各种信息，然后经过服务器的处理，向用户发送反馈。本章将通过介绍网页的表单技术，帮助用户了解动态网页的制作基础。

在设计和制作网页时，表单网页是一个网站和浏览者展开互动的窗口。网页表单可以用来在网页中发送数据，尤其是经常被用在联系表单中，例如：用户输入信息然后发送到 E-mail 中。

实际中一般用在 HTML 中的表单元素标签有 form、input、textarea、select 和 option。在表单标签 form 定义的表单里头，必须要有行为属性 action，它的作用就是告诉表单当提交的时候将内容发往何处。

表单可选的方法属性 method 可以告诉表单数据该怎样发送，它一般有 get（默认的）和 post 两个值。通常用的是设置 post 值，因为它可以隐藏信息（get 则会使信息暴露在 URL 中，造成数据的不安全）。

11.1 网页中的表单知识

说起表单这个名词大家恐怕会有些陌生，但提起它的应用几乎上网的人都遇到过，最起码你有电子邮箱的注册经历吧！再比如想在某个网站上获取更多信息或者服务的时也被要求注册，尽管不一定要求注册真实信息，但一些网上购物网站，那就可要注册真实信息了！其实大家注册时所看到的页面中注册项就我们所说的“表单”，如图 11-1 所示。

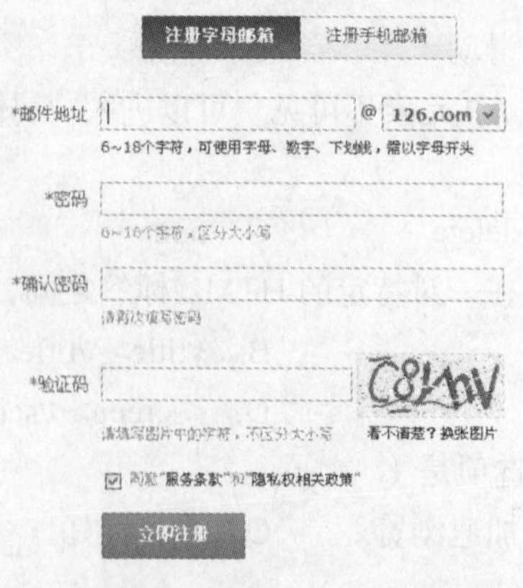

图 11-1 注册 126 邮箱表单

11.1.1　网页中表单概述

在第一章讲了一些 HTML 的标签，表单也是一种标签，而且是一种特殊的网页容器标签。在表单中，用户可插入各种普通的网页标签，也可以插入各种表单交互组件，从而获取用户输入的文本，或选择的某些特殊项目等信息。

表单支持客户端/服务器关系中的客户端。当用户在 Web 浏览器（客户端）中显示的表单中输入信息，然后单击“提交”按钮时，这些信息将被发送到服务器，服务器中的服务器端脚本或应用程序会对这些信息进行处理。服务器向用户（或客户端）返回所请求的信息或基于该表单内容执行某些操作，以此进行响应。如图 11-2 所示。

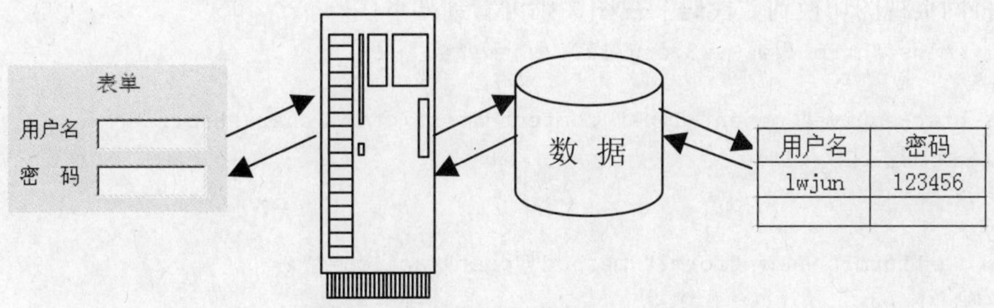

图 11-2　表单处理数据的过程

表单可以用多种类型的技术来实现，在图 11-1 所示的表单中使用了普通的表单来获取用户的信息。但此表单也包含了文本域、列表域以及按钮等多个表单对象。

11.1.2　创建表单域

表单是各种网页表单对象的容器，主要包括文本域、密码域、隐藏域、单选按钮、复选框、弹出菜单、按钮等表单对象。下面用 Dreamweaver CS5 可以为网页插入表单。

（1）在 Dreamweaver CS5 打开一个网页，最好能先将此网页文档保存。

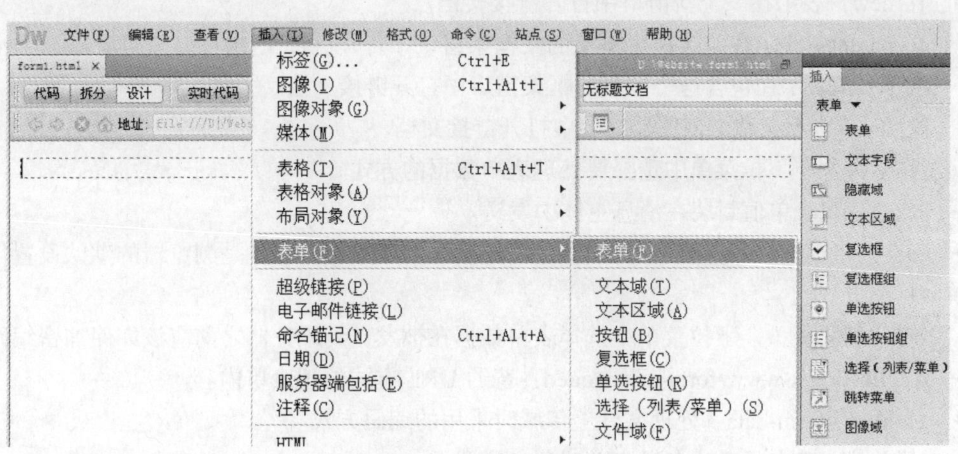

图 11-3　创建表单

（2）在选择菜单“插入”→“表单”命令，或在“插入”面板中选择“表单”按钮。为网页添加一个表单，如图 11-3 所示。在“设计”视图中，可以看到表单以红色虚线为标记。如果看不到红色虚线框，可选择“查看”→“可视化助理”→“不可见元素”命令。正常结果如图 11-4 所示。

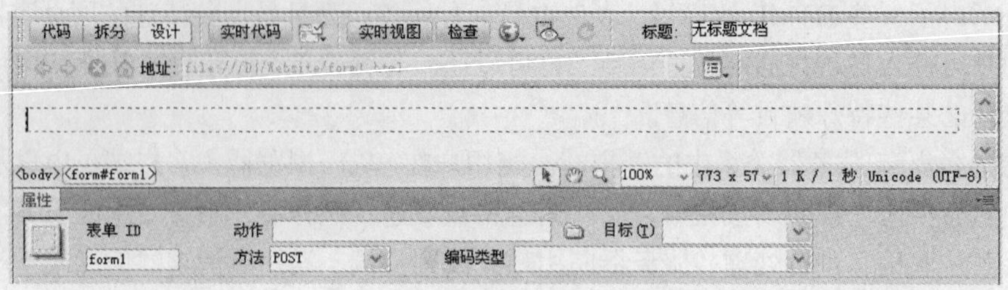

图 11-4　表单与属性

如果将网页视图切换到“代码”视图，则可看到如下代码。

```
<html xmlns="http://www.w3.org/1999/xhtml">
<head>
<meta http-equiv="Content-Type" content="text/html; charset=utf-8" />
<title>无标题文档</title>
</head>
<body>
<form id="form1" name="form1" method="post" action="">
</form>
</body>
</html>
```

表单也同样有许多的属性，当在选中表单标签，就可在窗口下方的“属性”面板对其进行设置，如图 11-4 所示。

（3）在“表单 ID”文本框中输入一个唯一的名称来标识表单，如 form1。

（4）在“动作”文本框中指定将要处理表单信息的脚本或者应用程序所在的 URL 路径。可以直接输入，也可以点击文本框旁边的“文件夹”图标来获得。

（5）在“目标”下拉菜单中选择返回数据的窗口的打开方式。

- 值_blank：表示在一个新窗口中打开链接文档。
- 值_new：表示在一个新窗口中打开链接文档。
- 值_parent：表示在包含这个链接的父框架窗口中打开链接文档。
- 值_self：表示在包含这个链接的框架窗口中打开链接文档。
- 值_top：表示在整个浏览器窗口中打开链接文档。

（6）在“方法”下拉菜单中选择要处理表单数据的方式。

- POST：将表单值封装在消息主体中发送。
- GET：将提交的表单值追加在 URL 后面发送给服务器。这也是浏览器的默认设置传递表单数据的方式。

（7）在“编码类型”下拉菜单中选择表单数据在被发送到服务器之前应该如何加密编码。

- Application/x-www-form-urlencoded：普通 URL 方式处理表单内容。
- Multipart/form-data：处理文件上传域时采用的编码方式。

（8）类：定义表单及其中各种表单对象的样式。

如果用户设置表单的方式为“默认”或“get”，则该编码类型的设置是无效的。如果设置表单的方法是“post”，则可以通过编码类型确定数据是上传到服务器数据库中，还是同时存储到服务器的磁盘中。

11.2 插入文本域

文本域是最基本的表单对象，在文本域中，网页程序可以获得用户输入的各种文本信息，同时将将这些信息传送给服务器。文本域可分为文本字段和文本区域。

11.2.1 文本字段

文本字段是单行的文本域表单对象，也就是说这些文本信息不会发生换行。具体操作如下。

（1）单击鼠标左键，将光标定位在表单虚线框线内，点击“插入”菜单，选择“表单”项，在弹出的子菜单中选择“文本域”命令。或者在“插入”面板中选择“表单”项，单击“文本字段”图标，则打开“输入标签辅助功能属性”对话框，如图 11-5 所示。

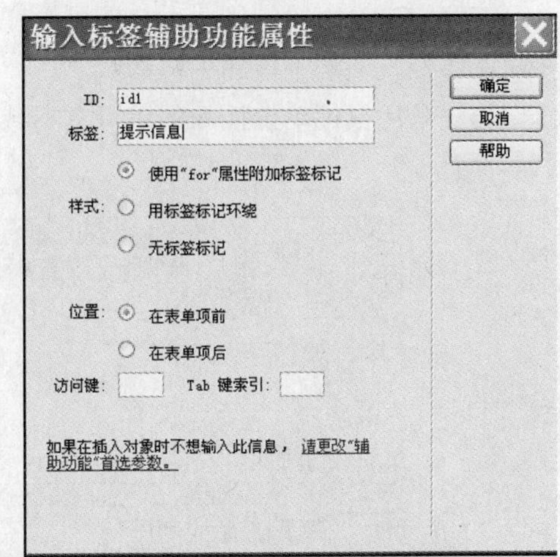

图 11-5 设置文本字段属性

（2）在“输入标签辅助功能属性”对话框中，可为文本字段的表单对象添加标签文本，同时可设置标签文本的位置。

（3）在“输入标签辅助功能属性”对话框中，各项的解释及应用方法如下：

➢ ID：用于提供脚本的引用。指定了<input>元素的名称和 ID 号。名称和 ID 号是一致的。如输入“id1”，在“代码”视图中可以查看源代码：

```
<input type="text" name="id1" id="id1" />
```

➢ 标签：文本字段的提示文本。即表单控件的提示信息。如输入“提示信息”，在“代码”视图中可以查看源代码：

```
<label for="id1">提示信息</label>
<input type="text" name="id1" id="id1" />
```

➢ 样式：说明“标签”内容的使用方式。分为三种情况：

第一种情况：使用“for”属性附加标签标记。在“代码”视图中可以查看源代码：

```
<label for="id1">提示信息</label>
<input type="text" name="id1" id="id1" />
```

第二种情况：选择“用标签标记环绕”选项。在“代码”视图中可以查看源代码：

```
<label>提示信息
<input type="text" name="id1" id="id1" />
</label>
```

第三种情况：选择“无标签标记”选项。在“代码”视图中可以查看源代码：

```
提示信息
<input type="text" name="id1" id="id1" />
```

➢ 位置：说明“标签”内容所处的位置。分为两种情况：

第一种情况：选择“在表单项前”选项。上面的提示信息都是在表单项前，如图 11-6 所示。

第二种情况：选择“在表单项后”选项，如图 11-7 所示。

在“代码”视图中可以查看源代码：

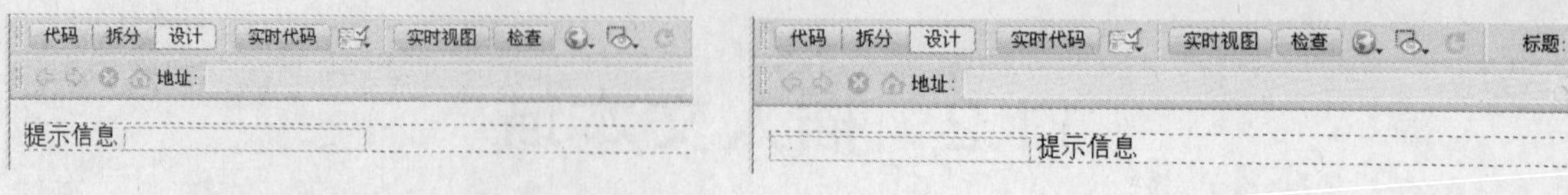

图 11-6　插入文本字段　　　图 11-7　插入文本字段

➢ 访问键：访问该文本字段的快捷键。

➢ Tab 键索引：在当前网页中的 Tab 键访问顺序。

（4）经过上面设置后，其浏览效果，如图 11-8 所示。

图 11-8　文本字段浏览效果

（5）设置或修改单行文本域的属性：

在完成文本字段的创建后，还可对在其“属性”面板中进一步设置文本字段的一些参数。

方法是用鼠标单击插入的单行文本域或密码域表单控件，如图 11-9 所示。

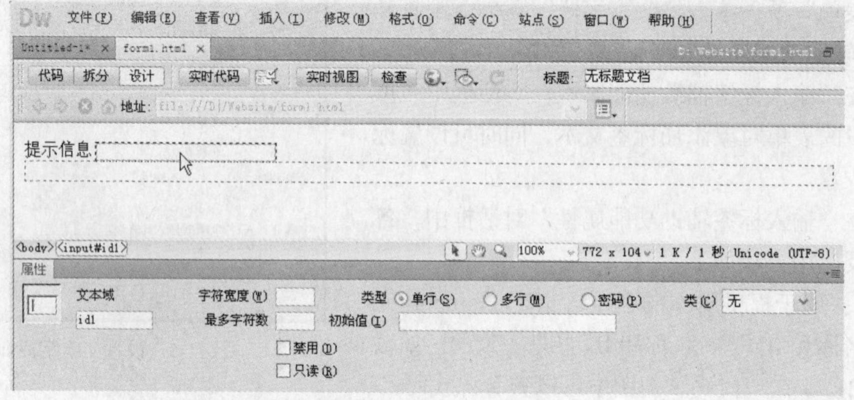

图 11-9　文本字段“属性”

➢ 文本域：指定了<input>元素的名称和 ID 号。名称是唯一的，是程序处理数据的依据，文本域尽量使用英文名称。

➢ 字符宽度：指定文本域的长度，默认值为 24 个字符左右。

➢ 最多字符数：允许用户输入的最大字符数目。如果使用“最多字符数”那么就可以将邮政编码限制为 6 位数、将密码限制为 6 个字符等。但是如果不设置“最多字符数”，那么文本框就会保留为空白，此时就可以输入任意数值的文本。但是如果文本超过字符宽度，那么文本就会添加滚动条来显示最后输入的字符。而且如果输入超过最大字符数，那表单就会产生警告声。

➢ 初始值：为默认状态下填写在单行文本框中的文字。

➢ 禁用：文本框显示为灰色，不可以提交文本内容，而且其中的文本不可修改，值为 disable。

➢ 只读：文本框显示为正常颜色，可以白提交文本内容，而且其中的文本不可修改，值为 readonly。

➢ 单行：默认项，文本表单对象。单行最主要是被用于输入单个词汇或者短句，如名称或地址等。它用来产生一个 type 属性设置为 text 的 input 标签。通常“字符宽度”设置映射为 size 属性，“最多字符数”设置映射为 maxlength 属性。

➢ 多行：将文本字段转化为文本区域。多行用来产生一个 textarea 标签。文本域给浏览者提供了一个相对单行较大的区域，这样就可以方便地在其中输入任意字符，而且也可以方便地确定浏览者能输入的字符数和行数。

➢ 密码：设置文本字段中文本为密码类型（显示为星号“*”）。密码就是一种特殊类型的文本域，它是一个 type 属性设置为 password 的 Input 标签，通常“字符宽度”和“最多字符数”设置映射的属性与在单行文本域中的属性相同。但是当用户在密码域中输入时，输入的文本内容就会被隐藏起来，反而会以项目符号或星号（*）代替，这样可以保护密码不被其他人看到。

11.2.2 创建文本区域

如果要获得用户输入更多的文本信息，就可以使用文本区域对象，文本区域是文本域的一种形式，它可以显示多行文本，同时还提供滚动条组件，使用用户可以拖动查看输入的所有内容。

1. 创建文本区域有两种方法

方法一：先为表单插入一个文本字段的对象，类似于图 11-9 所示。然后在“属性”面板中设置“类型”为“多行”，如图 11-10 所示。

方法二：单击浮动面板“插入”中的“文本区域”（不是“文本字段”）按钮，在弹出的“输入标签辅助功能”对话框中进行各种属性的设置，也可得到图 11-10 所示的结果。

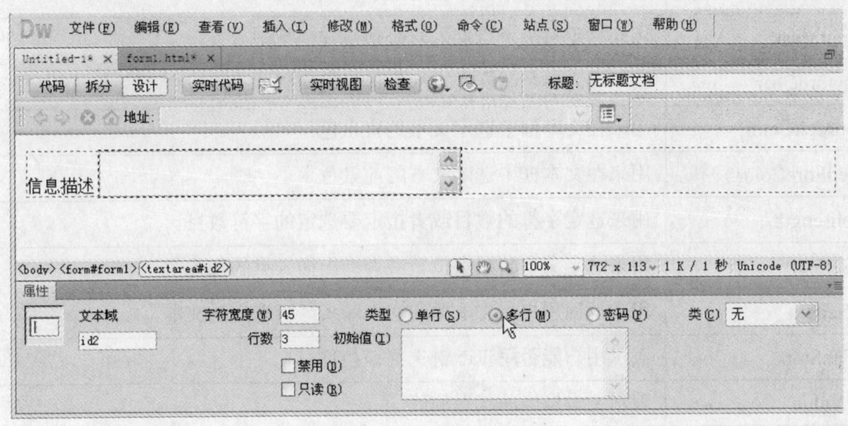

图 11-10 创建文本区域

用鼠标选择相应的文本区域，可以在“属性”面板中设置其属性。与文本属性不同的是将“最大字符数”属性该成了“行数”，用来文本区域中显示文本的行数。

2. 网页中设置文本区域属性：

➢ Overflow 用来设置内容溢出（设置被设定对象是否显示滚动条）。

➢ overflow-x 用来设置水平方向内容溢出。

➢ overflow-y 用来设置垂直方向内容溢出。

上述的 3 个属性设置的值分别为 visible（默认值）、scroll、hidden、auto。

➢ scrollbar-3d-light-color：用来设置立体滚动条亮边的颜色（设置滚动条的颜色）。

➢ scrollbar-arrow-color：用来设置上下按钮上三角箭头的颜色。

➢ scrollbar-base-color：用来设置滚动条的基本颜色。

➢ scrollbar-dark-shadow-color：用来设置立体滚动条强阴影的颜色。

➢ scrollbar-face-color：用来设置立体滚动条凸出部分的颜色。

➢ scrollbar-highlight-color：用来设置滚动条空白部分的颜色。

➢ scrollbar-shadow-color：用来设置立体滚动条阴影的颜色。

（1）设置浏览器窗口永远都不出现滚动条

无水平滚动条

```
<body style="overflow-x:hidden">
```

（2）无垂直滚动条

```
<body style="overflow-y:hidden">
```

无滚动条

```
<body style="overflow-x:hidden;overflow-y:hidden">或<body style="overflow:hidden">
```

（3）设置多行文本框的滚动条

无水平滚动条

```
<textarea style="overflow-x:hidden"></textarea>
```

表 11-1　　常用文本框属性

属　性	说　明
ControlSource	用来指定文本框使用的数据源
DisabledBackColor	表示当文本框禁用时文本框的背景色
DisabledForeColor	表示当文本框禁用时文本框的前景色
Format	用来决定在文本框中值的显示方式
InputMask	用来指定每个字符输入时必须遵守的规则
PasswordChar	表示输入口令时在文本框中显示的掩码
SelectBackColor	用来在文本框中选定文本的背景色
SelectedForeColor	用来在文本框中选定文本的前景色
SelLength	用来选定字符的数目或者指定要选定的字符数目
SelStart	用来选定文本起始点位置或者指出插入点的位置
Seltext	用来返回用户在文本框的文本输入区所选定的文本
TabStop	表示用户能否用 Tab 键选择该控件
Value	表示文本框当前状态的值

11.3　插入单选按钮和单选按钮组

单选按钮一般表示互相排斥的选择。如果在某单选按钮组中选中了一个按钮，那么此时就会取消选择该组中的所有其他按钮，也就是说，单选按钮一次只能在多项中选择一项。单选按钮通常是成组使用的，而且在同一个组中，所有的单选按钮都必须要有相同的名称。

11.3.1　插入单个单选按钮

实现单选按钮的作用如下：

（1）单击鼠标左键，将光标定位在表单框线内，选择菜单“插入”→“表单”→“单选按钮”命令。或者在“插入”面板中选择“表单”项，单击“单选按钮”图标。在弹出的如图 11-11 所示的对话框中进行设置。

（2）单击“确定”按钮后，单选按钮出现在文档中，如图 11-12 所示。

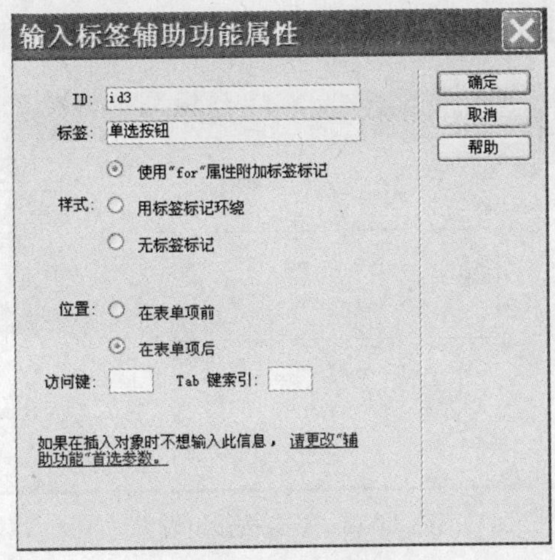

图 11-11　单选按钮设置

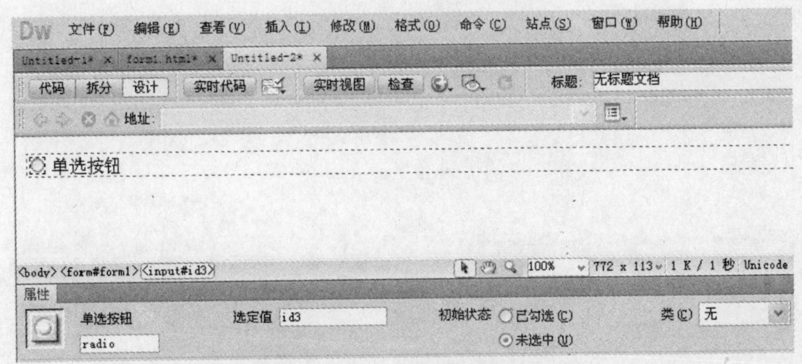

图 11-12　单选按钮创建效果

如果需要添加其他的单选按钮到组中，可以单击原来的单选按钮，然后按住 Ctrl 键单击鼠标左键并拖动到新位置，松开鼠标，即可添加一个新的单选按钮，最后为新的单选按钮修改"选定值"文本框中的值。

另外，将光标定位到表单的红色虚线围成的框内，按回车（Enter）键，也可以添加多个单选按钮。

（3）在文档中单击"单选按钮"表单控件，如图 11-12 中已经选中，则出现其对应"属性"面板。"属性"面板中主要属性说明如下所示：

- 选定值：用来设置在在该单选按钮被选中时发送给服务器的值。例如，在性别的"选定值"文本框中选择男，这时就表示用户选择的性别是男。
- 初始状态：用来表示在浏览器中加载表单时，该单选按钮是否处于选中状态。
- 如果插入的单选按钮比较多，那么这时也可以用菜单命令"插入→表单→单选按钮组"，此时就可以在弹出的"单选按钮组"对话框中对单选按钮进行设置。

11.3.2　插入单选按钮组

当在一组选择信息中只能选择一个选项时，请使用"单选按钮组"。一组中的所有单选按钮都必须有同样的名称，但域值不同。

（1）单击鼠标左键，将光标定位在表单框线内，选择"插入"→"表单"→"单选按钮组"命令。

或者在“插入”面板中选择“表单”项，单击“单选按钮组”图标，如图 11-13 所示。

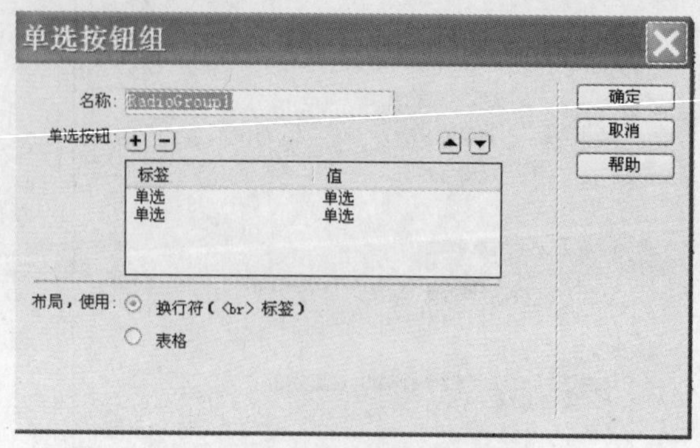

图 11-13　单选按钮组设置

（2）单击“单选按钮组”对话框中的“确定”按钮，得到图 11-14 所示的结果。

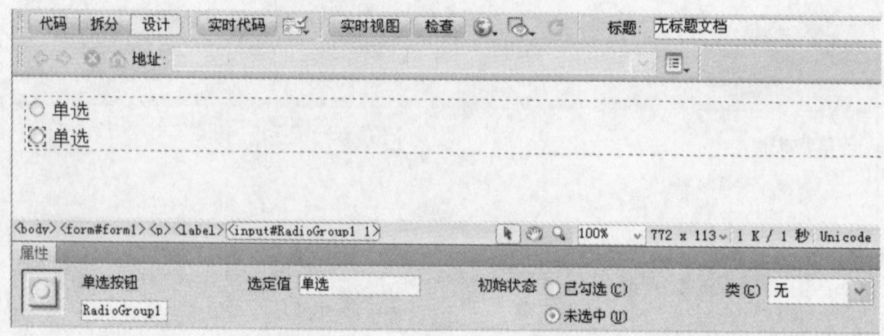

图 11-14　单选按钮组创建效果

如果单选按钮被选择，那么同一组的单选按钮都不能被选中，而选择的该单选按钮就始终处于选中状态，除非单击该单选按钮，那此时就可以选择其他的单选按钮了。例如，男女性别两个单选按钮，只能选中其中的一个。

Dreamweaver CS5 可以在 XHTML 表单内插入单选按钮组，但是如果还没有在页面上插入表单就要插入单选按钮，那么此时 Dreamweaver 就会给页面中插入一个表单。如果需要的话，还可以更改组的布局，而且也可以使用属性检查器或者直接在“代码”视图中编辑单选按钮。

11.4　插入复选框和复选框组

复选框又称选择框，它和单选按钮不同，单选按钮只能在多数的选项中选择其中的一项，但是复选框却可以在一组选项中选择多个选项，而且每个复选框之间都是相互独立的，因此每一个复选框都必须要有一个唯一的名称。

复选框的状态：如果打开复选框，那么复选框中就会出现一个“√”，这就表示用户选择了这个复选框；如果在单击一下复选框，此时那个对号就会消失，这就代表关闭了复选框，此时复选框中就没有任何标志了。

11.4.1　插入单个复选框

（1）单击鼠标左键，将光标定位在表单框线内，执行“插入”→ “表单”→ “复选框”命令。

或者在“插入”面板中选择“表单”项，单击“复选框”图标，则出现“输入标签辅助功能属性”对话框，在其中“标签”文本框内输入“复选框”几个字。

（2）在“输入标签辅助功能属性”对话框中单击“确定”按钮后，出现如图 11-15 所示的结果。

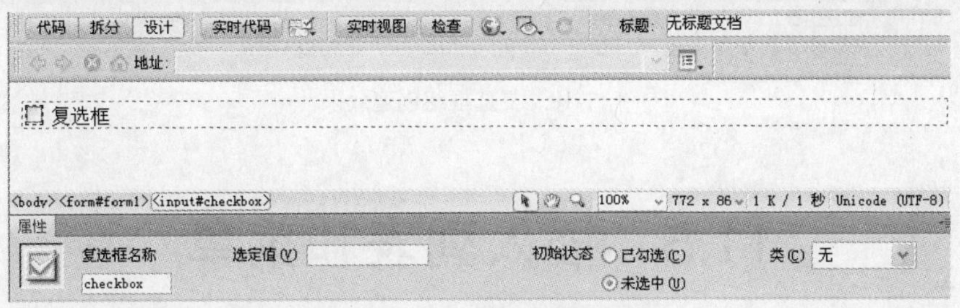

图 11-15　复选框创建效果

（3）“属性”面板中相关属性设置

➢ 选定值：用来设置在该复选框被选中时发送给服务器的值。例如，此时可以将 4 设置为表示非常同意，而且也可以将值 1 设置为表示强烈反对。

➢ 初始状态：用来确定在浏览器中加载表单时，这个复选框是否处于选中状态。

使用“复选框“可以对单个选项在“打开”和“关闭”之间切换，每个复选框选项都是独立操作的。

另外，将光标定位到表单的红色虚线围成的框内，按回车（Enter）键，也可以添加多个复选框。

11.4.2　插入复选框组

经常会遇到复选框组的情况，而这些复选框选项成为一组，一次可选择多项，可对同一个对象进行多项处理，图 11-16 所示为 word 中的“格式”下的“字体”对话框中复选框组。

（1）单击鼠标左键，将光标定位在表单框线内，选择“插入”菜单，选择“表单”项，在弹出的子菜单中选择“复选框组”命令。

或者在“插入”面板中选择“表单”项，单击“复选框组”图标，弹出如图 11-17 所示的“复选框组”对话框。

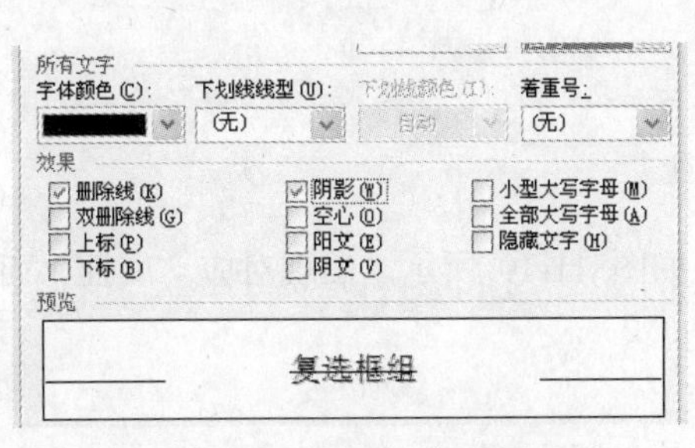

图 11-16　多项选择应用

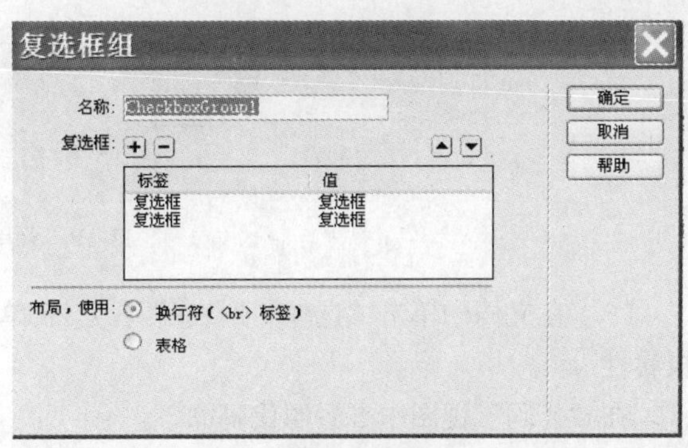

图 11-17　设置复选属性

（2）单击“复选框组”对话框中的“确定”按钮，得到如图 11-18 所示的结果。

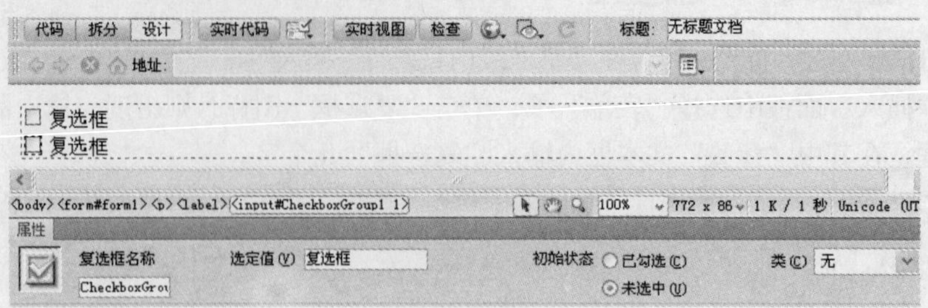

图 11-18 复选框组创建效果

11.5 插入列表和菜单

列表/菜单，用来在一个滚动列表中显示选项值，用户此时就可以从该滚动列表中选择多个选项。“列表”选项通常在一个菜单中显示选项值，而且用户只能从中选择单个选项。但是可以在以下情况下使用菜单：在页面只有有限的空间但是还必须要显示多个内容项时，或者想要控制返回给服务器的值时都可以使用菜单。其实菜单和文本域不相同，在文本域中用户可以随心所欲输入自己的任何信息，甚至可以输入无效的数据。但是对于菜单而言，用户就只能具体设置某个菜单返回的确切值。

11.5.1 菜单表单

（1）单击鼠标右键，将光标放在表单框线内，单击“插入”→“表单”→“选择（列表/菜单）”命令。

或者在“插入”面板中选择“表单”项，选择“选择（列表/菜单）”命令。则出现“输入标签辅助功能属性”对话框，在其中“标签”文本框输入“选择您的职业”。

（2）单击“输入标签辅助功能属性”对话框中的“确定”按钮，得到如图 11-19 所示的结果。

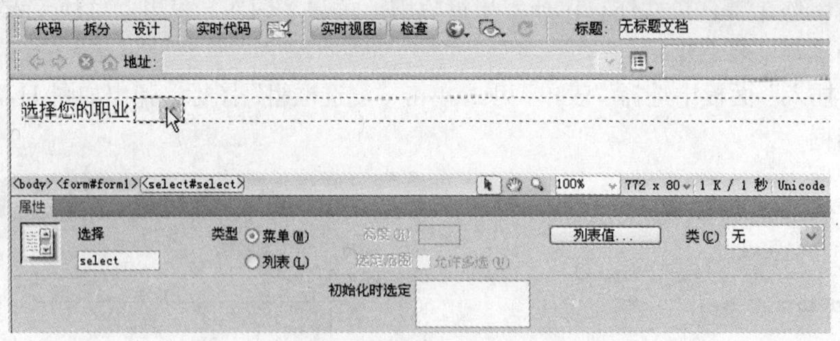

图 11-19 菜单表单创建

（3）在文档中单击“选择（列表/菜单）”表单控件，如图 11-19 所示。出现对应“属性”面板属性。

在“代码”视图中查看源代码如下：

```
<form id="form1" name="form1" method="post" action="">
  <label for="select">选择您的职业</label>
```

```
  <select name="select" id="select">
  </select>
</form>
```

（4）“选择”项：输入名称。

（5）“类型”项：选择菜单。

（6）“列表值”按钮：单击“列表值”按钮添加菜单选项，出现“列表值”对话框，如图 11-20 所示。

在“列表值”对话框中，按添加按钮，则可添加项目标签和值。单击向上向下按钮可以调整项目标签的顺序。

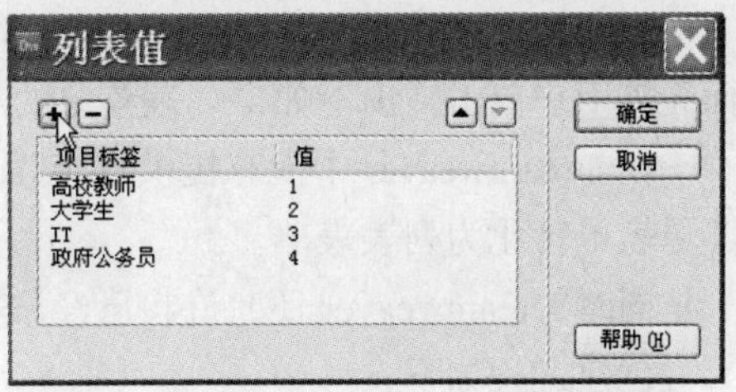

图 11-20 添加列表值

（7）添加项目结束时，单击“确定”按钮关闭“列表值”对话框，出现如图 11-21 所示的设计结果。

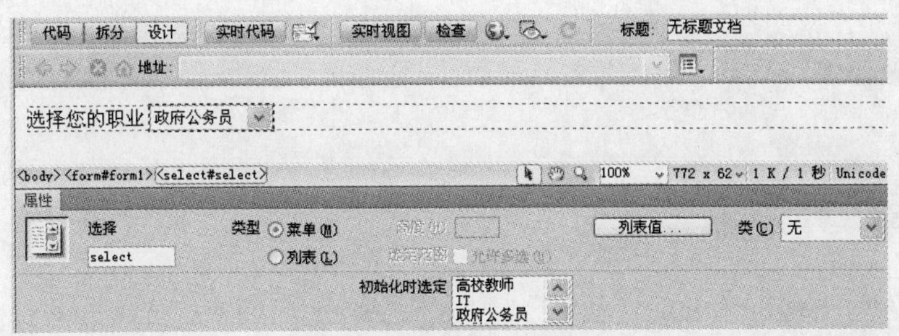

图 11-21 菜单表单创建效果

（8）在如图 11-21 中切换到“代码”视图，其代码如下。

```
<form id="form1" name="form1" method="post" action="">
  <label for="select">选择您的职业</label>
  <select name="select" id="select">
    <option value="1">高校教师</option>
    <option value="3">IT</option>
    <option value="4">政府公务员</option>
    <option value="2">大学生</option>
  </select>
</form>
```

（9）保存文档。按 F12 键，浏览器窗口出现如图 11-22 所示结果。

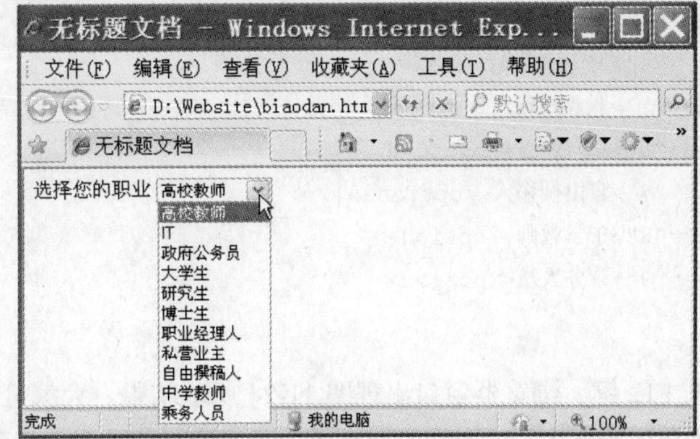

图 11-22 浏览运行

11.5.2 列表表单

列表表单的功能与菜单表单类似，其区别主要在于，列表表单可以设置默认显示的内容数量，而无需用户单击弹出。如果列表菜单的项目数量超出列表的高度，则可以滚动条进行调节。

在 Dreamweaver 中没有提供直接插入列表表单的功能，但大家可以通过简单的操作，实现将菜单表单转化为列表表单。

同时 Dreamweaver 还允许将已经添加的菜单转换为列表，并可以设置列表的各种属性。

创建过程如下：

（1）在图 11-21 所示的页面“设计”视图中选中菜单表单对象。

（2）在“属性”面板设置“类型”为“列表”，将菜单转换为列表，如图 11-23 所示。

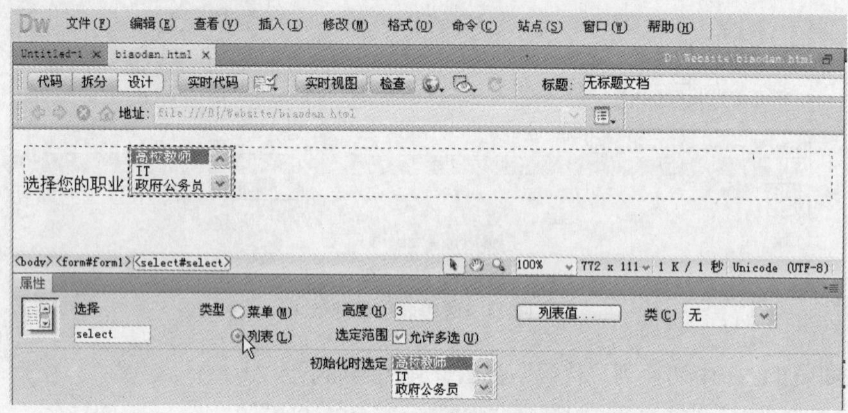

图 11-23 将菜单转化为列表

（3）在图 11-23 中切换到“代码”视图，其代码如下。

```
<form id="form1" name="form1" method="post" action="">
  <label for="select">选择您的职业</label>
  <select name="select" size="3" multiple="multiple" id="select">
    <option value="1" selected="selected">高校教师</option>
    <option value="3">IT</option>
    <option value="4">政府公务员</option>
    <option value="2">大学生</option>
    <option value="3">研究生</option>
    <option value="4">博士生</option>
    <option value="5">职业经理人</option>
    <option value="6">私营业主</option>
    <option value="7">自由撰稿人</option>
    <option value="8">中学教师</option>
    <option value="9">乘务人员</option>
  </select>
</form>
```

（4）保存文档。按 F12 键，浏览器窗口出现图 11-24 所示结果。大家可以看一下，它和菜单表单是不样的。该方式在列表框内，一次性的列出了 3 条（可在属性中进行设置）。而不像菜单表单那样全部列出来。

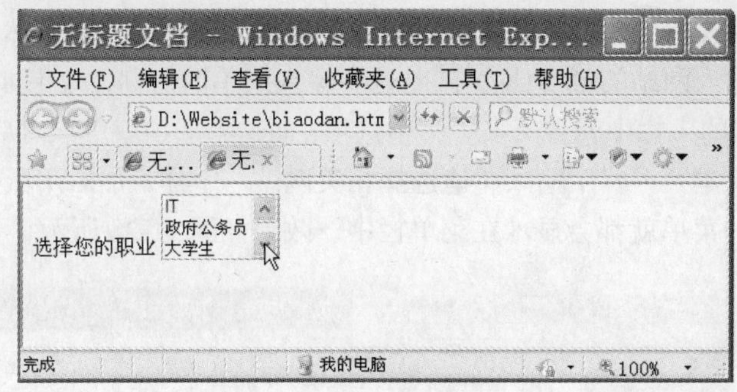

图 11-24　浏览运行

其“属性”面板中属性含义是：

➢ 高度：用来定义列表类型的表单对象同时可以显示的项目行数，它的值为正整数。

➢ 允许多选：用户可以设置多个列表项目作为初始时选定的值。

11.5.3　跳转菜单

跳转菜单是网页文档内的弹出菜单，跳转菜单对站点浏览者都可见，并且可以列出链接到文档或者文件的选项。跳转菜单不仅可以创建到整个 Web 站点内文档的链接到其他 Web 站点上文档的链接、电子邮件链接、图形的链接，而且也可以创建到可在浏览器中打开的任何文件类型的链接。

通常跳转菜单包含的 3 个基本部分如下所示：

➢（可选）菜单选择提示：例如菜单项的类别说明，或者说是一些提示信息等。

➢（必需）所链接菜单项的列表：表示用户选择某个选项，那么链接到的文档或者文件就会被打开。

➢（可选）“前往”按钮。

跳转菜单可以建立 URL 和弹出菜单列表中的选项之间的联系，如果从列表中选择一项，那么用户就可以被重定向（或者“跳转”）到指定的 URL。

创建跳转菜单的具体步骤如下所示。

（1）先在网页中插入一表单域，方法如前所讲，如图 11-25 所示。

（2）选择表单域。单击菜单中的“插入”→“表单对象”→“跳转菜单”命令，或单击“插入”面板单击“表单”中的“跳转菜单”图标，都可以调出“插入跳转菜单”设置窗口来创建跳转菜单，如图 11-26 所示。

图 11-25　表单域

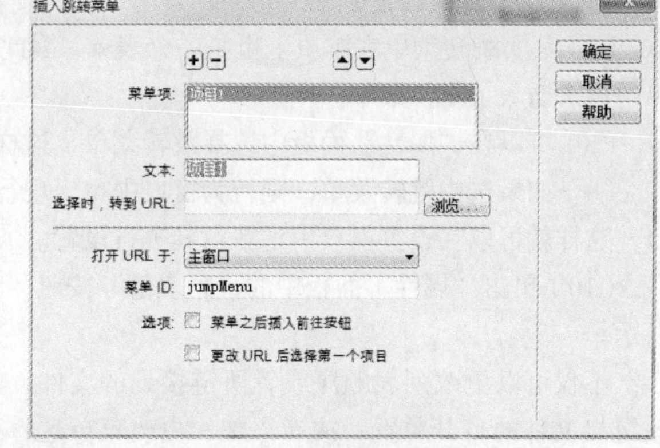

图 11-26　跳转菜单对话框

（3）接下来可以在文本栏里输入想要的网站，并且输入网站的名称，然后可以选择转到相应的网站连接中，并且输入网站的 IP 地址，同时也要输入菜单的名称，效果如图 11-27 所示。所有都完成了以后，菜单项的一栏中就会又多了一个选项，而这个选项就应该对应一个网的链接地址。

（4）接下来在“文本”一栏中输入“请选择相关网站”字样，然后用鼠标单击窗口上的“+”按钮，那么此时插入的菜单就都会显示在菜单栏中，效果如图 11-28 所示。

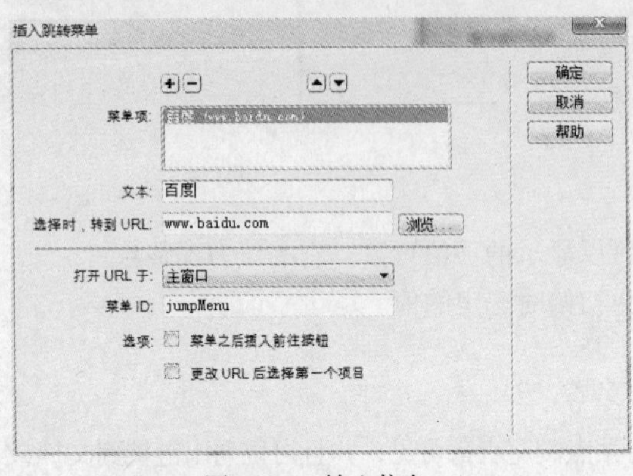

图 11-27　输入信息

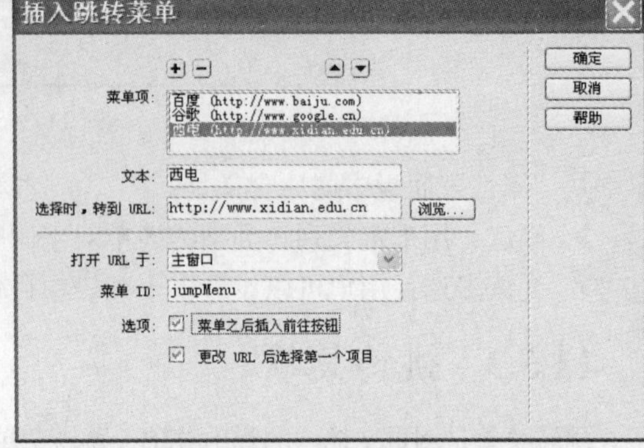

图 11-28　菜单项

（5）在设置窗口的“菜单之后插入前往按钮”一项首先不要进行选择。而是应该先选中“更改 URL 后选择第一个项目”一项，这样做的目的就是当使用跳转菜单到某个页面后，如果返回到跳转菜单页面，那么此时页面中的跳转菜单默认显示的就任然会是第 1 项内容。

（6）单击“确定”按钮，此时将跳转菜单插入页面中，效果如图 11-29 所示。

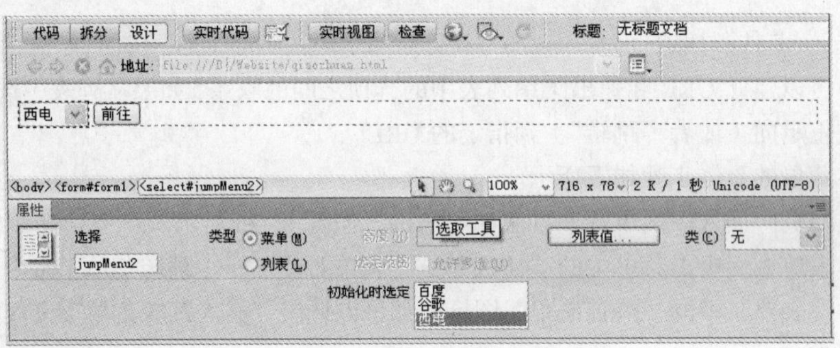

图 11-29　跳转菜单效果图

（7）其实跳转菜单在本质上也是一个表单，因此是先插入了表单（红色虚线区域），然后在表单中再次插入了下拉菜单。

（8）可以在“属性”面板中选择跳转菜单，这样就可以设置菜单的名称、类型等。

（9）如果选中跳转菜单，则行为窗口中也出现行为，鼠标双击该行为，此时就会进入设置窗口，这样就可以在设置窗口中重新对其进行设置。

（10）单击“属性”面板中的“列表值”按钮，就会弹出“列表值”对话框，效果如图 11-30 所示。

不仅可以更改列表顺序或者所链接到的文件，也可以添加、删除或重命名项；如果想要更改链接文件的打开位置，或者添加和更改菜单选择提示，那么就必须使用“行为”面板才可以实现。

（11）如果想要修改选项，那么可以选中页面上的下拉菜单，此时鼠标单击属性面板中的“列表值”，就可以对各项内容进行修改了。

（12）保存网页文档。按 F12 功能键进入网页浏览网页，在跳转菜单选择一个网站，如图 11-31 所示。

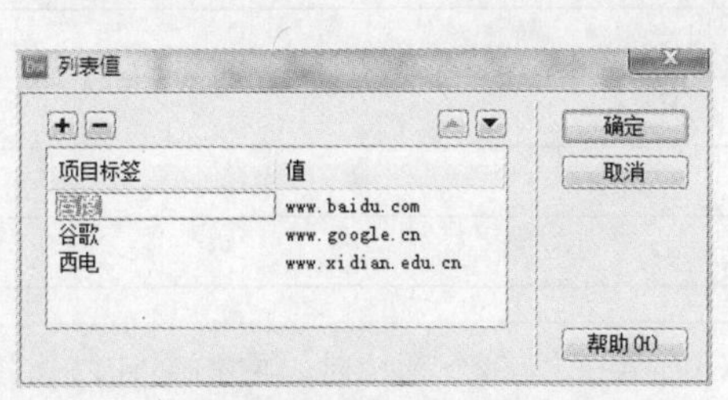

图 11-30　跳转菜单列表值对话框

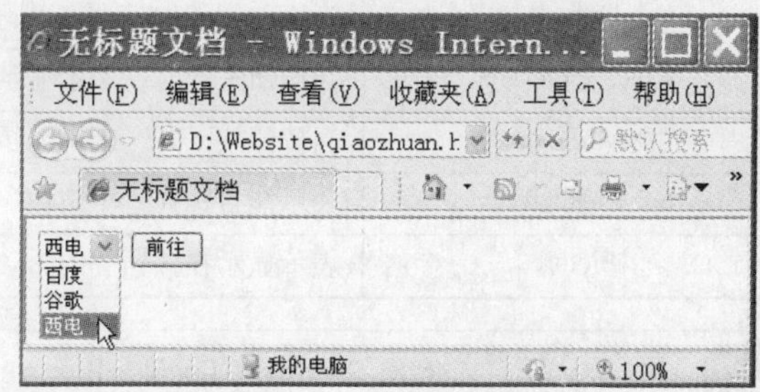

图 11-31　跳转菜单效果

（13）然后单击“前往”按钮，则可打开该网站的首页，如图 11-32 所示。

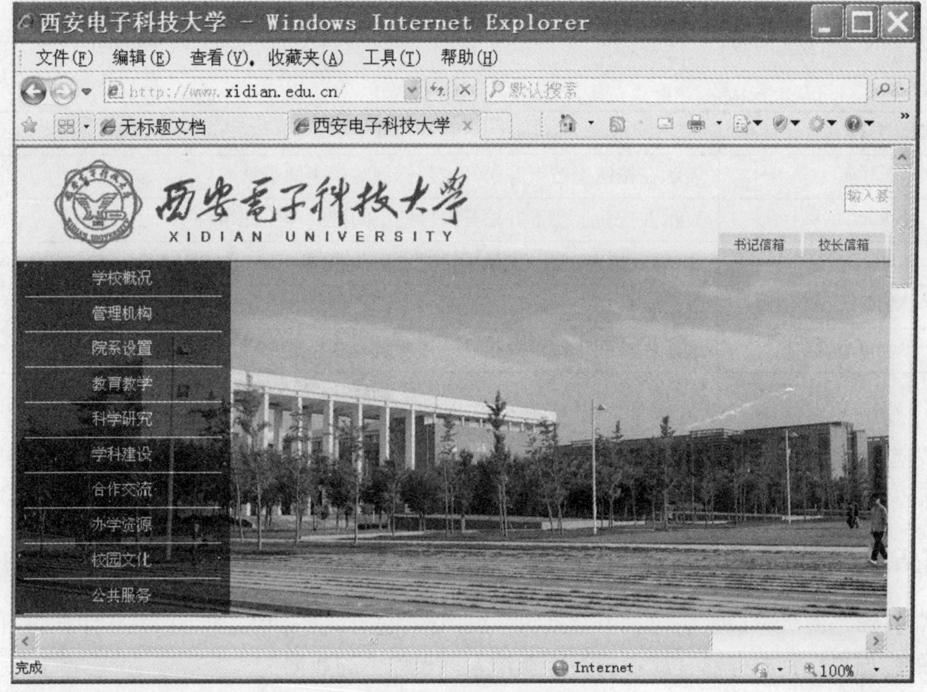

图 11-32　跳转打开网页

11.6　插入按钮和文件域

通常命令按钮控件是在应用程序中起控制作用的，命令按钮控件是被用来进行某一操作，它的代码一般被放置在命令按钮的 Click 事件中，通过代码对命令按钮进行控制。

命令按钮的常用属性如表 11-2 所示。

表 11-2　　　　　　　　　　　　常用命令按钮属性

属　性	说　明
Cancel	当该项为 T 时，回车就好比执行“Esc”
Caption	用来在按钮上显示标题
Default	当该项为.T.时，回车就好比执行“Click”
DisablePicture	当按钮失效时，表示显示的 BMP 图片
DownPicture	当按钮按下时，表示显示的 BMP 图片
Enabled	表示能否选择这个按钮
Picture	表示显示在按钮上的 BMP 图片

通常在使用 Picture、DisablePicture 和 DownPicture 这 3 个属性时，它们都可以选择一个 BMP 文件来作为命令按钮的标题显示。

命令按钮的属性一般就只是对命令按钮进行布局设置的一些参数，它和标签控件相似，但是在表单中命令按钮最主要的还是用来执行一些相应的操作。

命令按钮最主要的事件如表 11-3 所示。

表 11-3　　　　　　　　　　　　常用命令按钮事件

事　件	说　明
Click	表示在按钮上按下并松开主鼠标键时产生此事件
MiddleClick	表示在按钮上按下并松开鼠标的中间键时产生此事件
MouseDown	表示在按钮上按下主鼠标键时产生此事件
MouseUp	表示在按钮松开主鼠标键时产生此事件
RightClick	表示在按钮上按下并松开辅鼠标键时产生此事件

命令按钮的事件中不仅可以使用鼠标操作产生以外，而且也可以通过方法程序触发相应的事件。如果想要使用 VFP6 对某一事件产生相应的动作，那还应该在相应事件的方法程序中编写事件的代码，这用来指定在产生事件时执行相应的操作。

11.6.1　按钮表单

通常按钮是网页中最常见的表单对象，一般用按钮来控制表单动作，而且表单按钮可以将输入表单的数据提交到服务器，或者选择重新输入该表单中的数据。

插入按钮的具体操作步骤如下所示。

（1）单击鼠标左键，将光标定位在表单框线内，选择“插入”→“表单”→“按钮”命令。或者在“插入”面板中选择“表单”项，单击“按钮”图标。

（2）在弹出的“输入标签辅助功能属性”对话框，进行设置。

（3）单击“确定”按钮，表单按钮出现在文档中，如图 11-33 所示。

（4）在文档中单击“按钮”表单控件，在按钮的“属性”面板中主要的参数如下所示。

- 按钮名称：可以用来设置所选按钮的命名。
- 动作：可以用来设置访问者单击按钮将产生的动作。它包含“提交表单”、“重设表单”和“无”3 个单选按钮。

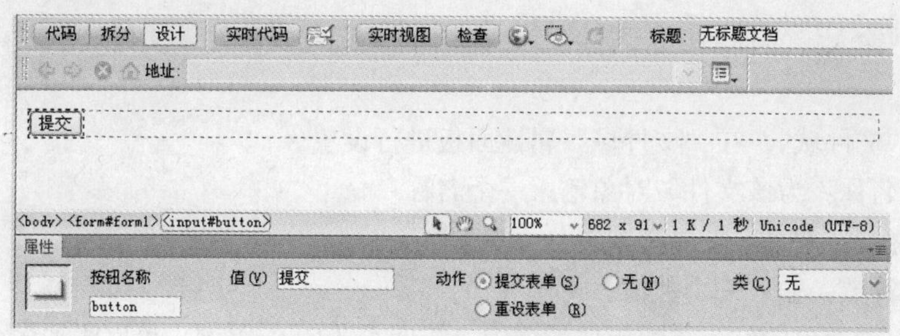

图 11-33　插入表单按钮

➢ 提交表单：表示浏览者单击按钮就会提交整个表单。

➢ 重设表单：表示浏览者单击按钮就会重设表单，这样可以把表单各对象的值恢复到初始状态。

➢ 无：表示浏览者单击按钮可以不产生任何动作。

➢ 值：可以用来设置按钮上显示的文本。

将光标定位到表单的红色虚线围成的框内，按回车（Enter）键，可以添加多个表单按钮。另外，通过单击"插入"菜单，选择"表单"项，在弹出的子菜单中选择"图像域"等命令。实现图形提交按钮。

11.6.2　插入文件域

文件域是一种特殊的表单。如果需要将整个文件传送到服务器上，那么可以在表单中建立文件域来完成这个任务。若要使用文件域，表单的方式必须设置为 POST。访问者可以将文件上载到你在表单的 action 属性中所指定的 URL 地址。

在文本域，用户可以调用本地操作系统的"选择要加载的文件"对话框，选择本地的文件，并将该文件的 URL 路径添加到表单中。这样，在提交表单时，就可以将该 URL 路径传输给服务器，并将相应的文件也一起上传。

具体操作如下：

（1）按照面所讲的操作，在文档中插入一个表单。并作"属性"的设置，如图 11-34 所示。

➢ 在表单"属性"面板中将"方法"项选择为 POST。

➢ 在"编码类型"下拉列表中选择 multipart/form-data。

（2）将光标定位在表单框线内，点击"插入"→"表单"项，在弹出的子菜单中选择"文件域"命令。

或者在"插入"面板中选择"表单"项，单击"文件域"图标。弹出"输入标签辅助功能属性"对话框，进行设置。

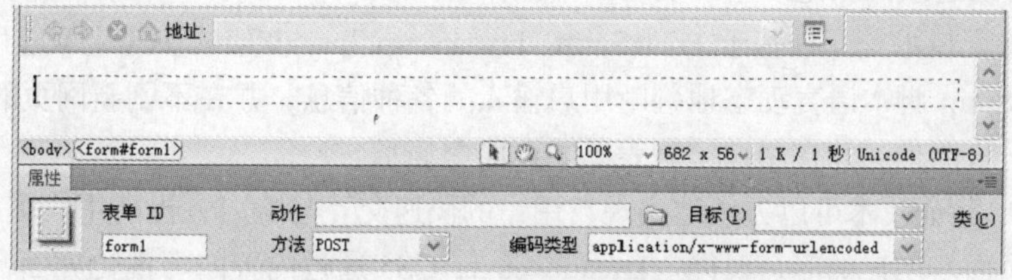

图 11-34　设置表单属性

（3）单击“输入标签辅助功能属性”对话框中的“确定”按钮，文件域出现在文档中，如图 11-35 所示。

（4）单击“文件域”，在“文件域”属性面板进行设置。

➢ 文件域名称：为该文件域对象输入一个名称。

➢ 字符宽度：输入一个数值。

➢ 最多字符数：输入一个数值。

将光标定位到表单的红色虚线围成的框内，按回车（Enter）键，可以添加多个文件域。

（5）保存文档。按 F12 键进行浏览，如图 11-36 所示。

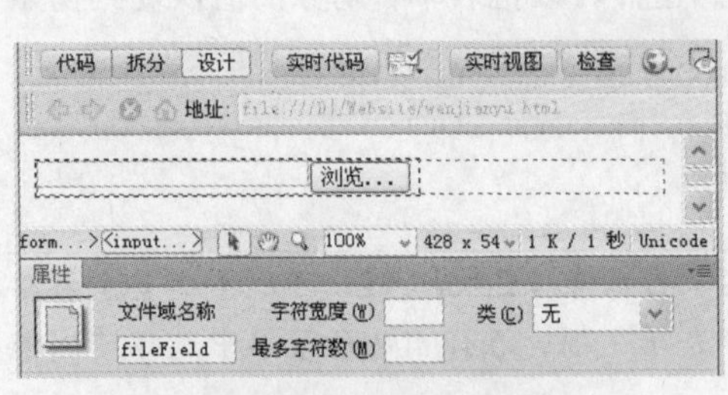

图 11-35　插入文本域

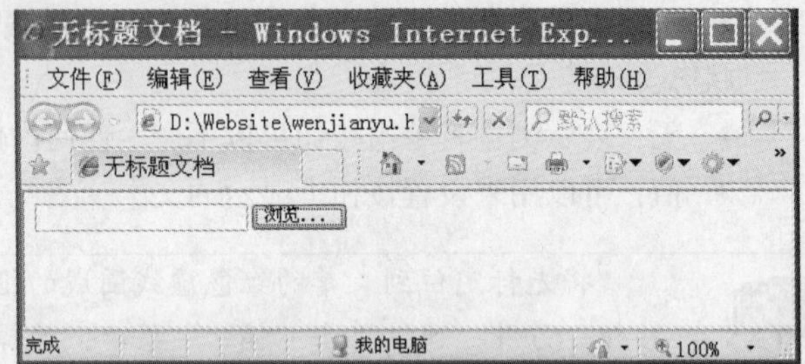

图 11-36　文本域运行效果

（6）单击“浏览”按钮，则可打开“选择要加载的文件”对话框，选择要传递的文件。

11.7　验证表单内容

在 Dreamweaver CS5 中将表单插入网页后，还可以对表单作进一步的处理，检测表单中的内容，并根据这些内容反馈信息，帮助用户正确地完成表单。如果作到这些，就要用到 Spry 表单验证技术。

11.7.1　Spry 表单验证技术

以前在动态网页中，一般是通过 ASP、ASP.NET、PHP 以及 JSP 等技术实现表单与用户的后台交互，用户先在前台输入内容，通过按钮表单提交内容，如在注册一个新邮箱后，最后要按“提交”就是这个意思。将数据传递给后台程序。

这种提交表单内容的缺点在于，用户必须完成全部表单内容的填写后，才能提交数据。如果有些内容出现了填写的错误，则用户就必须返回表单页面重新填写。由于动态网页的特殊安全设置，这种方式容易造成网页过期，影响用户的操作。

Spry 表单验证技术是一种基于 JavaaScrip、JavaaScrip Spry 框架的快速交互应用技术。它的特点是通过 JavaaScrip 脚本语言动态地判断用户输入的各种信息，并在不刷新网页的情况下快速将判断的结果发送给用户，并在用户填写表单的页面中显示。

用 Spry 表单验证技术可以方便地实现与用户的快速交互与响应，提高用户填写表单的效率，减少了在刷新页面时用户的等待时间。Dreamweaver CS5 通过内置的可视化界面，帮助用户快速添加 Spry 表单验证功能，提高了网页设计与制作的效率。下面简要介绍对一些表单的验证。

11.7.2　验证文本内容

在本章前面已经介绍了文本字段、文本区域等表单的插入以及设置属性的方法。使用 Spry 表单验证技术可以验证这些类型表单中的内容是否符合网页提交的要求。

1. 验证文本域

Spry 表单验证文本域的作用是验证单行的文本域，即文本字段的内容是否符合网页表单提交的要求。用 Spry 表单验证文本域的方法主要有二种，一是为文本字段添加验证，二是直接添加可验证的文本字段。

操作方法如下：

（1）制作表单（如前面所讲方法）。

（2）在制作的表单中插入文本字段类型的表单对象，并选中该文本字段，如图 11-37 所示。

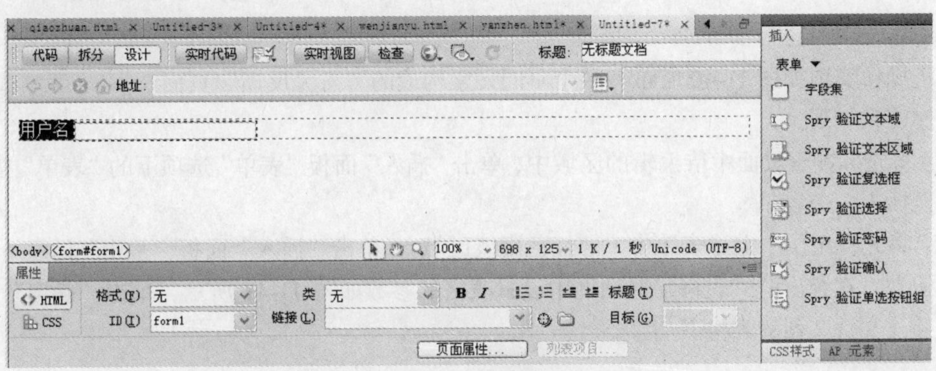

图 11-37　插入文本字段

（3）在页面的“插入”面板中单击“Spry 验证文本域”按钮，即可为文本字段添加 Spry 表单验证，得到如图 11-37 所示的右侧部分。

（4）选中“Spry 文本域：Sprytextfield1”，则对应出现“属性”面板，可以对验证表单内文本的属性设置。如图 11-38 所示。

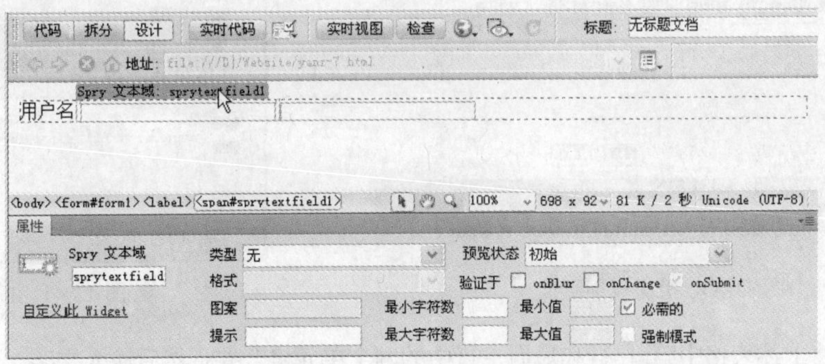

图 11-38　插入验证文本域属性

（5）若在“属性”面板中的“预览状态”下拉列表中选择“必值”时，在文本字段框的左侧弹出 “需要提供一个值” 的提示文本信息。原因在于没有给文本字段输入内容时，却选择了“预览状态”为“必填”的值，所以出现提示的信息，如图 11-39 所示。

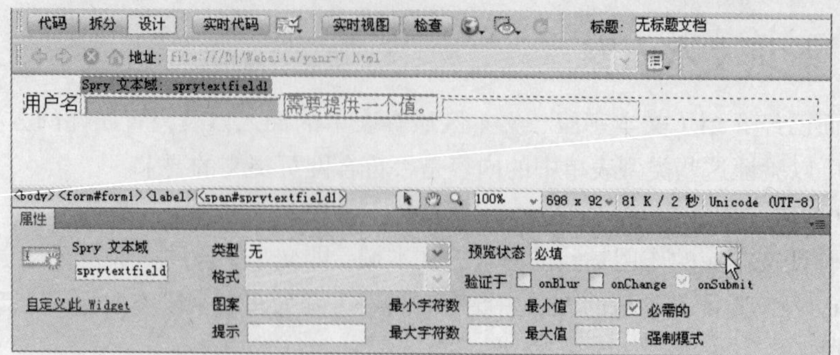

图 11-39 验证文本域

11.8 上机练习：制作表单——“意见反馈”页面

上机操作实现如图 11-40 所示有多个不同元素构成的“意见反馈”页面。

操作实现如下：

（1）将光标置于页面中待编辑的区域中，单击“插入”面板“表单”选项下的“表单”按钮，在编辑区插入一个表单。

（2）将光标定位于上述表单中（即红色虚线区域），单击“插入”面板“常用”标签下的“表格”按钮，在弹出的“表格”对话框中设置表格的参数如图 11-41 所示，单击“确定”按钮在表单中插入 9 行 2 列的表格。

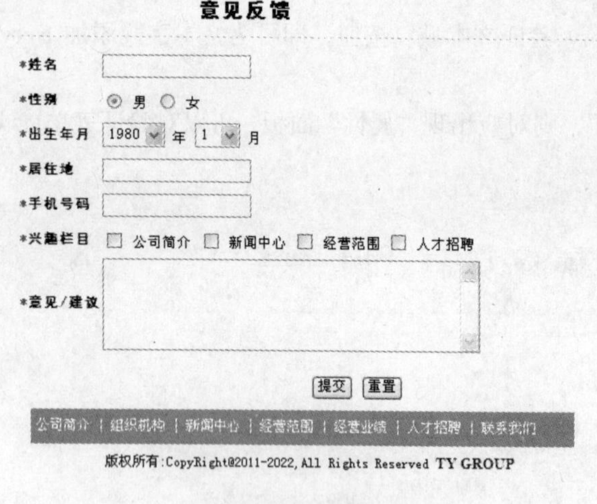

图 11-40 意见反馈页面

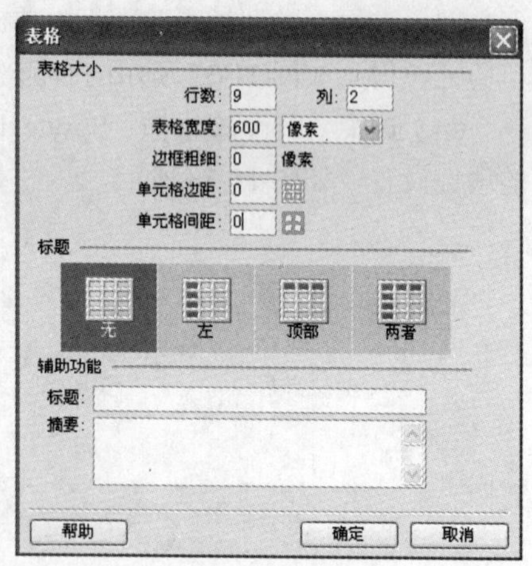

图 11-41 插入表格

（3）分别将上述表格中第 1 行和最后一行中的两个单元格合并，然后输入文字，效果如图 11-42 所示。

（4）将光标置于“姓名”右边的单元格中，单击“插入”面板“表单”标签下的“文本字段”按钮，在该单元格中插入一个文本框，用于客户填写姓名。

（5）将光标定位“性别”右边的单元格中，单击“插入”面板“表单”标签下的“单选按钮组”按钮，在弹出的对话框中设置参数如图 11-43 所示，单击“确定”按钮，返回页面，接着选中单选按钮组中的“男”单选按钮，在“属性”面板中，将该单选按钮的“初始状态”设置为“已勾选”，然后调整单选按钮组的布局如图 11-44 所示。这样就在该单元格中插入一个单选按钮组以供客户选择性别。

意见反馈	
*姓名	
*性别	
*出生年月	
*居住地	
*手机号码	
*兴趣栏目	
*意见/建议	

图 11-42　输入标签内容

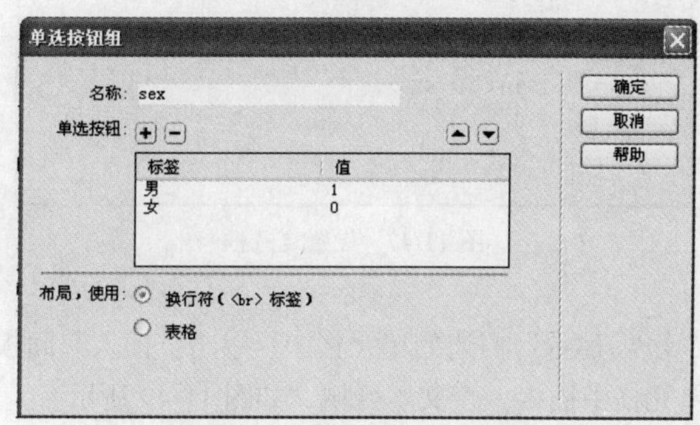

图 11-43　插入单选按钮组

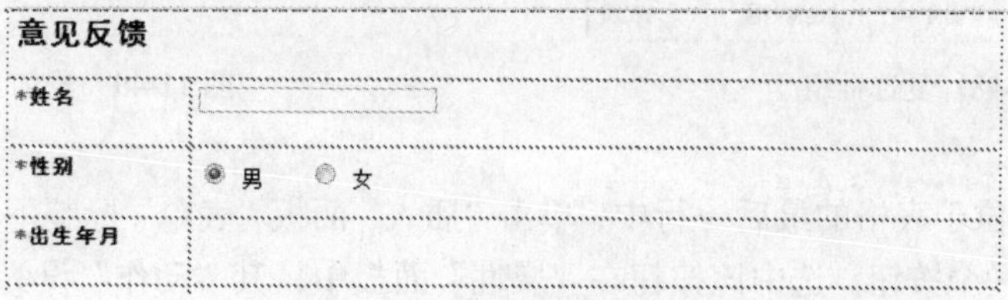

意见反馈	
*姓名	
*性别	◉ 男　○ 女
*出生年月	

图 11-44　单选按钮组的布局

（6）将光标定位于“出生年月”右边的单元格中，单击“插入”面板“表单”标签下的“选择”按钮，在该单元格中插入一个“选择”控件，选中该控件，在“属性”面板，将其设置为“菜单”，单击“属性”面板中“列表值”按钮，打“列表值”对话框，添加各年份列表值 1980～1990 年，如图 11-45 所示，同理再在该单元格添加月份（1～12）菜单，这样就在该单元格中插入年份列表和月份列表供客户选择自己的出生年月。最终如图 11-46 所示。

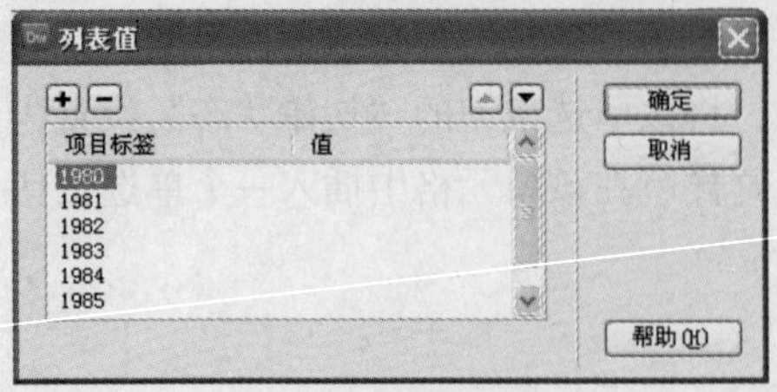

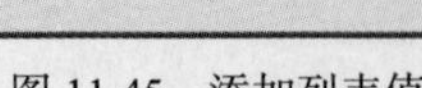

图 11-45 添加列表值

图 11-46 列表值效果

（7）参考（4）分别在“居住地”和“手机号码”右边的单元格中添加两个文本字段以供客户填写自己的“住址”和“手机号码”。

（8）将光标定位于“兴趣栏目”右边的单元格中，单击“插入”面板“表单”标签下的“复选框组”按钮，在弹出的“复选框组”对话框中，添加各项如图 11-47 所示，单击“确定”按钮，并应用表格对四个复选框进行布局，效果如图 11-48 所示。

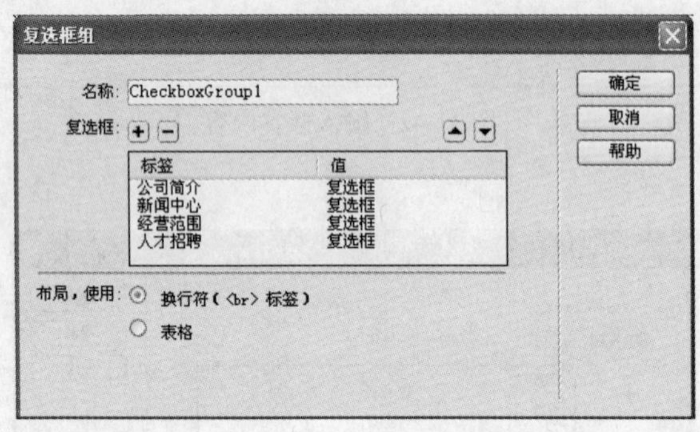

图 11-47 设置复选框

（9）将光标定位于“意见/建议”右边的单元格中，单击“插入”面板“表单”标签下的“文本区域”按钮，在该单元格中插入一个文本区域，如图 11-49 所示。

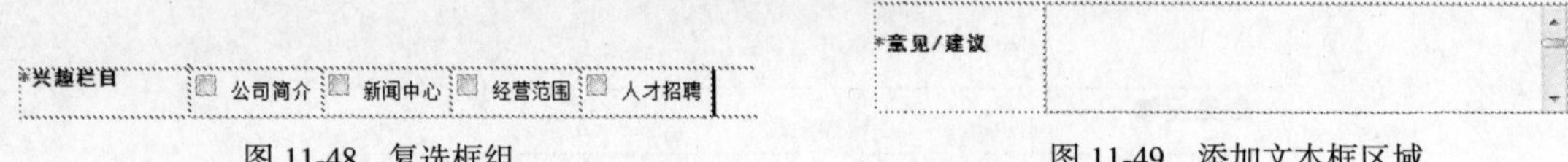

图 11-48 复选框组

图 11-49 添加文本框区域

（10）将光标定位于表格的最后一行中，单击“插入”面板“表单”标签下的“按钮”按钮，在该单元格中插入一个按钮，选中该按钮在“属性”面板中将其“动作”设为“提交表单”；使用同样的方法再添加一个按钮，选中该按钮后，在“属性”面板中设置其“动作”为“重设表单”。最终效果如图 11-50 所示。

（11）插入“跳转菜单”给该任务网页添加“友情链接”功能。

（12）将光标定位到本页底部导航栏“联系我们”的后面，如图 11-51 所示。

（13）单击“插入”面板“表单”标签下的“跳转菜单”按钮，在弹出的“插入跳转菜单”对话框，填写参数如图 11-52 所示。单击添加按钮“+”按钮，再次分别填写网站的名称和地址，如图 11-53 所示。单击“确定”按钮，在该网页中添加了一个跳转菜单。

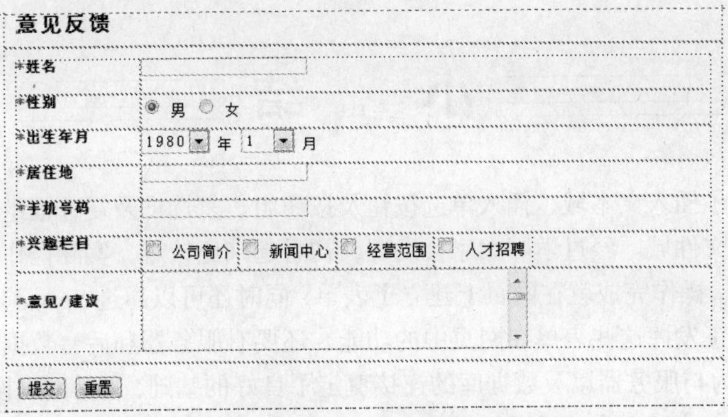

意见反馈
*姓名
*性别　男　女
*出生年月　1980 年 1 月
*居住地
*手机号码
*兴趣栏目　公司简介　新闻中心　经营范围　人才招聘
*意见/建议
提交　重置

图 11-50　实现效果

图 11-51　插入跳转菜单

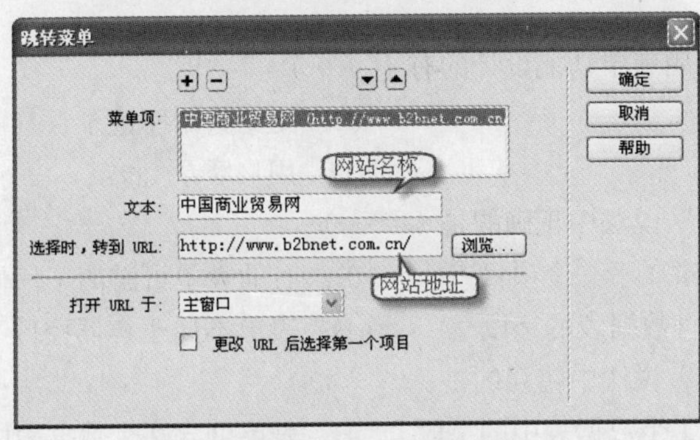

图 11-52　插入跳转菜单

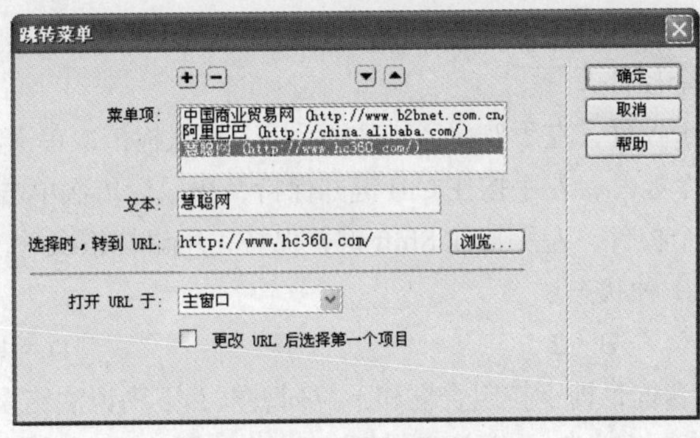

图 11-53　添加菜单项

（14）按功能键 F12 预览该页，效果如图 11-54 所示，点击“友情链接”菜单项时，会跳转到相应的网站。

图 11-54　运行效果

小　结

本章主要讲述了插入文本域、插入单选按钮及按钮组、复选框及复选框组按钮、表单列表和菜单、表单按钮和文件域。经过学习大家会发现，初看起来比较难，实际操作起来并不是太难，而且会比较有意思。操作完成就在网页上建立了表单，同时还可以通过 Spry 验证技术对表单内容进行验证。但要真正发挥这些表单在网页中的功能，还要有服务器和后台数据库的支持。但这些表单元素的建立，为与服务器以及数据库的连接奠定了良好的基础，也是网页设计中不可缺少的。大家在学会以菜单方式建立表单元素的操作方法时，还要注意通过切换到代码视图查看其对应生成的代码把两者进行比较，这样有利于掌握和理解有关表单控件的属性及属性值的含义。

习　题

1. 以下应用属于利用表单功能设计的有（　　）。

   A. 用户注册　　B. 浏览数据库记录

   C. 网上订购　　D. 用户登录

2. 下列关于“表单”说法中正确的是（　　）。

   A. 任何表单都隶属于一个项目　　B. 有的表单可游离于任何项目而独立存在

   C. 任何表单都含数据表的字段　　D. 表单不属于容器控件

3. 下列关于“表单”说法中错误的是（　　）。

   A. 表单只能含 1 个数据表中的字段　　B. 表单可含 2 个数据表中的字段

   C. 表单可含 3 个数据表中的字段　　D. 表单可不含数据表中的字段

4. 在表单上同时选中多个控件的方法是（　　）。

   A. 依次单击各个控件

   B. 先单击第一个控件，左手按住 Alt 键并保持，用鼠标依次单击其余各控件

   C. 先单击第一个控件，左手按住 Ctrl 键并保持，用鼠标依次单击其余各控件

   D. 先单击第一个控件，左手按住 Shift 键并保持，用鼠标依次单击其余各控件

5. 复选框有（　　）种状态。

   A. 1　　B. 2　　C. 3　　D. 4

6. 有两种形式的组合框，即下拉组合框和下拉列表框，下列说法错误的是（　　）。

   A. 当 Style 的值为“0”时为下拉组合框；当 Style 的值为“2”时为下拉列表框

   B. 在下拉组合框中，用户既可以从中选择一个选项，也可直接在文本框中输入一个新值

   C. 在下拉列表框中，只允许用户从它的下拉列表中选择一个选项，而不允许用户在文本框中输入新值

   D. 在下拉列表框中，既允许用户从它的下拉列表中选择一个选项，也允许用户在文本框中输入新值

7. 下列控件中，不能设置数据源的是（　　）。

A. 复选框　　B. 列表框　　C. 命令按钮　　D. 选项组

8. 在运行表单时，下列有关表单事件引发次序的叙述正确的是（　　）。

A. Activate→Init→Load　　B. Load→Activate→Init

C. Activate→Load→Init　　D. Load→Init→Activate

9. 表单可以和（　　）放在一行。

A. 文本　　B. 图像

C. 表格　　D. 以上说法均不正确

10. 要运行表单 form1，下列命令正确的是（　　）。

A. DO form1.scx　　B. DO form form1

C. RUN form1.scx　　D. RUN form form1

第 12 章 企业网站

制作网站前，一般先要进行前期调研，确定网站的主题、栏目、整体风格等。企业网站的具体页面以内容来划分，一般包括网站 Logo、导航条、Banner、内容栏和版尾 5 个组成部分。同时，企业网页中各栏目（公司动态、公司简介等）的内容应该保持一致的风格，在设计企业网页的界面时，可先设计网页的 Logo、导航条等版块，然后通过复制结构和内容实现栏目风格的统一。为了简捷地描述制作过程，下面主要以代码的形式给出企业网站首页和内部页面的制作过程。

12.1 制作软件公司网站首页

在编写软件公司网页页面时，通常以 Div 标签为网页最基础的结构，在 Div 标签内部，则使用列表等存储各种内容数据。网站首页整体效果如图 12-1 所示。

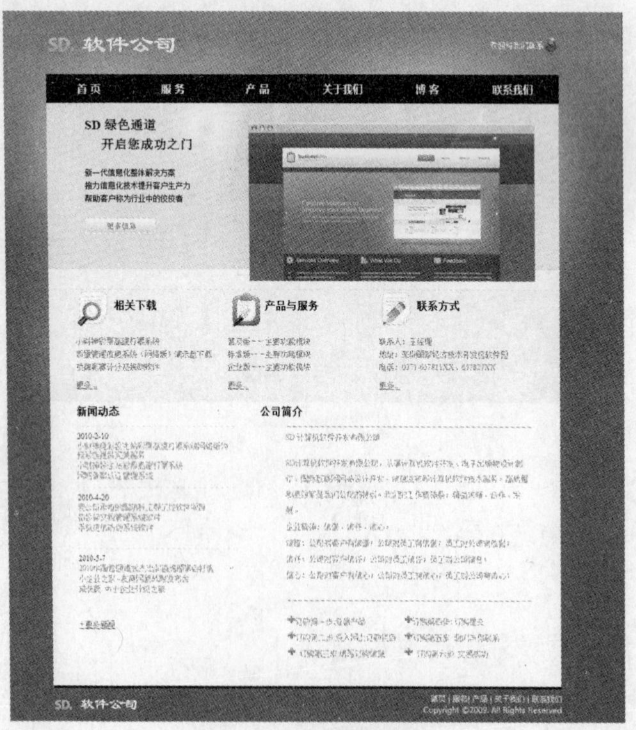

图 12-1 网站首页效果图

制作网站首页的操作步骤如下：

（1） 新建站点，对应“12”文件夹，在站点根文件夹（即文件夹“12”）下创建“pages”、“style”文件夹。用 Dreamweaver 创建网页文档，并将网页文档以“index.html”保存在 “pages”文件夹下，然后再创建“main.css”层叠样式表文件，将其保存在“styles”子文件夹下。

（2）从“文件”面板中打开“index.html”，切换到“拆分”视图。将工具栏“标题”文本框中的内容修改为“SD 软件公司”。

（3）在“main.css”文档中定义网页的 body 标签以及表格的样式属性，代码如下所示（为了节省篇幅，下面会将两个简短的 CSS 声明写在一行上）。

```
body, td, th {
    font-size: 12px;
}
body {
    margin-left: 0px;       margin-top: 0px;
    margin-right: 0px;      margin-bottom: 0px;
    width:1003px;
    background-image: url(../images/hbg.jpg);
    background-repeat: no-repeat;
    background-color: #2e597b;
}
```

（4）在“index.html”文档的“设计”视图中，在“body”标签中插入 div 标签，创建网页的基本结构，并为每个版块添加 id 属性，其代码如下所示。

```
<!--网页的 logo 栏版块-->
<div id="logo"><div>
<!--网页的导航栏版块-->
<div id="nav">
<!--网页的 banner 版块-->
<div id="banner"></div>
<!--网页的内容版块-->
<div id="home1">
<div id="home2">
<!--网页的版尾版块-->
<div id="footer"></footer>
```

（5）在 ID 为“logo”的 Div 层中插入 ID 为“contactUs”的 Div 层。

在“main.css”文档中分别设置 ID 为“logo”和“contactUs”的 CSS 样式属性。代码如下所示：

```
#logo {
    height: 100px;          width: 809px;
    margin:096px;
    background-image:url(../images/home_02.gif);
}
#logo #contactUs {
    float: right;           height: 30px;
    width: 150px;           margin-top: 40px;
    color:#FFF;
}
```

（6）在 ID 为“contactUs”的 Div 层中按“Enter”键创建两个段落（即 p 标签），在第 1 个段落中插入图像“twitter.gif”，在第 2 个段落中输入文本“欢迎与我们联系”。在“main.css”文档中为两个 p 标签设置高度、浮动、边距等 CSS 样式代码。代码如下所示：

```
#logo #contactUs p {
    height: 30px;          display:inline;
    line-height:30px;      margin:0;
    float:right;           padding:0;
}
```

（7）在 ID 为“nav”的 Div 层中输入“首页”，然后单击“属性”面板中的☰按钮，出现项目列表符号，按“Enter”键，出现下一个项目列表符号，在项目列表符号后再输入“服务”，依次类推，分别输入“产品”、“关于我们”、“博客”和“联系我们”。

分别选择上面所建项目列表的 6 个文本，在“属性”面板中“链接”文本框中输入“#”。

在“main.css”文档中为 ID 为 div 层中定义项目列表（ul 标签、li 标签）及链接文本和鼠标经过时文本变化的样式属性。代码如下所示：

```
#nav {
    width:809px;      height:45px;
    margin:096px;     background-color:#000;
    }
#nav ul {
    width: 809px;     margin:0;
    padding:0;        list-style:none;
    height:45px;
}
#nav ul li {
    width:134px;      float:left;
    height:45px;      margin:0;
    padding:0;        text-align:center;
}
#nav ul li a:link, #nav ul li a:visited {
    line-height:45px; color:#fff;
    font-size:16px;   font-weight:bold;
    font-family:"微软雅黑", "新宋体";
    text-decoration:none;
}
#nav ul li a:hover {
    color:#0CF;
}
#nav ul li a:link, #nav ul li a:visited {
    line-height:45px;          color:#fff;
    font-size:16px;            font-weight:bold;
    font-family:"微软雅黑", "新宋体";
    text-decoration:none;
}
#nav ul li a:hover {
    color:#0CF;
}
```

（8）在 ID 为“banner”的 Div 层中插入两个并列关系的 ID 为“bannerLeft”和“bannerRight”的 Div 层。

在“main.css”中设置 ID 为“banner”、“bannerLeft”和“bannerRight”的 CSS 样式属性。代码如下所示：

```
#banner {
    width:809px;           height:290px;
```

```
    margin:0 0 96px;
    background-image:url(.../images/hbg_banner_05.gif);
}
#banner #bannerLeft {
    width:220px;           height:250px;
    float:left;            margin-top:20px;
    padding-left:60px;     line-height:20px;
}
#banner #bannerRight {
    width:451px;           height:246px;
    background-image:url(.../images/simple_text_img_3.png);
    float:left;            margin-left:40px;
}
```

（9）在“index.html”文档的“代码”视图中，在 ID 为 bannerLeft 的 Div 层中插入 3 个 p 标签，并在标签中输入相应的内容，然后为第 1 个 p 标签添加 sp1 类。代码如下所示：

```
<p class="sp1">SD  绿色通道<br />         开启您成功之门</p>
<p> <span>新一代信息化整体解决方案<br/>接力信息化技术提升客户生产力<br/>帮助客户成为行业中的佼佼者</span></p>
<p><a href="#"><img src=".../images/more_information.png" width="112" height="26" border="0" /></a></p>
```

在“main.css”文档中定义第 1 个 p 标签所添加的“sp1”类的样式属性。代码如下所示：

```
#banner #bannerLeft .sp1 {
    font-size:20px;           font-weight:bold;
    line-height:30px;
}
```

（10）在“index.html”文档的“代码”视图中，在 ID 为 home1 的 Div 层中嵌套一个定义列表（<dl>），在列表项（<dt>）中嵌套两个 Div 层，在<dd>标签中嵌套一个列表和一个并列的<div>，然后为 dl 标签添加 rows 类,为 dt 下第 1 个 div 添加 iconTitle 类，为第 2 个 div 添加 textTitle 类。代码如下所示：

```
<dl class="rows">
    <dt>
        <div  class="iconTitle"><img  src="../images/h2_what.png"  width="56" height="60" /></div>
        <div class="textTitle">相关下载</div>
    </dt>
    <dd>
        <ul>
            <li><a href="#">小财神彩票高速打票系统 </a></li>
            <li><a href="#">质量管理信息系统（网络版）演示盘下载 </a></li>
            <li><a href="#" title="桥牌竞赛计分及规则软件">桥牌竞赛计分及规则软件</a></li>
        </ul>
        <div><a href="#">更多...</a></div>
    </dd>
</dl>
```

（11）按照上面的方法，在 ID 为 home1 的 Div 层中创建“产品与服务”、“联系方式”栏目。代码如下所示（紧接上面代码）：

```
<dl class="rows">
    <dt>
```

```
            <div class="iconTitle"><img src="../images/h2_suport.png" width="56" height="60"
/></div>
            <div class="textTitle">产品与服务</div>
        </dt>
        <dd>
            <ul>
                <li><a href="#">普及版——主要功能模块 </a></li>
                <li><a href="#"> 标准版——主要功能模块 </a></li>
                <li><a href="#">企业版——主要功能模块 </a></li>
            </ul>
            <div><a href="#">更多...</a></div>
        </dd>
    </dl>
    <dl class="rows">
        <dt>
            <div class="iconTitle"><img src="../images/h2_work.png" width="56" height=
"60" /></div>
            <div class="textTitle">联系方式</div>
        </dt>
        <dd>
            <ul>
                <li><a href="#">联系人：王经理 </a></li>
                <li><a href="#">地址：深圳国家经济技术开发区软件园 </a></li>
                <li><a href="#">电话：0371-657811XX、657827XX </a></li>
            </ul>
            <div><a href="#">更多...</a></div>
        </dd>
    </dl>
```

（12）在“main.css”文档中分别定义 ID 为“home1”，类为 rows、iconTitle、textTitle 及列表的样式属性。代码如下所示：

```
#home1 {
    width:721px;          height:175px;
    background-color:#f2f3eb;
    margin:096px;         padding:044px;
}
#home1 .rows {
    display:block;             width:240px;
    margin-top:0px;            margin-bottom:0px;
    padding:0px;               height:175px;
    float:left;
}
#home1 .rows dt {
    width:240px;
}
#home1 .rows dt .iconTitle {
    width:60px;                height:60px;
    float:left;
}
#home1 .rows dt .textTitle {
    float:right;               width:180px;
    height:60px;               font-size:16px;
```

```
    font-weight:bold;           line-height:50px;
}
#home1 .rows dd {
    float: left;                height: 80px;
    width: 240px;               margin-left: 0px;
    margin-top:10px;
}
#home1 .rows dd ul {
    list-style-type: none;
    margin:0;                   padding:0;
}
#home1 .rows dd ul li a:link, #home1 .rows dd ul li a:visited {
    text-decoration: none;
    line-height:20px;           color:#646464;
}
#home1 .rows dd div {
    float: left;                width: 200px;
    padding-left: 0px;          margin-top: 10px;
}
#home1 .rows dd div a:link, #home1 .rows dd div a:visited {
    color:#35678f;
}
```

（13）在 ID 为“home2”的 Div 层中插入两个并列关系的 ID 为“home2Left”、“home2Right”的 Div 层。

在“main.css”文档中分别定义这 3 个 Div 层的属性。代码如下所示：

```
#home2 {
    height:440px;           width:721px;
    margin:096px;           padding:044px;
    background-color:#FFF;
}
#home2 #home2Left {
    width:250px;            float:left;
    height:440px;
}
#home2 #home2Left dl {
    height:320px;           margin:0px;
}
```

（14）在 ID 为“home2Left”的 Div 层中嵌套定义列表，在列表中插入水平线标签（<hr/>）和项目列表，并输入文本，创建“新闻动态”栏目。代码如下所示：

```
<dl>
    <dt class="textTitle">新闻动态</dt>
    <dd>
        <dl>
            <dt><hr /></dt>
            <dd> 2010-2-10
                <ul>
                    <li><a href="#">小财神竞彩投注站彩票高速打票系统网络版为竞彩店提供完美
服务</a></li>
                    <li><a href="#">小财神投注站彩票高速打票系统</a></li>
                    <li><a href="#">网吧备案认证管理系统</a></li>
                </ul>
            </dd>
```

```
                <dt><hr/></dt>
                <dd> 2010-4-20
                    <ul>
                        <li><a href="#">我公司承担的国防科工委工控软件项目</a></li>
                        <li><a href="#">招投标文档管理系统软件</a></li>
                        <li><a href="#">手机短信防伪系统软件</a></li>
                    </ul>
                </dd>
                <dt><hr/></dt>
                <dd> 2010-5-7
                    <ul>
                        <li><a href="#">2010 中国管理模式杰出奖遴选理事会打造</a></li>
                        <li><a href="#">小企业之家——友商网新战略发布会</a></li>
                        <li><a href="#">成长版 中小企业升级之旅</a></li>
                    </ul>
                </dd>
            </dl>
        </dd>
    </dl>
    <div id="more"><a href="javascript:void(null);" title="更多新闻">+更多新闻
    </a></div>
```

（15）在“main.css”文档中为 ID 为 home2Left 的 Div 层中包含的类名称为 textTitle、<hr/>标签、定义列表、项目列表定义样式。代码如下所示：

```
#home2 #home2Left dl {
    height:320px;                  margin:0px;
}
#home2 .textTitle {
    display:block;                 width:120px;
    font-size:16px;                font-weight:bold;
    line-height:30px;
}
#home2 #home2Left dl dd {
    width: 240px;                  margin: 0px;
    height:290px;
}
#home2 #home2Left dl dd dl dd {
    height:80px;
}
#home2 #home2Left dl dd dl dd ul {
    margin: 0px;                   padding: 0px;
    list-style-type: none;
}
#home2 #home2Left dl dd dl dd ul li a {
    color: #8d8d8d;                text-decoration: none;
}
#home2 #home2Left dl dd dl dt hr {
    color:#eaeaea;                 width:250px;
    height:1px;
}
#home2 #home2Left #more {
    margin-top:10px;               margin-bottom:55px;
    height:30px;                   line-height:30px;
}
```

（16）按照上面的方法，在 ID 为 home2Right 的 Div 层中创建“公司简介”栏目。代码如下所示：

```
<dl>
    <dt class="textTitle">公司简介</dt>
    <dd>
        <dl>
            <dt><hr /></dt>
            <dd>SD 计算机软件开发有限公司
                <p>SD 计算机软件开发有限公司，从事计算机软件开发、电子出版物设计制作、国际互联网网站设计开发、信息发布等计算机软件技术服务。高质量和高效率是我们公司的特点。我们的工作精神是：精益求精、合作、发展。<br />企业精神：信誉、信任、信心。<br />信誉：公司对客户有信誉；公司对员工有信誉；员工对公司有信誉； <br />信任：公司对客户信任；公司对员工信任；员工对公司信任；<br />信心：公司对客户有信心；公司对员工有信心；员工对公司有信心；
            </p>
            </dd>
            <dt><hr/></dt>
            <dd>
                <ul id="listLeft">
                    <li><img src="../images/ul_li.png" width="14" height="14" />
                    <a href="#;"></a>订购第一步:查看产品</li>
                    <li><img src="../images/ul_li.png" width="14" height="14" />订购第二步：进入网上订购栏目</li>
                    <li><img src="../images/ul_li.png" width="14" height="14" />订购第三步:填写订购信息</li>
            </ul>
                <ul id="listRight">
                    <li><img src="../images/ul_li.png" width="14" height="14" />订购第四步：订购提交</li>
                    <li><img src="../images/ul_li.png" width="14" height="14" />订购第五步：我们与你联系</li>
                    <li><img src="../images/ul_li.png" width="14" height="14" />订购第六步：交易成功 </li>
                </ul>
            </dd>
        </dl>
    </dd>
</dl>
```

（17）在“main.css”文档中为 ID 为 home2Right 的 Div 层包含的类名称为 textTitle、ID 为 listLeft 和 listRight、<hr/>标签、定义列表、项目列表定义样式。代码如下所示：

```
#home2 #home2Right dl {
    float:none;          display:block;
    margin:0;            padding:0;
}
#home2 #home2Right dl dt {
    float:none;          margin:0;
    padding:0;           display: block;
    font-size: 16px;     font-weight: bold;
}
#home2 #home2Right dl dt hr {
    width:430px;         height:1px;
```

```
    color:#eaeaea;
}
#home2 #home2Right dl dd {
    margin:0;              padding:0;
    height: 80px;
}
#home2 #home2Right dl dd dl {
    margin:0;              padding:0;
    height: 80px;
}
#home2 #home2Right dl dd dl dd {
    padding:0;
    margin:0px;
    color:#8d8d8d;
}
#listLeft {
    display:block;         margin: 10px 0;
    padding: 0px;          list-style-type: none;
    float:left;            width:180px;
}
#listRight {
    display:block;         margin:10px 5px;
    padding: 0px;          list-style-type: none;
    float:left;            width:180px;
}
#home2 #home2Right dl dd dl dd p {
    line-height: 25px;
}
#home2 #home2Right dl dd dl dd ul li {
    display:block;         margin:0;
    padding:0;             line-height:25px;
    height:25px;           width:180px;
    color: #8d8d8d;
}
```

（18）在 ID 为 footer 的 Div 层中输入文本，如图 12-1 右下方所示，并在“main.css”文档中定义背景图像、宽度、文本颜色、对齐方式等样式属性。代码如下所示：

```
#footer {
    padding:10px 0px;      margin:0 auto;
    width: 809px;          text-align:right;
    color:#FFF;            font-family:"微软雅黑", "宋体";
    background-image:url(.../images/hfooter_05.png);
    background-repeat:no-repeat;
}
```

12.2 制作企业网站内部网页

企业内部网页一般与首页框架是一样的，通常是内容区域稍有变化，因此，可以和首页共用同一个 CSS 样式文件，并可以在 CSS 样式文件中添加新的内容；同时可以将首页的代码复制（Logo、网页导航条、网页版尾），并对内容区域进行相应的修改，这样可以提高效率。网站内部网页整体效果如图 12-2 所示。

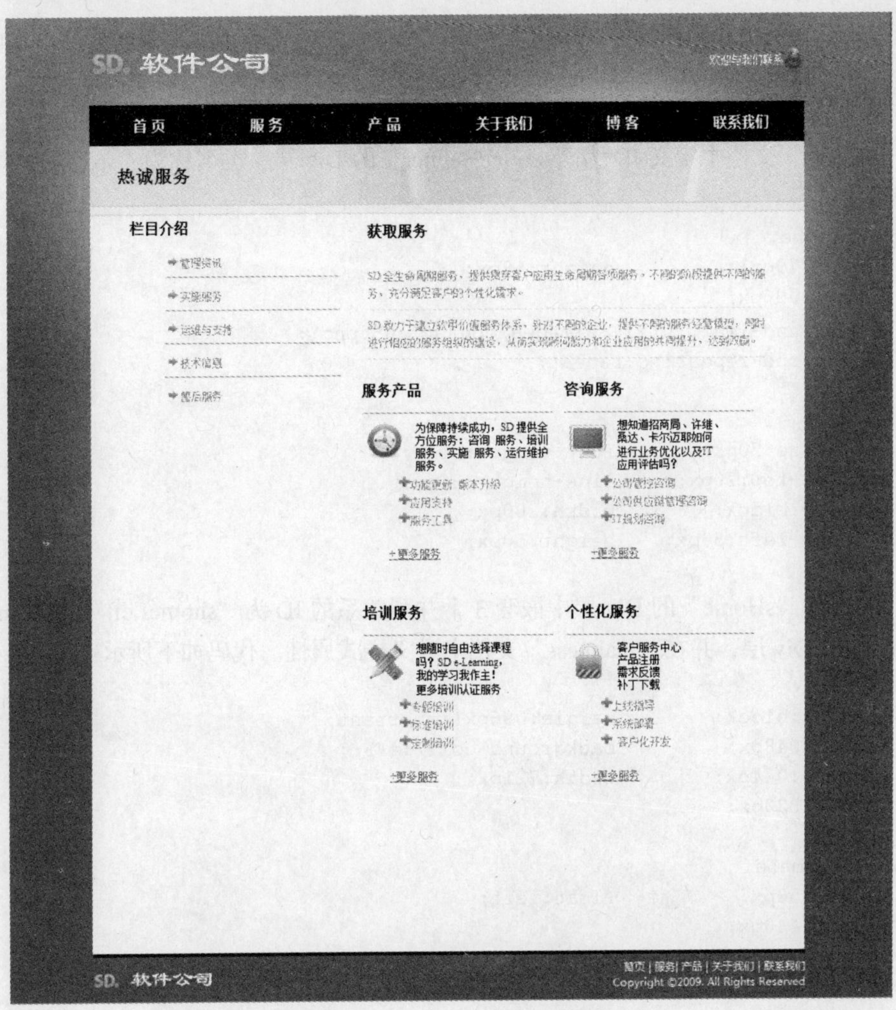

图 12-2　企业内部网页效果图

制作企业内部网页的操作步骤如下：

（1）在“12\pages”文件夹下复制、粘贴已经制作好的“index.html”，将“index - 副本”文件重命名为“service.html”。在 Dreamweaver 中打开“service.html”，在“代码”视图中将 ID 为“banner”的 Div 层中代码删除，并将其 ID 属性值改为“serviceBanner”；将 ID 为“home1”的 Div 层中的代码删除，并将其 ID 属性值改为“sHome”；将 ID 为“home2”的 Div 层整体删除。网页基本结构代码如下所示：

```
<!--网页的 Logo 栏版块-->
<div id="logo"><div>
<!--网页的导航栏版块-->
<div id="nav">
<!--网页的 banner 版块-->
<div id="serviceBanner"></div>
<!--网页的内容版块-->
<div id="sHome">
```

```
<!--网页的版尾版块-->
<div id="footer"></footer>
```

（2）为 ID 是“serviceBanner”的 Div 层添加类名为“sp2”。在 ID 为“serviceBanner”的 Div 层中输入文本“热诚服务”。代码如下所示：

```
<div id="serviceBanner" class="sp2"> 热诚服务 </div>
```

在“main.css”文档中定义 ID 为“serviceBanner”的 Div 层、类名称为“sp2”的样式属性。代码如下所示：

```
#serviceBanner {
     width:779px;            height:58px;
     margin:096px;
     background-image:url(../images/contact_05.png);
     background-repeat:no-repeat;
}
.sp2 {
     font-size:20px;         font-weight:bold;
     padding-top:20px;       line-height:30px;
     display:block;          width:200px;
     padding-left:30px;      height:50px;
}
```

（3）在 ID 为“sHome”的 Div 层中嵌套 3 个并列关系的 ID 为“shomeLeft”、“shomeRight”和“shomeList” Div 层，并在“main.css”文档中定义样式属性。代码如下所示：

```
#sHome {
     display:block;          margin:096px!important;
     margin:048px;           background-color:#FFF;
     padding:044px;          width:721px;
     height:820px;
}
#sHome #shomeLeft {
     width:250px;            float:left;
     height:440px;
}
#sHome #shomeRight {
     float: right;           width: 450px;
     display:block;
}
#sHome #shomeList {
     display:block;          width:470px;
     float:right;
}
```

（4）在 ID 为“shomeLeft”的 Div 层中插入定义列表，在<dt>标签之间输入文本，在<dd>标签之间插入项目列表，并通过插入图像、水平线、文本创建栏目介绍。代码如下所示：

```
<dl>
     <dt class="textTitle">栏目介绍</dt>
     <dd>
          <ul>
               <li><img src="../images/services_07.png" width="18" height="17" /><a
href="#">管理资讯</a></li>
               <br /><hr />
               <li><img src="../images/services_07.png" width="18" height="17" /><a
href="#">实施服务</a></li>
               <br/><hr />
```

```
            <li><img src=".../images/services_07.png" width="18" height="17" /><a
href="#">运维与支持</a></li>
            <br /><hr />
            <li><img src="../images/services_07.png" width="18" height="17" /><a
href=#">技术信息</a>   </li>
            <br /><hr />
            <li><img src="../images/services_07.png" width="18" height="17" /><a
href="#">售后服务</a></li>
        </ul>
    </dd>
</dl>
```

（5）在“main.css”文档中定义<dl>、<dt>、<dd>、<ul>、<li>、<img>等标签的 CSS 样式属性。

```
#sHome #shomeLeft dl {
    height:320px;
}
#sHome dl .textTitle {
    display:block;          width:120px;
    height:40px;            font-size:16px;
    font-weight:bold;       line-height:30px;
}
#sHome #shomeLeft dl dd {
    width: 240px;           margin: 0px;
    height:250px;
}
#sHome #shomeLeft dl dd ul {
    list-style-type:none;
}
#sHome #shomeLeft dl dd ul li a {
    color: #8d8d8d;         text-decoration: none;
}
#sHome #shomeLeft dl dd dd dt hr {
    color:#eaeaea;          width:250px;
    height:1px;
}
```

（6）在 ID 为“shomeRight”的 Div 层中，通过插入<span>、<hr/>、<p>标签并输入文本创建“获取服务”栏目。代码如下所示：

```
<p id="titleService">获取服务</p>
    <span class="font1">SD 全生命周期服务，提供贯穿客户应用生命周期各项服务。不同的阶段提供不同
的服务，充分满足客户的个性化需求。</span>
<br/><hr/>
<span class="font1">SD 致力于建立软甲价值服务体系，针对不同的企业，提供不同的服务经营模型，同时
进行相应的服务组织的建设，从而实现顾问能力和企业应用的共同提升，达到双赢。</span>
<br/><hr/>
```

（7）在“main.css”文档中定义 ID 为 titleService 的 p 标签，类名称为“font1”的 span 标签及<hr>标签的 CSS 样式属性。

```
#sHome #shomeRight #titleService {
    display:block;          width:200px;
    height:40px;            font-size:16px;
    font-weight:bold;       line-height:40px;
}
```

```
.font1 {
    color:#8d8d8d;          line-height:20px;
}
#sHome #shomeRight hr {
    width:450px;            height:1px;
    color:#eaeaea;
}
```

（8）在 ID 为 shomeList 的 Div 层中，通过插入定义列表，然后在定义列表中嵌套 Div 层、项目列表和水平线标签，并插入图像，输入文本，创建“服务商品”栏目。

```
<dl class="rows">
    <div class="titlelist">服务产品 </div>
    <hr/>
    <dt>
        <div class="iconTitle"><img src="../images/ser_1.png" width="51" height="51"
/></div>
        <div class="declare">为保障持续成功，SD 提供全方位服务：咨询服务、培训服务、实施服务、
运行维护服务。</div>
    </dt>
    <ul>
        <li><img src="../images/ul_li.png" width="14" height="14" /><a href="#">
功能更新 版本升级</a></li>
        <li><img src="../images/ul_li.png" width="14" height="14" /><a href="#">
应用支持</a></li>
        <li><img src="../images/ul_li.png" width="14" height="14" /><a href="#">
服务工具</a></li>
    </ul>
    <div class="more"><a href="#">+ 更多服务</a></div>
</dl>
```

（9）按照相同的方法，创建“咨询服务”、“培训服务”和“个性化服务”栏目，如图 12-3 所示。

图 12-3　4 个栏目

（10）在“main.css”文档中定义类名称为 rows、titlelist、iconTitle、declare、more 等容器及标签的 CSS 样式属性。

```
#shomeList .rows {
    width:215px;          float:left;
    margin-left:13px;     display:block;
    margin-bottom:0;      margin-top:10px;
}
#sHomeList .rows dt {
    width:215px;
}
#sHomeList .rows dt .iconTitle {
    display:block;        width:60px;
    height:60px;          float:left;
}
#sHome #shomeList .rows dt .declare {
    height: 60px;         width: 150px;
    float: left;          color:#8d8d8d;
}
#sHome #shomeList .rows dd {
    height: 150px;        width: 200px;
}
#sHome #shomeList .rows ul {
    line-height: 20px;    list-style-type: none;
}
#sHome #shomeList .rows ul li a {
    color: #8d8d8d;       text-decoration: none;
}
#sHome #shomeList .rows dl dd .more {
    float: left;          width: 200px;
    padding-left: 0px;    margin-top: 10px;
}
#sHome #shomeList .rows .titlelist {
    font-size: 16px;      font-weight: bold;
    display: block;       height:35px;
    line-height:35px;
}
.more a:link, .more a:visited {
    color:#35678f;        display:block;
    width:100px;          margin-left:30px;
    padding-top:20px;     margin-bottom:30px;
}
```

参考文献

［1］文杰书院．Dreamweaver CS5 网页设计与制作基础教程[M]．北京：清华大学出版社，2012.

［2］郝军启，刘治国，赵喜来．Dreamweaver CS4 网页设计与网站建设标准教程[M]．清华大学出版社，2010.

［3］科教工作室．Dreamweaver CS5 网页制作（第二版）[M]．北京：清华大学出版社，2011.

［4］孙膺，郝军启，郭新房．页面制作与网站建建（CS5 中文版）标准教程[M]．北京：清华大学出版社，2012.

［5］刘瑞新，吴丰．网页设计与制作教程[M]．北京：机械工业出版社，2011.